U0116616

香港嘅廣東文化

文潔華 主編

商務印書館

香港嘅廣東文化

主　　編：文潔華
責任編輯：韓　佳
封面設計：楊愛文
出　　版：商務印書館（香港）有限公司
香港筲箕灣耀興道 3 號東滙廣場 8 樓
http://www.commercialpress.com.hk
發　　行：香港聯合書刊物流有限公司
香港新界大埔汀麗路 36 號中華商務印刷大廈 3 字樓
印　　刷：美雅印刷製本有限公司
九龍觀塘榮業街 6 號海濱工業大廈 4 樓 A
版　　次：2015 年 7 月第 1 版第 2 次印刷

ISBN 978 962 07 6526 1
Printed in Hong Kong

前言

廣東文化及其再現：流行文化、生活空間、傳統認同與資源

二○一三年二月份，編者於香港浸會大學連同人文及創作系諸同事，主辦了「香港廣東文化的未來」學術研討會；在與會的過程中聆聽了不少精彩的研究報告。我們都非常關注佔香港人口大多數的廣東人及其語言，在主權轉移回歸祖國、內地經濟開放、邊境通關以及自由行等因素影響下的變化及未來；還有全球化語境下之所謂全球與本土。有關的關注不一定跟政治化的本土主義直接相關，而更多是因為生存與生活的方式。目下許多熟悉的廣東傳統幾乎是無可避免地逐漸消失或轉型，生活息息相關的粵語也在衍生新的語調、詞彙、文法結構以及語言的亞種。我們對此等演化的汲收，或是順其自然、甘之如飴，又或把持「救亡」或糾正的態度。但如果先不去堅持說如此是進步還是退步，或許可以發現更多。

我為此書邀請了部分與會者供稿，並輯錄成廣東文化在香港再現下的流行文化、生活空間及傳統認同與資源等三個部分。第一部分之流行文化，回溯了一九五○年代的粵語小說創作、展望香港廣東流行音樂如何面對科技新挑戰、分析港漫代表作、粵語片中的黃飛鴻以及粵語功夫電影裏的文化想像。生活空間部分輯有香港電視廣告的文案分析，觀察本地廣告中粵語的創生力；還有非常對題的本地城市空間與廣東文化，看文化的生命如何展現於居住空間的擺置裏。我們正正需要多看這類生活化的討論，多於抽象的理論分析。至於最後談傳統與文化延續的資源部分，除了回顧上世紀初港粵藝術的開放與交流，如何影響了藝術的語

言外，還特別輯錄了兩位在本地大學任教的學者，就香港研究在本地高等教育未來的發展與應該獲取的資源，提供客觀數據，並作出檢討與批評。

本書的作者均在批評之餘，分述了個人對日漸變遷的廣東文化及其再現的新方式之概歎及讚歎，闡述為之神往之處，又或提出警告，表示憂慮。現對本書輯錄之文章內容，作簡括概述。

樊善標博士以一九五、六O年代深入香港家庭的《新生晚報》之「新趣」版為研究對象，探討其中的專欄作者以粵語寫作及被接受的現象；文章資料豐富，且喚醒了不少感性的記憶。文章關注的問題包括：粵語入小說、散文與詩，有否產生被認同的美感，其中又有沒有雅俗的爭議？跟普通話的中文寫作現象有何分別？「新趣」版當年臥虎藏龍，作品包括高雄（三蘇）的《經紀日記》，為當時港英政府管治下的小市民訴心曲；以及十三妹的《十三妹專欄》，以廣東話入文並視之為必須以及創新的實踐。此等作家自有抱負，亦說明了作者的觀察：即在文言與白話對立的統一語言政治政策下，粵語方言如何只能在香港開花。它的入文之所以得到廣泛接受，實超越了粵語母語羣體的所限，說明了在抗衡、自保以外，香港廣東文化對中原文化的吸納與融合，同時致力於它的文化地位。這情況是集地域、文化身份、政治、教育政策以及民心所向於一身。樊善標在文內更引用了美國社會學家第馬久（DiMaggio）的藝術分類系統，以助讀者明白《新生晚報》讀者的羣體結構，以及他們如何透過雅（白話）俗（方言）的閱讀來自我界定。

馮應謙和沈思對於「香港流行音樂已死」這種說法持不同意見，撰文力陳這只是隨着時代和科技轉變了的新媒體，流行音樂因而以新的形態生存而已。文中詳述了曾以粵語流行曲為主流的香港流行音樂的創作、傳播與科技，自一九七O年代以還的並行發展，以及在市場營銷方面的分析，特別在互聯網及智能手機出現以後的靈活性。科技以致傳播的演變，正如馮應謙的分析，鼓勵了香港獨立音樂的創作並提供了生存的空間，包括數碼音樂網站以及如 KK Box 等手機及面書等音樂平台。

科技還促進了社交形式的互相推介及互動試聽活動，説明了香港流行音樂將愈趨快捷及頻密，而合法授權及消費的秩序亦逐漸建立，如此實有利於包括粵語音樂在內的傳播。文中的分析以及資料研究，為香港流行音樂在科技日新月異下的境況，釐清了不少疑慮。

周耀輝以有別於論文形式的寫作，敍述了個人由一九六O年代以還在香港流行音樂裏的成長。箇中滋味包括一九六O年代對樂趣與權力的感受、七O年代對語言和政治的疑問、八O年代身為大學生在真理霸權下的掙扎，如何讓各種思潮與文學滲進了自己創作的血液。文章敍述了周耀輝作為成功的歌詞創作人，如何把在成長裏汲收了的對本地生活和音樂的觸覺，體會成詞，包括對自身生活的批判思考、性別以及社會規範。他特別提到粵語文化的被邊緣化，以及粵語入詞跟普通話的分別。他其後又堅持要寫下自己的歌，並設法從粵語中抓住特別的生活味道；説這是他的幸運，也是他的樂趣。

非常喜歡閱讀范永聰〈『港漫』中的廣東文化形象〉一文。這篇文章寓激情於真實的素材及資料，使讀者得到感性及智性的滿足。作者説作為極具「香港特色」的出版物，「港漫」除了獨特的漫畫風格，還富有廣東文化特徵的深層內涵，足以成為廣東文化研究的素材。文章以作者從小便熱愛閱讀和收集的《新著龍虎門》（黃玉郎著）自 2000 年創刊至今的漫畫為研究對象，闡釋廣東文化形象如何在此「港漫」系列中得到傳承。廣東文化融和的特性，便見於《新著龍虎門》中羣英跟國際黑幫的鬥爭，以及香港從本土開始接觸亞洲，並走向世界的現實進程。此外，漫畫素材以西方技法描寫中國的俠義精神，也對比着中西文化交匯的香港。作者指《新著龍虎門》同時展現了廣東話的應用，以及廣東傳統民俗節慶的文化場景，還有中國南派武術的細緻描繪。文章並以資料展示香港普及文化中武俠小説、俠義技擊漫畫，以及武打電影中十分密切的互動關係。

麥勁生除了教授歷史，自己也是洪拳高手，對香港武術電影的研究源於實踐與興趣。在本書編錄的文章中，他以劉家良及徐克的電影為素材，探索黃飛鴻在香港成為流行文化圖像（Icon）的「本土再造」過程。其中涉及洪拳武術家黃飛鴻本以廣東為家，後來如何在香港粵語電影中變成了一個「屬於香港，與香港憂戚與共的人物」。文章先以相當篇幅說明"Icon"的意涵，解釋以黃飛鴻為香港粵語大眾確認自身文化身份的共同對象，並藉黃飛鴻電影分享共同興趣、理想與願望的圖標化過程。看過麥勁生教授一文，才知道黃飛鴻電影是健力士世界紀錄大全中以單一人物為主題的最長電影系列。文章返溯黃飛鴻論述最早出現於一九四O年代香港的《工商晚報》，以及第一代黃飛鴻電影奠立的一些特點，討論其中具華南民風的種種構想，以及此人物代表的一些傳統。文章結論出以南拳為代表的嶺南武術及其豪傑黃飛鴻在電影中如何成為以香港為家的嶺南餘民的長者形象。我們也藉此文重溫了劉家良的黃飛鴻電影，如何大大發揮了武者典範、記錄並保存了有關的武術傳統，以及後來徐克怎樣再詮釋黃飛鴻及其身處的中國時代，在其再現的黃飛鴻電影系列中，處處碰上傳統武術的限囿與挑戰。作者最後提問說：「香港粵語大眾，還需要一個黃飛鴻嗎？」

盧偉力以詳盡的歷史資料，闡述了香港粵語電影史上所曾發生的，與國語電影爭持的幾個現象，這些現象跟中國的國語政策密切相關。上世紀三O年代，粵語電影產量可觀，又因日本侵華，文藝工作者南下，為粵語電影製造蓬勃現象。作者指出大戰時代粵語電影任重道遠，要喚醒羣眾抗日復中；粵語的藝術亦藉文學、戲曲、流行曲等維繫族羣情感；文中重提了不少人物如邵醉翁、羅品超以及一些大眾熟悉的演員。內戰時代，粵語片面對國語政策及國語電影生產的壓力，盧偉力舉出了蔡楚生〈關於粵語電影〉一文中所言以定局，說：「一個地方的方言是由長遠的人文地理所形成，粵語有着悠久的歷史，決不是一旦可以同化，也絕不是短期間所能消滅的。」，作者繼而敘述了粵語片於一九五O及六O年的兩個高峰年代，並藉生產量統計，說明粵語戲曲及武俠電影的文化認受程度。進入一九七O年代，粵語電影受到電視崛起的嚴峻壓力，以及東南亞市場的萎縮，逐漸轉型為「港產片」。作者說此時粵語電影的文化屬性已是「近香港而遠華南」，並衍生了一九八O年代「香港電影新浪潮」，以及九O年代以還帶有濃烈香港本土文化特質的「香港電影」。此文同時關注香港與中國於語言及文化政策及意識型態之爭之間，彼此時而共濟整合，時而點面角力之現象。

曾錦程特別留心香港自一九九O年代後期至二千年初出現的廣告新氣象，其中包括引用大量新穎的幽默手法。作者檢視了有關的幽默理論，為文中將要分析的資料提供理論依據。跟廣告的效能有相關作用的幽默手法，包括「失諧－解惑」、「順勢喚起」，以及「輕蔑式幽默」等。此等手法在文化脈絡下會產生特殊意義，又同時能有效推銷產品。作者先檢視一九九O年代極為流行的周星馳電影及電視作品以及港式幽默，包括他的表情與肢體動作，以及他開創的廣東口語，如何把香港的廣東人跟非香港居住的香港人，包括流散在星加坡、馬來西亞、廣東省、加拿大等地的香港人分別開來。周星馳的幽默手法，對本地流行文化創作起了極豐厚的參考作用。作者繼而列舉於一九九O年至二OOO年一些香港生產的、具代表性的廣告，如何玩味粵語的諧音、集體回憶的符號，以及反修辭。反修辭法經常為本地廣告創作者所使用，其中又包括「盲喻」，即如文盲般對用辭缺乏理解，因而借用字辭時錯漏百出，同時曲解原來的涵意，使語義平面化和去符號化，以改用平實的語意取代僵硬的矯飾，因而產生幽默的效果，是為新穎、具效果，又兼能大眾化的粵語策略。作者作結時語重深長，促要了解廣東話的多層次與豐富的面向。

人類學教授張展鴻〈新奧爾良，新界〉一文，看似敘述他在兩個不同地域的經驗，但實情是從廣義文化角度提出應先了解自己的文化，從而認識外頭的世界，並見出在文化多元環境下可以衍生的平衡關係。他先從香港新界於十九世紀的歷史談起，並描述天水圍濕地的變遷以及新界漁農業務的發展。文章轉而談到作者到訪新奧爾良的體驗。美國新奧爾良亦見早期移民的遷入，在美國內戰後產生了新世代新價值，以及魚米之鄉的轉型。對比之下，張展鴻有趣地談到香港烏頭魚與路易斯安娜的小龍蝦，以及兩地培殖這兩個品種的技法；繼而提出在生態因素與季節性變化以外的社會文化。顯然地，作者到訪新奧爾良及路易斯安那州南部，觀察其歷史及漁農事務的發展，對他重新理解香港西北區沿岸濕地的環境與食物生產，產生了一些富有意義的啟迪，包括沿海地區環境與社會文化變遷之間的互動作用、移民潮及其生活方式的轉變，以及海岸資源的管理等。但作者認為轉過頭來也一樣，對元朗濕地生態及文化的知識，也同樣促進了他對其他地方甚至歐洲海岸相近項目的理解；因而提倡要多關注自身本土的地貌與文化。

地理學專家李慧瑩博士及鄧永成教授於〈城市空間與廣東文化〉一文中以列斐伏爾（Lefebvre）的空間生產理論為研究參考，探討廣東文化在香港如何於資本主義城市化的帶動及經濟考慮下被重組、再造及再詮釋。作者首先總結近年有關廣東文化研究曾所進行的三個方向：即本質與變遷；文化作為產業發展；以及文化政策與發展前瞻，指出此等研究大多為要配合廣東省之整體經濟發展，忽略了從時間及空間的角度分析廣東文化自身的演變，以及其於城市化空間的體現。文章轉而集中以香港城市的空間生產為例，闡述了列斐伏爾理論的應用。討論的時間維度由開埠初期起至戰前英殖政府頒佈的城市規劃條例，敍述廣東特色的「騎樓」建築如何普及，以及廟宇、貨倉等「小廣州」華人社區的狀況。其後的發展包括了工業大廈及高層住宅，以及近年的市區重建如何改造了戰前唐樓、前舖後居、樓梯舖、路邊排檔及露天市集等富具廣東文化特色的生活及商業空間；例子包括近年討論熱鬧的灣仔地區裏的商業街道、菜市場及露天市集的改建。作者結論説即使廣東文化在香港作為國際金融中心的經濟推動下無可避免被重整了，但保存地方空間的歷史性與生活傳統，以及自發性的城市生活形態，絕對是城市空間規劃要注意的整體性考慮。

李世莊的文章亦從香港開埠初期開始，以港、粵藝術活動，特別是廣州外銷畫市場南移的情況，説明兩地之間互相依存的交流關係。從文章附列的圖片所見，廣州著名的十三行外銷藝術市場十分熱鬧，亦曾記列於西方十九世紀的中國旅遊指南。其時西方人士訪粵都知道廣東畫家林呱、庭呱等名字，其畫作除了記述廣州人的生活起居、祭祀儀式等活動，還仿效西方肖像圖的繪畫方式為訪客作像，其運用中國美學及西方技巧，結合散點及透視法的作品成績斐然。文章記述此批畫家的創作生態，以及其後他們遷移到香港的情況，資料詳細，考據並透露了香港自一八六O年起的外銷畫店地址所在。一八五O年代的太平天國運動自是廣東藝術家南下的主因，包括收藏家及其藝術文物。文章盡錄南來畫家的名字，為本地藝術史補遺，亦述及辛亥革命以還實屬少數的畫家關蕙農。作者對此股廣東藝術影響還提出合理的政治懷疑，涉及廣東革命家在香港的連繫與策劃。如此圖文並茂的一章，讓讀者對後來在香港成立的「國畫研究會」，以及影響甚巨的廣東畫家們，有了緊密相連的背景藍圖。

廖迪生教授談香港非物質文化遺產的創造一文，正好應對着全書的主題。我跟廖教授共事於康文署轄下之「香港非物質文化遺產」諮詢委員會，他代表科大華南研究中心從事上述這項大規模的普查工作，包括田野考察、審訂資料並研究保育的可能等，定期向委員會匯報搜集所得，其努力有目共睹。我因而力邀廖教授替這書撰文，分享其觀察及反省的成果。廖教授指今日香港擁有六個國家級非物質文化遺產項目，包括香港的粵劇、涼茶、「長洲太平清醮」、「大澳端午龍舟游涌」、「香港潮人盂蘭勝會」及「大坑舞火龍」等。此等聯同七百多項廖教授領導考察的個案，大部分都屬世代相傳，並在本地社羣生活及發展中，跟環境進行互動並繼續創造。廖在文章中追溯新界地區於古代遠離王朝政治，發展了大型宗族組織及邊圍的族羣，如何在殖民地時代保存了多樣化的地方傳統。他們一方面不讓傳統風習流失於改革開放後的中國，另一方面又建立了有異於廣東主流的地方身份。此等非物質文化遺產在都市化的歷程中，有部分因經濟分工被保存於中國，亦有在新界地區回應了海外歸僑，回饋中國，甚至成為後九七時代香港人身份認同的活動。原來塑造新的香港身份，大澳棚屋、盤菜、神功戲、天后誕巡遊等也記一功。廖教授進一步提及另一種辯證性：香港非物質文化遺產一方面大一統着中國文化，另一方面又跟其他地方文化保持距離，建立差異。此等身份政治，便在香港與廣東及中國之間時而分岔，時而趨同。

編者對佘雲楚博士談本地研究院收生與資助政策的觀察，深表贊同，並認同箇中顯而易見的危機。佘博士從近日熱熾的討論談起，內容包括對香港特區政府大學教育資助委員會（教資會）對大學要趨「國際化」的理解，以及其中「大陸化」的前因後果。文中指出「國際化」與全球化經濟競爭密切相關，後者促進了本地高等教育要建立高增值知識的構想。香港政府並把教育列入六大「新優勢產業」，且以之為教育品質管理的參考及量化指標。此政策以知識為主，價值教育為次，並設立了非本地生學位的比例，直接及間接地招徠更多內地學生的入讀申請。這情況除了學士學位課程外，研究院的收生及資助模式更見影響。佘雲楚曾專撰〈香港研究院研究課程為誰而設〉一文，關注本地大學研究院非本地學生的招收情況。他於文中列舉了一九九七以還的研究生收生數字，見出內地研究生比例於本地研究院研究課程之激增現況，並提及了新近博士生與碩士生收生比例為八比二的情況，如何影響了香港的大學畢業生有志於本地連接深造、循序漸進地學習的計劃。目下，本地大學對以香港為原居地的研究生人數或比例的下降趨勢，未有深究其原委，亦未曾檢討非本地研究生在港就讀及畢業後對香港的貢獻，以證成其資助的理據。作者的關注還包括在「國際化」的大前提下，香港及本土研究的價值會如何被衝擊。編者同意作者說建立具本土特色的知識系統的重要性，不應在「教育產業化」及「全球主義」或「國際化」的論述下，減弱對有關的培育與支持。

朱耀偉教授的撰文，延續了佘雲楚的討論，並以孟浩然「日暮征帆」的詩句為題，提出了其對香港從事「本土研究」的學者何去何從的迫切關注。是否研究香港流行文化的研究生及學人已進入了最後一代？朱耀偉的「逆向思考」，亦從本地大學國際化以及研究生收生向博士學位傾斜的政策開始，使本地大學擬進修哲學碩士學位的學生命途多舛。佘雲楚問「香港研究院研究課程為誰而設？」，朱耀偉亦問「香港高等教育為誰而設？」。香港高等教育機構高談國際化，以作資源適當運用以及大學升級排名的台階，唯作者引用學者德里克（Arif Dirlik）的觀察，一針見血。德里克提出所謂跨國化（Transnationalization），如何會根本地改變了大學提供與公民身份息息相關的課程之本土責任。言下之意，肯定香港本土文化研究的重要性，以及增加培育有志於學術研究的本土學生進修的機會，均是香港教資局及大學的本土責任。朱耀偉指出了忽略本土責任的兩個重要因素：於研究發表方面偏重於英語及國際出版，以及把對學院國際化的理解約化為教員及學生的種族與國籍。如此一來，對以中文或以粵語為教學的邊緣化實踐，大大削弱了從事本土文化著作研究的動機及素質。作者以學者墨美姬（Megan Morris）的「世界一本位」觀點作結，提醒說如要具國際視野，又能認同生活本土化，便必須從深入認識自己所屬的文化開始。

本書以朱耀偉之撰文作結，亦是因為非常同意他的結論，說一切應從認識自己所屬的文化開始。要認識廣東文化，還要追溯認知嶺南文化及華夏文化之更原始型態，而此書則只以選擇性的文化面相，上溯十九世紀之廣東外銷畫，下及廣東流行音樂傳播之科技化與新型城市空間的廣東人社會活動模式。我也深信此等討論，關連於文化身份的形成，或在它以先，或與之並駕齊驅，或共生共榮。文化是個生命體，其再現是其生命的延展，我們都活在其中，因而必須自我認識、體會、警惕。

本書之出版，得蒙商務印書館（香港）有限公司韓佳博士之專業編輯，香港公開大學人文社會科學院院長譚國根教授以及香港大學專業進修學院常務副院長陳永華教授對本書文章作評閱及推薦；香港浸會大學學術研究委員會的資助；香港浸會大學人文及創作系同事的參與討論及支持；最後還有賴梁湛琛先生統籌、編輯及聯絡的努力；謹致謝忱。

編者　文潔華
2014年5月10日謹識於香港

作者簡介

樊善標　香港出生、成長，現為香港中文大學中國語言及文學系副教授、香港文學研究中心主任。研究興趣包括香港文學、現代散文、建安文學。著有《爐外之丹：文學評論及其他》，編有《犀利女筆：十三妹專欄選》、《香港後青年散文集合》（合編）、《墨痕深處：文學、歷史、記憶論集》（合編）、《陌生天堂：五十年代都市故事選》（合編）。創作集《力學》（散文及詩合集）、《暗飛》（詩集）。

馮應謙　為香港中文大學新聞與傳播學院教授、院長，在美國明尼蘇達大學新聞與大眾傳播學院獲得博士學位。他也是廣州暨南大學珠江學者講座教授。其研究興趣和教學領域為流行文化與文化研究、性別與青少年身份政治、文化產業與政策、傳播政治經濟學、新媒體研究。他在國際發表的文章出版超過一百篇，他曾撰編的中英文書籍達十餘本。

周耀輝　畢業於香港大學英國語文及比較文學系，其後參與多種媒體工作。1989 年發表第一首詞作，書寫歌詞及其他文字創作至今，出版約一千首詞作，以及文集《突然十年便過去》、《7749》、《假如我們甚麼都不怕》。1992 年移居荷蘭。2011 年獲阿姆斯特丹大學傳媒學院博士學位，回港任職浸會大學人文及創作系助理教授。近年亦參與舞台及視覺藝術創作。

范永聰　香港浸會大學榮譽文學士（歷史）、哲學碩士、哲學博士。現任香港浸會大學歷史系一級講師，任教科目包括「中國與韓國文化交流史」、「近代亞洲（1800 － 1945）」、「二十世紀中國與亞洲」、「中國傳統文化與當代世界」、「東亞體育及文娛活動史」，以及「全球動漫文化史」等等。個人研究興趣為韓國文化史、中韓關係史、東亞動漫文化，以及中國傳統文化等範疇。

麥勁生 香港浸會大學歷史系教授兼系主任，香港中文大學歷史系文學士、碩士，德國雷根斯堡大學歷史、政治學博士。曾任教國立台灣大學歷史系，1994 年加入香港浸會大學至今。教學和研究以史學方法和理論，中西近代思想史、中德文化交留為主。先後出版中西文專書和論文集八種，論文五十餘篇。

盧偉力 戲劇藝術工作者、詩人及藝評人，香港浸會大學電影學院副教授，藝術碩士課程主任，講授《劇本創作》、《中國電影歷史與美學》、《創意與創造力》、《影視導演學》等課程，研究興趣包括「中國電影美學」、「香港電影」、「香港表演藝術」、「戲劇學」等。

曾錦程 現任香港理工大學助理教授，主要負責教授電視廣告及廣告文案；任教職前在香港從事廣告創作二十二年，是 SUNDAY 流動網絡廣告系列的創意指導。

張展鴻 大學階段留學日本，在千葉大學主修社會學，後來在大阪大學人間科學科研究院課程修讀文化人類學，以日本原居民——愛奴族和日本主流社會的政治文化關係為題，取得博士學位。現職為香港中文大學人類學系教授和系主任，兼任文化遺產研究中心副主任和未來城市研究所副所長。研究地區包括日本、香港和南中國；研究課題有影視人類學，旅遊人類學，文化遺產，飲食和文化認同；亦在《影視人類學》、《文化遺產研究國際期刊》、《旅遊研究年鑒》、《國際博物館》、《亞洲研究評論》等發表重要的學術論文。除此之外，參與編輯的書籍有：《在華南的軌跡上》，1998；《旅遊，人類學與中國社會》，2001；《中國飲食的全球化》，2002）；《亞洲飲食文化：資源、傳統和烹調》，2007；和中文近著《漁翁移山：香港本土漁業民俗誌》（香港：上書局，2009）；《公路上的廚師》（香港：次文化堂，2009），和《上環印記》（香港：野外動向出版，2012）。近年對沿海濕地文化尤感興趣，分別走訪中國大陸、日本、北美洲和南歐等地，希望了解各地社會環境變遷和濕地保育的關係，在未來數年更希望從沉香貿易的歷史和發展入手，對地方和跨國的文化傳承及其意義作研究課題。

李慧瑩 現任教於香港中文大學地理與資源管理學系，並擔任環境政策與資源管理研究中心副主任，主要研究城市發展及區域規劃，亦兼教可持續旅遊碩士課程。從事城市發展規劃研究及相關工作至今已超過十年，李慧瑩亦是英國皇家規劃學會會員、香港規劃師學會會員及註冊專業規劃師，對規劃理論與實踐皆有研究。

鄧永成 現職為香港浸會大學地理系教授。一直以來，醉心於中國城市本質的理論探索。拒絕囫圇吞棗，照搬西方理論認識中國城市。強調從本國歷史地理出發，書寫中國城市的空間故事。現正從事由香港研究資助局資助的有關香港高密度發展與社會公義的研究項目。

李世莊 香港大學藝術學系博士，現於香港浸會大學視覺藝術院任教，為香港藝術歷史研究會副會長，一直致力研究晚清中國外銷藝術、香港藝術史，常於本地刊物發表藝術評論。過往出版著作包括《從現實到夢幻——陳福善的藝術》、《黃潮寬的繪畫》；行將出版有 *China Trade Painting: 1750s to 1880s*、《余本的繪畫藝術》。

廖迪生 香港中文大學人類學系畢業，美國匹茨堡大學人類學博士，現職香港科技大學人文學部副教授、華南研究中心主任。主要研究課題是華南地方社會文化、民間宗教、文化傳承與保育等。主要著作有《香港天后崇拜》、《香港歷史、文化與社會》、《大澳》、《風水與文物：香港新界屏山鄧氏稔灣祖墓搬遷事件文獻彙編》及《非物質文化遺產與東亞地方社會》。

佘雲楚 博士曾先後畢業於倫敦經濟學院、香港中文大學及香港大學。現任香港理工大學應用社會科學系副教授，並兼任醫療及社會科學學院副院長。他曾在文化政治、越軌行為、教育、家庭、健康政策、專業主義及社會學理論等範疇發表多篇論文。自 2004 年起佘博士以「學科專家」身分服務香港學術及職業評審局。他亦曾在 2006 年 12 月至 2008 年 12 月期間獲選為香港社會學學會主席。

朱耀偉 香港大學現代語言及文化學院教授，香港研究課程主任，研究範圍包括全球化、後殖民論述及香港文化等，著有專書二十多種。近年專注香港研究，近作包括《繾綣香港：大國崛起與香港文化》（香港：匯智，2012）及 *Lost in Transition: Hong Kong Culture in the Age of China*（Albany: SUNY Press, 2013）。

目錄

流行文化

生活空間

傳統、認同與資源

流行文化

粵語入文與雅俗界線——以1950、60年代《新生晚報》「新趣」版為考察對象

樊善標

香港中文大學中國語言及文學系

一

八十年代後期，羅貴祥曾提出，「語言的表達，一直都是香港文學面對的難題」，有人「取笑香港人的普通話不靈光，如何能夠寫出優秀的中文創作」，有人「歎息『港式』中文的蕪雜污染，判定香港文學難成氣候」。內地和台灣的「尋根」、「鄉土」作品揉入地方土話，「被認為是對固有土〔地〕文化的肯定和致意，也是對西方現代化入侵的一種抗衡態度。可是當香港作家企圖把廣府話（很大程度上，已與廣州使用的廣府話有差異）融入作品中時，卻往往被批評為對中國傳統文化缺乏認識、毫無中國味道或惡性西化等」。[1] 時至今日，粵語入文的禁忌似乎已經打破，關夢南、飲江的新詩，黃碧雲、董啟章的小說，都嘗試過加入港式粵語，不僅沒有失去高雅文學的地位，更體現了深摯的本土情懷。可是細心一想，這裏其實有兩個問題沒有說清楚：一是為甚麼粵語所入之「文」只限於新詩和小說，以夾雜方言為藝術風格或表現技巧，[2] 用「港式中文」來創作散文卻未見高雅文學的支持？二是香港作家一直無法運用純正的普通話嗎？

如果不以本土意識為「香港文學」的定義，只討論在香港這地方出現的文學，那麼以粵語為母語、普通話未達流暢自如之境的作者，不見

得在過去數十年都佔多數。粵語能否進入高雅文學的文類，也未必與作家的語言背景、當前所理解的本土認同相關。下文將以 1950、60 年代《新生晚報》「新趣」版為案例，探討粵語入文和雅俗文類界線的關係。

二

《新生晚報》創始於 1945 年 12 月，停刊於 1976 年 1 月，出版期長達三十年。1950、60 年代之交是該報的高峰期，其聲譽主要來自副刊「新趣」版。[3]「新趣」的靈魂人物是身兼主編和作者兩職的高雄。[4] 在高雄主持下，「新趣」匯聚了眾多具叫座力的小說、散文名家，如平可、南宮搏、李雨生、今聖歎、司明、十三妹；而高雄本人也化用不同筆名，撰寫各種類型的作品，或開創潮流，或後出轉精，如署名經紀拉的「經紀拉」系列小說、署名小生姓高的文言豔情小說、署名許德的「司馬夫奇案」系列偵探小說、署名三蘇的「怪論」。[5] 除了武俠小說並無突出表現之外，「新趣」的多種作品類型不僅吸引了讀者，也引起其他報紙的仿效。[6]

從前面列舉的作者和作品類型，不難看出「新趣」以及受它影響的副刊，主要屬於大眾化口味，而非高雅文學。正是在通俗的刊物裏，粵語方言才得以自由進入書寫之中，發揮它的特殊魅力。[7] 早期「新趣」粵語入文的作品大致上有兩類：一是連載小說，如「經紀拉」系列、阿筱《托盤私記》，二是時事諷刺詩文，如「怪論」、滑稽諧趣的新聞評點及詩詞。[8] 上述作品中尤以「經紀拉」系列和「怪論」最廣為人知，高雄（經紀拉、三蘇）的貢獻自然不可忽略。

「經紀拉」系列包括《經紀日記》、《拉嫂私記》、《拉哥日記》、《飛天南外傳》等，始自 1947 年，在整個五十年代幾乎沒有間斷地連載，直至六十年代中期仍有餘音。各篇作者或署名經紀拉、拉嫂、拉哥等，其實都是高雄。主要角色經紀拉是一個「萬能」中介人，為不同貨物的買家、賣家居中聯繫。小說以日記形式描述主角的所見所聞，從而展示香港當時的社會百態。[9] 各方面情況顯示，「經記拉」系列深受讀者歡迎，[10] 但有助它建立比通俗小說更高文學地位的評論，則不成比例，其中今聖歎的〈《經紀日記》序〉可謂空谷足音。

今聖歎為《經紀日記》單行本所寫的序言盛讚高雄透徹了解香港，因此能夠像《水滸傳》那樣，「敍一百八人，人有其性情，人有其氣質，人有其形狀，人有其聲口〔……〕以一筆而寫百千萬人，固不以為難也」。又認為《經紀日記》「承接了五四的餘波，也啟創了二次大戰以後的中國方言文學界，做了一個開路的先鋒」。[11] 所謂「承接了五四的餘波」，是指小說反映、批判了時代的黑暗，又提供了同情和希望，而方言文學界的先鋒，當然是就三及第行文而言。[12] 本文關注的是後者，這裏不妨選錄一段小說原文：

> 時已不早，我去新寫字樓返工矣，三美已經叫人來間房，一開二，自然佢間大的，我間細的，不過文具傢俬，十分摩登而名貴，完全係美國派頭，三美曰：「做我地這一行，有的不同，若果外表不摩登，人地睇起來唔開胃也。未能同自己做廣告，又點可以同人地做廣告？」此種言論，亦係老番派頭，中國佬做野，唔計者。賣花之人戴竹葉，往往如此。所以中國廚房最一塌糊塗，而我縫鋪中亦烏煙瘴氣，不過做出來之菜與衣服，世界馳名。你如果睇上（班跳舞）〔海縫師〕之衣服做貨辦，就唔使幫襯佢都得矣。[13]

今聖歎更重視的，是《經紀日記》的社會學、經濟學價值，因為此書「將近五六年來之香港社會形態，商場貿易，物資交流，以及香港人的物質生活與精神生活，全部烘托出來，每天積累，遂成巨帙，使將來正式研究解放前後，香港的經濟社會情況的人，能得到一份連綿數年的活資料，於學術貢獻，誠不可估計」。[14] 其後劉紹銘也從這一角度認定《經紀日記》屬於「以廣東方言寫成的譏世諷俗小說」，與《儒林外史》、《老殘遊記》一脉相承，並引述《經紀日記》原文，分析作者怎樣運用「近乎自然主義的手法」來「報道和描寫香港人情社會」。[15] 劉氏的論說細緻合理，但廣東方言在小說中是否只有營造地方風味的作用，或者說粵語入文是否可能具備美感，則仍待探討。當時有論者質疑為甚麼把高雄視作嚴肅作家，與這一欠缺似乎不無關係。[16] 事實上高雄也說自己只是賣文為生的「寫稿佬」罷了，作品「並無文學價值，亦無歷史價值與社會價值」，這是香港環境對寫作的限制。[17]

「怪論」是「新趣」另一種大受讀者歡迎的文類，雖然並非高雄始創，卻以他最負盛名，小思認為三蘇（高雄）「往往談笑用兵，把問題層層逼出，把人的虛偽剖破」，「銀針一枝，攻其無備，三灣四轉刺入心脾」。[18]「怪論」最有趣的是乍看來不合常情，細想之下卻含至理。高雄曾以《東萊博議》「力能舉千鈞之重，而不能自舉其身」兩句為怪論之例，另一「怪論」作者馮宏道則指歐陽修當考官時所出的「刑賞忠厚之至論」也是怪題目。可見怪論古已有之，並不限於現代的方言文學。[19] 如果粵語入文總算有助於小說的人物形象，那麼「怪論」不一定要塑造角色，不「純正」的行文又有甚麼文學作用？因此研究者聚焦於「怪論」作者的見解，就不足為奇了。

到目前為止，探討「三蘇怪論」的學者以熊志琴最為深入。熊氏借用余英時的說法，指古代「俳優以狂自居，實際上是用『俳諧怒罵』的方式說實話」，又引述 1917 年上海《申報・自由談》濟航的〈遊戲文章論〉，認為文中「雖有忠言讜論載於報章，而作者以為遇事直陳不若冷嘲熱諷、嬉笑怒罵之文為有效也」之語，「正正說明了『怪論』以『怪』立言的原因和意義」。[20] 熊氏再以三蘇〈我怎樣寫怪論？〉來印證：

> 我向來是不把怪論作為「怪誕之論」看的。我說的只是真實。我自問寫怪論的心情，其嚴肅的程度與寫社論無異。

又：

> 在這一加一等於三，打勝仗變了打敗仗的世界，以及在「寧可獻金鑄像不成，卻不肯行款救濟那些眼看餓死冷死的人」的社會之中，是往往變了非，非變了是，真實變了狂妄，狂妄變了真實，哭變了笑，笑變了哭，把事情說穿了，於是乎就變成了「怪論」。[21]

熊氏強調「怪論」所說的是「實話」，而採取嬉笑怒罵的方式是為了更「有效」，這當然很準確。但為甚麼「怪論」比「正論」有效？濟航〈遊戲文章論〉其實已有答案：「雖有酷吏力無所施，言者既屬無罪，禁之勢有不能，則其心自潛移默化。」[22]這也正是俳優「用『俳諧怒罵』的方式說實話」而不敢直言其事的原因。三蘇的自白文章把「怪論」和「社論」等量齊觀，其實只在寫作心態上，而不是指表達手法。該文的收筆說：「我希望有一天沒有一個人喜歡看怪論，大家說的也是怪論，那時我可以不必寫怪論了。那一定是一個好世界，我相信。」[23]這幾句未免有點怪論味道。港英殖民政府自始就沒有開放管道讓一般市民參與決策，三蘇寫此文時情況還好，1949 年後在東西冷戰的嚴峻局勢下，更收緊了言論和出版的規管。[24]權力不對等並不限於政府和市民，社會上有勢力者也可訴諸法律禁制對他們不利之言。[25]在這種情況下，更無法不多用曲筆了。

可是佯狂以免禍只是選用怪論這種表達形式的一個原因，這些文章都發表在商業媒體上，迎合讀者興趣顯然是另一重要考慮。[26]前者是以一種低下的文類作掩護，以收「大人不記小人過」的效果；後者既然以金錢利益為重，在一般人看來，文學價值就很成疑問了。無論出於作者的本意或是附隨的副作用，總之，「怪論」雖然是另一種大受歡迎的粵語入文作品，卻終究不屬於高雅文類。[27]

真正在高雅文類使用粵語的是散文作家十三妹。十三妹 1958 年中在《新生晚報》的另一個副刊「新窗」版開始寫散文專欄，翌年轉到「新趣」才逐漸建立聲名，一年多後主編高雄提議她把專欄更名為《十三妹專欄》，據說是香港報紙副刊上第一個以作家名字作標榜的專欄。[28] 十三妹不是廣東人，她的專欄並非「三及第」文章，而是以白話文為基礎，刻意引入粵語，例如一篇談 Irving Wallace 長篇小說 *The Prize* 的專欄，文中用粵語翻譯了一句話：

> 你呢支〔隻〕衰嘢，快的著番條袴，即刻返落來。

十三妹說是因為「一涉粗俗，就非動用廣東話不可了」。[29] 但不止是「粗俗」話才用粵語，例如英國歷史學家湯恩比的 *Reconsiderations*，她竟別開生面地譯作《要諗過一排》。[30] 十三妹使用的粵語遠不及高雄那麼多，不過她一再說明粵語入文的必要：

> 十三妹，自從來售此類之稿，開始注意與學習廣東話以來，對於粵語系之文法構造與詞彙，即大為捧場，許之為中國從北到南，所有各種全國性或地方性的體系之中，最富有聲光與色彩之妙者。此一發現與捧場，數年以來，雖經行內行外，自大雅君子以至居心叵〔叵〕測輩之反對與抨擊，然對於廣東人口裏的廣東話，欣賞讚歎之心，敬佩熱衷之情，未嘗稍減者焉！[31]

其實十三妹除了認為粵語豐富多姿，勝於北方俗語外，還把用語的選擇理解為能不能追上時代。事緣一位署名「長者」的讀者寫了一封長信給十三妹，說粵語入文並不高雅，勸她以後不要這樣寫，十三妹從兩方面回應，一是質疑目前反對粵語入文的人並不反對以某些地區的方言入文，這是否表示入文的俗話「只能局限於黃河流域之系統，而不能採納粵語系統」，在她看來粵語要比黃河流域的俗話更豐富多變；二是認為從俗意味追隨時代潮流，「自聯合國大會上的代表們口頭的語文，以至獲『諾貝爾文學獎金』的作者的文字，已今非昔比，都是以俗入文的了」。十三妹總結說：

> 從來輕蔑剽竊摹擬與抄襲。祖先遺下來的東西，是祖先們創造出來的，我們一樣的腦子，為甚麼不能創造因時制宜的新東西新字眼？何況揚棄一些年代太久遠的表現交換我們的思想情感的方法與工具，是與今日已被先進國家若歐美採取於編纂字典的實際步驟。[32]

高雄和其他三及第作家似乎從來沒有把粵語的地位看得這麼高。

十三妹寫作生涯的全盛期只有在「新趣」那四年多，1964 年離開《新生晚報》就逐漸低沉了，[33] 1970 年更淒涼離世。由於直至最近作品才首次結集成書，中年以下的讀者大多對她沒有甚麼印象。不過在五、六十年代之交，十三妹專欄以淺白語言介紹西方文化，對不少渴望追求新知的青年讀者饒有啟蒙之功，這由她去世時《中國學生周報》頭版的悼詞可見一斑：

> 本報現存編者及大部分老作者，在求學時期均曾是十三妹女士之忠實讀者，所受影響，不云不深。[34]

三

美國社會學家第馬久（Paul DiMaggio）研究社會結構、藝術生產和消費模式、藝術的分類系統三者的關係，指出一個社會的羣體結構反映在它的藝術分類系統上，因為社會不同的羣體需要通過欣賞、參與特定門類的藝術來自我定義，並確定誰是羣體的成員。他認為藝術分類系統可以在四個層面上變化：分化（differentiation）、層級（hierarchy）、普遍性（universality）、界限強度（boundary strength）。分化指藝術門類是否愈分愈多，層級指藝術門類有沒有高級和低級之分，普遍性指不同社會羣體評定藝術門類高下的標尺是否相同，界限強度指不同藝術門類可否越界（例如一個藝術家從事兩個門類的藝術、一種藝術門類挪用另一種藝術門類的某些特色）。這些變化的動力來自社會結構的轉變，但社會結構不會直接影響藝術分類，而是以藝術生產模式（包括商業、專業、科層三種）為中介，例如以商業原則為主導的藝術生產模式，為了爭取更多顧客，會盡量降低藝術產品的分化程度和界限強度；相反，以專業原則為主導的生產模式，藝術成就由行內人判定，藝術家就努力發展新的形式來突出自己，從而增加分化程度。[35]

相對於以往的社會學家多從藝術內容來探討社會意識，第馬久可謂另闢蹊徑。他用來理解藝術分類系統的的框架，由大量研究美國社會的個案綜合而成，稍加剪裁不難移用於其他社會。[36] 台灣學者林芳玫即利用第馬久的框架，結合法國社會學家布迪厄（Pierre Borudieu）的「文化資本」概念，論證 1980 年代台灣文化界熱烈討論、批評通俗文學，是一種「象徵性權力鬥爭」（symbolic power struggle）。林氏的意思是，八十年代在台灣興起的文化工業，「動搖了知識分子的既定位置，侵蝕、襲奪知識分子在文化方面的掌控權，開闢出學院以外的廣大文化場域（即大眾文化），在此聚集了龐大的資源和權力」，前述的討論、批評就是知識分子和文化工業對誰有權判斷文類雅俗的鬥爭。[37]「新趣」版上粵語入文的現象，一度由低級文類（連載小說、怪論）擴展至高級文類（散文），也可以藉助第馬久的框架來解釋，林芳玫所運用的布迪厄「文化資本」概念，尤其足以說明轉折的關鍵。

回到香港粵語入文現象的變遷，據歷史學者程美寶的研究，晚清時期粵語出版物的市場不可小覷，但「粵語寫作始終離不開娛樂、傳道、教育婦孺的範圍」，即使在廣東人心目中，粵語寫作的地位仍是邊緣的。[38] 光緒末年康有為的學生陳子褒在澳門、香港開辦私塾，用粵語編寫蒙學教科書，但這只是便利初學者，陳氏認為升上中學就該學習國語了。[39] 及至民國成立，白話文運動也成為建立新政體、新制度的一環，由各地提倡當地的白話，變成全國提倡以北京音為標準的白話，粵語寫作逐漸式微。[40] 另一位研究者李婉薇則指出，辛亥革命後，龍濟光管治廣東，強調尊孔，同時部分傳統文人移居香港，港英殖民政府為鞏固統治而扶植復古文化，省港兩地都籠罩在舊文學勢力之下。北京新文化運動的影響力伸展到廣東後，「二十年代的廣州和香港成為文白的戰場」，「在文言與白話二元對立的論述中，方言幾無立錐之地」。[41] 自晚清以來，粵語作品寫得怎樣考究，都難以攀上高雅地位。以香港出版的《小說星期刊》為例，該刊 1924 年 9 月 27 日創刊號的目錄分為「論壇」（論說文）、「說薈」（小說）、「翰墨筵」（唱酬詩文）、「劇趣」（有關戲劇的詩文）、「談叢」（散文）、「諧林」（笑話）等類別，前五類是嚴肅的議論或正統的創作，文言、白話皆有，粵語入文的作品只見於「諧林」，[42] 可見粵語只能在低級文類中使用。1947 年香港的左派文化人曾有一次關於怎樣利用方言文學宣傳革命的爭論，熱鬧了幾個月，實際成果中只有黃谷柳的《蝦球傳》成績稍佳。中華人民共和國成立後，統一政策取代了地方主義，不再提倡地域性文藝，粵語入文只能在香港發展了。[43]

上一節介紹了「經紀拉系列」、「怪論」和十三妹專欄的粵語入文特色，如果結合當時報刊文學的情況，就可以發現文類區分系統（相應於第馬久的「藝術分類系統」）正經歷深刻的變化。在《經紀日記》之前，「新趣」的連載小說不出偵探、艷情、奇情、言情、歷史等類型，一般報紙副刊也是如此。《經紀日記》和這些類型最大的不同，是取材自當前社會的日常生活，角色都是隨處可見的普通人，儘管情節發展不見得真實，卻也不以奇詭或纏綿吸引讀者。《經紀日記》的成功催生了大量類似作品，在原來的連載小說文類中「分化」出新的類型。「怪論」雖然不是高雄所創，但以他最負盛名，把一種次要文類推廣至路人皆知，後來者往往模仿他的三及第行文和刁鑽角度，可說接近於新類型的「分化」。今聖歎、劉紹銘等評論者，從學術角度肯定《經紀日記》的成就，連帶它所屬的文類也提升了「層級」——報紙連載小說不見得就沒有價值。但這只是某些人的看法，未有社會「普遍性」，高雄也只以「寫稿佬」自稱。[44] 最後是十三妹，在她看來粵語傳達新知識的功能有時甚至勝過白話文，高雄的粵語入文只限於連載小說和滑稽諷刺兩種低級文類，十三妹卻成功地降低了散文這種較高級文類的「界限強度」。

第馬久框架的基本原理是，社會結構以藝術生產模式為中介，投射於藝術分類系統上。上述文類區分系統的變化，正是香港五、六十年代社會結構轉型，施諸商營報紙副刊的影響。眾所周知，第二次世界大戰結束後，因為中國內戰、政局、天災等，內地大量人口湧入香港，趨勢持續了整個五、六十年代。外來人口激增使得香港變成一個陌生人的社會，「經紀拉系列」和其他反映社會百態的小說，不僅教導讀者怎樣理解身處的地方，還巧妙地利用情節的轉折暫時緩解了大眾的焦慮，以保持社會安定。[45]「怪論」同樣有點出作者心目中社會真相的功能，「曲筆」而非「直言」的寫法，就作者而言固然有免觸禁忌的用心，就讀者而言誇張滑稽的表達更能宣洩無可奈何的不滿。

這一時期移入的人口為香港提供了廉價勞工、技術人才以及資金，但也有不少受過高等教育的人，在香港無法找到和教育資歷對應的工作，[46] 幸而恰值香港社會迅速增長，報業隨之而大幅擴張，於是得到執筆撰寫小說或專欄以維生的機會。這些人不僅壯大了報紙作者的陣營，他們大江南北的背景也埋下了使副刊面貌變得多元化的種子，十三妹就是後來開花結果的一位。[47]

在五、六十年代，香港青年人口比例遠較目前為高，據1961年的政府人口統計，十九歲以下青年和兒童佔總人口46.71%，[48] 但學額遠不足夠。適齡入讀小學的兒童（6至11歲）共五十萬人，在學者只有三十一萬人，小學畢業後有機會升上中學的，更只有20%至25%。[49] 正規教育機會不足，使得青年渴求通過其他途徑獲得知識。此外，在五十年代以前，香港社會較歡迎以中文為教學語言的中學，或直接回內地就學，以便銜接國內的高等教育，日後有更廣闊的出路。1949 年國內情勢大變，這種想法開始逆轉，特別是在 1952 年中共的統治穩定下來之後，香港中、英文中學數量此消彼長，從此崇尚英文和西方的心態貫徹到教育體制。[50] 十三妹常鼓勵寫信求教的青年學好英文，又以很少專欄作者能夠像她那樣直接閱讀西方書刊而自豪，[51] 這些言論都可以在當時社會環境找到解釋。

最後，從二戰結束到六十年代末，除了韓戰暴發初期，香港經濟平穩上升。[52] 儘管最富裕的階層可能是從江浙移居的工業家，[53] 但本地人口畢竟以廣東人佔多，粵式口味的消費市場不容忽視，高雄粵語作品的風行顯然受益於此。[54]

社會結構的變化，在一份商營報紙看來，顯然是難得的獲利契機。高雄憑着社會觸覺和寫作才能成為有口皆碑的編輯和多種流行文類的領袖，似乎順理成章，十三妹的故事卻更能突顯「粵語入文」的發展和限制，既有偶然的機遇，又無法離開社會因素。

四

「經紀拉」系列的作者高雄和評論者今聖歎、劉紹銘等合力提升低俗粵語文類的地位，十三妹則在相對而言較高雅的散文文類中引入粵語。有趣的是，十三妹的母語不是粵語，卻提倡粵語入文；本來不想當作家，卻賣文成名；沒有正式學歷，卻以普及西洋知識建立了聲譽。這一連串的錯位，原來並非互不相關。

根據十三妹的自述，她生於越南河內，父親是越南華僑，母親是北京人，她本人曾在越南、中國、印度等地居住，自小學習法文、英文，中文則非正式地學自乳母。十三妹沒有讀過大學，但家裏為她聘請補習教師，學習音樂和其他知識。1949 年內地易幟，當時家人已經過世，十三妹孤身來到香港。最初在商業機構工作，其後當上鋼琴教師，但因為患病無法繼續，改為向報紙投稿，經過幾年努力終於成為專欄作者。十三妹不與同行來往，即使長期合作的編者如高雄、劉以鬯，也沒有見過她，有些人因此把她渲染為神秘女作家。但十三妹多次在專欄中表白，這只是因為她不屑與職業作者為伍。在她眼中，職業作者最嚴重的缺點是依賴關係而不是作品的素質來換取稿費，她本人則相反，「也只有《新生〔晚報〕》，才容納得了十三妹這樣上不沾天下不落地，既不服左也不服右，純然靠票面的招牌」。[55]

十三妹完全不認同文壇常見的結盟方式，也無意遵從報紙散文的寫作慣例，但她那種副刊上罕見 —— 甚至可以説前所未見 —— 的作者形象（對任何人都不賣賬）和文章內容（大量西方現代知識），終於令她闖出名堂：

> 由於這近一年來之大膽嘗試，卻也有了些收穫。而收穫中之最著者，率直書之，就是改變了一些本版編者的成見。[56]

這「成見」就是副刊必須以通俗趣味為主。隨着名聲日著，十三妹更把自己的寫法説成是一種應時而生的新模式：

> 我們的時代，節奏如此其緊，於是自必影響文章。猶若一道河流，滔滔滾滾，泥沙碎石微生物，哪來得及為之一一換出釐清？我們的思想感情，四面八方而來，甚麼來到筆下就寫將出來，此之謂曰專欄文章，蓋作者之所思所感所受者也。

又：

> 所以，十三妹的下欄之文，一貫以泥土沙石微生物夾雜其中為特色，我甚至不但不會為此一特色而自愧，決不

想為此改變作風，而且自信此乃七十年代之特色。[57]

這篇文章刻意反用沙石、微生物的象徵，把傳統寫作視為雜質的元素——粵語當然包括在內[58]——重新定義為現代化的表現，創造了一種評價散文的新標準。十三妹在另一處更把粵語視為「專欄文章」現代性的要素：

> 昨於此談「下欄」之出現地方語文，還忘了指出一點基本上之要求。蓋此類之文，以其時間空間性甚強，並非準備留之於世者，（當然，那些自負良深，更妄以為有警世、喻世、諷世之井底蛙文則不在內）故自題材以至表達之方式，包括所使用之詞彙在內，在原則上是要求新鮮變化的。所以，我覺得這類的文字，作者無論如何得創新手法，□一些新字彙過來，至於那些活潑潑存生於周圍的，更不能放過。於是就得個「雜」字，猶若有第八藝術之稱的電影一般，必得合許多部門，才能闢出一種新風格來。而近代語文之無法淨化，此由西方報刊文字亦可得證明。自小説以至專欄文字，穿插第二三種語文者已不可免，如文章為英文，但作者撰者在西歐者，則西班牙文意大利文法文皆必然出現。所以何能要求宗於黃河流域語文之我輩，筆下能不吸收粵白？[59]

對當日的讀者來説，這段話最有力的是以當代西方情況為支持粵語入文的理由——在讀者心目中十三妹的威權正來自她了解當代西方世界。[60]用布迪厄的場域理論術語來表達，十三妹基於她的生性（habitus），找到了把文化資本轉換為象徵資本及經濟資本的方法，成功地在文學場域佔據了一個位置。

不過十三妹的生性和文化資本，在當時的香港可謂絕無僅有，後來者不大可能重演她的歷史。十三妹在「新趣」的後期，該版增設了一些談論西方現代知識的專欄，例如陳之藩《旅美小簡》、胡菊人《旅遊閑筆》和《讀書閑筆》，似乎是有見於讀者歡迎十三妹的題材。十三妹離開「新趣」後，又有由戴天、劉方（羅卡）、陸離、李英豪合寫的《四方談》專欄，另一個副刊「生趣」則有西西談中外電影的《開麥拉眼》，但這些專欄也都沒有自覺地使用粵語。[61] 考察這些作者，陳之藩當時並非居於香港，戴天在毛里求斯出生，在台灣完成大學教育。二人之外，胡菊人、劉方、陸離、李英豪、西西都在香港完成中學教育，有些更取得師範或專上學歷。這些成長於香港的作者粵語應當遠比十三妹流暢，但都不曾提倡粵語入文，原因或出於香港的教育制度。

香港教育司署 1950 年代初頒佈的〈小學國語科課程〉規定，國語（即中國語文）課本的內容，小一至小三「全部以教授語體為原則」，小四至小六「側重語體文之教授，惟得酌情選授淺易文言」。這裏的「語體文」指白話文。語文教學包括「聽」、「讀」、「寫」、「講」等方面，「國音一科，原為統一中國各地方言而設。本港實際情形既有異於國內；各就學兒童均習慣以粵語交談；教師之講授，亦多以粵語為之。加以難獲適合之教師指導，故國音一科暫不擬作硬性之規定」。[62] 所以，小學的中國語文科，講授一般雖用粵語，但讀和寫則以白話文為要求。小學如此，中學和大專也無二致。十三妹在 1963 年的專欄即提到，教育司署公佈——其實是重申——「教學語言以粵語為主，惟寫作時則以國語語法為據。不得雜以粵語語法」。[63] 儘管有人批評教科書的白話文不通，[64] 但白話文作為教育司署規定的學習內容，則向來沒有受到挑戰。在整個五、六十年代，大部分在香港受過中等教育的人，如果要通過閱讀和書寫進行文化認知、交流，使用的大抵是以白話文為基礎、不自覺地摻進若干粵語、文言及其他成份的書面中文，直到近年才似乎有點變化。正是因為小學、中學以來教育體制設下的價值觀念深入人心，連《四方談》作者之一、十三妹熱心讀者的陸離，竟也沒有想到要發揚十三妹的粵語入文主張。

五

從五六十年代《新生晚報》「新趣」版看來，粵語能否進入高雅文類，與作者的母語無關。如果說粵語代表廣東文化重要的一部分，當年廣東文化的熱心擁護者原來包括一些並非廣東籍的人，可見廣東文化並不以母語羣體為界限，這意味當時的廣東文化對中原文化並不是抗衡、自保，而是吸納、融合。

在語文和文學上，這種優勢只維持了非常短暫的時期，以後粵語仍舊給排除於高雅文類以外。近年有些公認的嚴肅文學作者嘗試把粵語寫入新詩、小說裏，但粵語仍然沒有進入高雅的散文中。胡適認為能用白話寫詩，才表示白話文成功取代文言，其實用白話文來說理、表達知識，困難不在寫詩之下，朱自清盛讚胡適的白話長篇議論文成就遠在他的白話詩之上，陳平原說朱氏「討論白話文學的成功，舉的卻是胡適的長篇論文，表面上有點錯位，實則大有見地」。[65] 粵語入文也可以這樣類比，如果散文也能自由運用粵語，那才表示粵語的表現力、思維方式、文化地位得到認同，這在目前的教育制度下，恐怕是無法想像的。而教育制度也還不是最深層的原因，政治、經濟、文化……比教育制度更為關鍵，但這些已不是本文能夠討論的了。

1 羅貴祥：〈少數論述與「中國」現代文學〉，羅貴祥：《他地在地：訪尋文學的評論》（香港：天地圖書有限公司，2008），頁 127-128。

2 有些劇本為方便演出，直接用粵語撰寫，本文討論範圍只限於完全用來閱讀的文類，不包括劇本。

3 《新生晚報》和「新趣」版較詳細的介紹，可參拙文〈閱讀香港《新生晚報・新趣》1951 年的短篇故事 —— 管窺「香港意識」的生產和傳播〉，樊善標、葉嘉詠編：《陌生天堂：五十年代都市故事選》附錄（香港：天地圖書有限公司，2011），頁 339-341。

4 據劉紹銘的〈高雄訪問記〉，高雄是「新趣」的創版編輯，一直做了十多年，見熊志琴編：《經紀眼界 —— 經紀拉系列選》（香港：天地圖書有限公司，2011）附錄，頁 282。1960 年 2 月 25 日「新趣」版有一則三蘇〈代郵〉:「何水申先生：鄙人因病請假，數月未理本版編務。以後來示，請逕寄新趣編輯先生，幸勿書弟名，以免稽延時日為感。」推測高雄大概在 1959 年底離職。

5 「新趣」早期的怪論專欄名為《怪論連篇》，由多人合寫，高雄的化名除三蘇外，還有吳起、曹二家等，其他作者包括梁厚甫（筆名馮宏道）、劉國鈞（筆名連容蘇）等。

6 例如《新晚報》邀請高雄在該報「天方夜談」版以石狗公筆名寫類似《經紀日記》的《石狗公自記》（1954 年 2 月 12 日至 1966 年 9 月 30 日）。高雄以史德筆名在他報寫偵探小說，則是因為許德由《新生晚報》專用，見劉紹銘〈高雄訪問記〉頁 282-283。另外《新晚報》、《成報》、《明報》等都繼《新生晚報》而設立「怪論」，《大公報》「小說天地」版夢中人的《懵人日記》（1955 年 8 月 1 日開始連載），顯然也受《經紀日記》啟發。

7 本文討論的「粵語入文」大部分是所謂的「三及第」，即雜用白話、文言、粵語，有時甚至加上英語音譯詞。另外，所謂「自由進入」，意指並不僅僅限於吸納粵語詞彙，也可以使用粵語句法。

8 必須注意，「新趣」更多是純用白話的長短篇小說、雜文。此外，本版早期也有文言長短篇小說、傳統風格的舊體詩詞。多種語體並存於一個版面上，也是當時報紙副刊的典型面貌。

9 「經紀日記」系列的詳細介紹可參熊志琴編：《經紀眼界 —— 經紀拉系列選》「前言」頁 13-15。

10 長期連載固然是受讀者歡迎的證明，此外，1953 年大公書局出版了《經紀日記》第一、二集的單行本，1950 年更有三家電影公司拍了三部改編《經紀日記》的電影，參熊志琴：《經紀眼界》「前言」頁 13。他報邀請作者撰寫類似形式的小說及其他作者的仿效，也都是明顯的證據。

11 轉引自熊自琴：《經紀眼界》附錄，頁 273-274。原刊於「新趣」1953 年 3 月 27 日，後收於大公書局出版的《經紀日記》。今聖歎原名程靖宇，1948 年由天津移居香港，1951 年在新成立的崇基學院講授中國通史，其後任教於不同大專院校。程氏也是多產作家，今聖歎是他在《新生晚報》開始寫作時所用的筆名。程氏生平資料可參李立明：〈採稆堂主今聖歎〉，李立明：《香港作家懷（第一集）》（香港：科華圖書出版公司，2000），頁 214-219；今聖歎：〈採稆文存自序〉，今聖歎：《新文學家回想錄（儒林清話）》（香港：文化・生活出版社，1977），頁 1-2。

12 今聖歎〈《經紀日記》序〉：「經紀拉的思想和哲學，實在是永遠跟隨着他的時代向前邁步的，他嗅到了地獄中的霉臭陰毒的氣味，他看見一切惡鬼冤魂的殘骨腐肉，把它們寫成這樣一部自己的時代的傳記。他和盤把這時代的一切托了出來，譏諷的反面是溫暖與同情。幽默給善與真理以溫暖，給惡與虛偽與欺詐自私與刻薄以無情的打擊。」見熊志琴編：《經紀眼界》頁 274。這當然是今聖歎對「五四傳統」的理解。

13 《拉哥日記》1957 年 12 月 22 日，轉引自熊志琴編：《經紀眼界》頁 177。中括號內文字據「新趣」原刊改。

14 熊志琴編：《經紀眼界》頁 274。

15 劉紹銘：〈經紀拉的世界〉。此文原是劉氏〈高雄訪問記〉的前言，兩者都刊於香港《純文學》第 30 期（1969 年 9 月），後收入林以亮等：《五個訪問》(香港：文藝書局，1972 年)，這裏轉引自熊自琴：《經紀眼界》附錄，頁 299-300。

16 李國威〈《純文學》的三蘇訪問〉：「一個人，這些年來，賣文為活，不懷文學創作的『英』心，卻讓人翻起舊帳，大做文章，是否一種挖苦？一種諷刺？抑或是鼓勵？」李國威：《李國威文集》（香港：青文書屋，1996 年），頁 31。

17 劉紹銘：〈高雄訪問記〉。引文見熊志琴編《經紀眼界》頁 295。高雄在〈訪問記〉中又說：「我以為香港事實上的確只有『通俗小說壇』而沒有『文壇』。當然這和整個地方的文化氣氛有關係。這裏居住的人，整日忙來忙去，需要的只是通俗小說，於是這個地方便只能有通俗小說的市場而不可能有文學作品的市場了。〔……〕我自己從開始寫作直到現在，從未曾自以為是一個甚麼作家。我以為我只是一個俗語所講『寫稿佬』，一個『説故事的人』。勉強加上『職業』二字叫做『職業作家』亦未嘗不可，因為既加上『職業』兩字，其中辛酸，亦可想而知，雖云『作家』，與一般所謂『文學作家』，固有不同也。如果有人一定要把我稱做『作家』，我聽了只有難過。我覺得，我寫的那些東西，根本不能登大雅之堂。」同上書，頁 288-289。

18 小思（盧瑋鑾）：〈想念三蘇先生〉，小思《人間清月》（香港：獲益出版事有限公司，1996，3 版），頁 25-26。

19 馮宏道：〈憶亡友・談怪論〉，載《新聞天地》週刊，第 2057 期（1987 年 7 月 18 日），頁 25。

20 熊志琴：〈從羣眾中夾，到羣眾中去——《新生晚報》「怪論」與香港文化主體性〉，載《香港文學》，2009 年 5 月號（總第 293 期），頁 27-28。余英時的説法見於〈中國知識分子的古代傳統——兼論「俳優」與「修身」〉，載余英時：《史學與傳統》（台北：時報文化出版事業有限公司，1982），頁 71-92。濟航〈遊戲文章論〉轉引自李歐梵：〈「批評空間」的開創——從《申報》「自由談」談起〉，載《二十一世紀》，1993 年 10 月號，頁 39-51。

21 熊志琴：〈從羣眾中夾，到羣眾中去〉頁 27、28。三蘇原文刊於 1946 年 12 月 23 日的「新趣」，為該版一週年紀念而寫。

22 轉引自熊志琴：〈從羣眾中夾，到羣眾中去〉頁 27。

23 轉引自熊志琴：〈從羣眾中夾，到羣眾中去〉頁 28。

24 例如在國共內戰尾聲的 1948 年，香港政府開始頒佈及修訂「教育條例」、「社團條例」，以限制中共在香港的活動，參陸恭蕙：《地下陣線》（香港：香港大學出版社，2011），頁 85-86。又，李少南〈香港的中西報業〉：「在眾多限新聞自由的條例中，以 1951 年 5 月制定的《刊物管制綜合條例》全面及苛刻〔……〕任何報刊會導致他人犯罪、支持非法的政治團體、影響公共秩序、健康或道德者，法庭可根據律政司申請查禁或暫停違例報刊出版 6 個月。此外，任何報刊惡意散發可能導致公眾不安的虛假消息，即屬違法。此例還規定不得發表任何煽動正常社會秩序的言論。」載王賡武主編《香港史新編（下冊）》（香港：三聯書店〔香港〕有限公司，1997 年），頁 527。1952 年 5 月 5 日《大公報》以刊載政治煽動文字，被判停刊六個月，但後來減為十二日，參鄭樹森、黃繼持、盧瑋鑾：《香港新文學年表（一九五〇——一九六九）》（香港：天地圖書有限公司，2000），頁 33。

25 例如「新趣」版專欄作者田耕的掌故文章〈陸祐的故事〉、〈關於陸祐記載〉（刊1962年4月23、24日）被陸氏後人指內容不實，發律師信警告，該版在 7 月 9、10 兩日刊登〈道歉啟事〉，同時終止田耕的專欄。

26 〈高雄訪問記〉:「其實寫社論，寫怪論，還是差不多？都是社會批評，不過一者板起面孔，一者嘻皮笑臉，而讀者卻只歡迎怪論，不愛社論，方式不同，後果各異，這真是無可奈何。」見熊志琴編：《經紀眼界》頁 296。

27 高雄在《三蘇怪論選》（香港：作家書屋，1975）的代自序〈不該出版的書〉說 :「這是一種遊戲文字，無非博讀者一粲，根本毫無價值可言。」（頁 1）他接受劉紹銘訪問時則說，自己的作品最喜歡「怪論」（見熊志琴編：《經紀眼界》頁 296）。「怪論」畢竟結集出版了，顯見序言是門面話；門面話要這樣說，也足以證明「怪論」的文學價值沒有得到認可。

28 十三妹作品及相關資料可參拙編：《犀利女筆 —— 十三妹專欄選》（香港：天地圖書有限公司，2011），及拙文〈本命、前世與分身 —— 作家十三妹的筆名與發表場地考〉，載《百家》，第 10 期（2010 年 10 月），頁 65-78。

29 「新趣」《十三妹專欄》〈讀以「諾貝爾獎」為題材的小說第一章〉，1963 年 8 月 31 日。

30 「新趣」《十三妹專欄》〈聞湯恩比之巨著“RECONSIDERATIONS”已出版〉，1961 年 5 月 11 日，又見樊善標編：《犀利女筆》頁 206-209。

31 「新趣」《十三妹專欄》〈為廣東人士的借喻天才再喝一場采！〉，1963 年 6 月 6 日。

32 「新趣」《十三妹專欄》〈且說這條牛已被拉到了樹下〉，1963 年 1 月 8 日。

33 十三妹在 1964 年 7 月 19 日後不再在「新趣」版寫作。

34 《中國學生周報》，第 953 期（1970 年 10 月 23 日）。

35 Paul DiMaggio, ‘Classification in Art,’ in *American Sociological Review*, 1987, Vol. 52（August: 440-455）.

36 即使是美國社會，也需要因應現實修訂框架各部分的關係，例如上文轉述第馬久的說法，在以商業原則為主導的藝術生產模式下，產品的分化程度和界限強度將降低，是八十年代的情況。隨着新的生產技術、銷售管道等出現，目前可能有所不同。

37 林芳玫：〈雅俗之分與象徵性權力鬥爭 —— 由文學生產與消費結構的改變談知識分子的定位〉，載《台灣社會研究季刊》，第 16 期（1994 年 3 月），頁 55-78，引文見頁 58。

38 程美寶：《地域文化與國家認同：晚清以來「廣東文化」觀的形成》（北京：生活・讀書・新知三聯書店，2006），頁 163。

39 程美寶：《地域文化與國家認同》頁 157-160。

40 程美寶：《地域文化與國家認同》頁 162。

41 李婉薇：《清末民初的粵語書寫》（香港：三聯書店〔香港〕有限公司，2011），頁 331-332。

42 例如若夢女史〈説鬼〉:「多均鬼賦。帶荔披蘿。稽子驚鬼。吹燈滅火。遂使鬼谷先師。終日鬼頭鬼腦。而壞鬼學士。在朝在野。無非鬼叫鬼揸。」（全刊無統一頁碼）但「諧林」中也有不少純用文言的作品。

43 參黃繼持：〈戰後香港「方言文學」運動一些問題〉，黃繼持：《文學的傳統與現代》（香港：華漢文化事業公司，1988），頁 158-172；鄭樹森、黃繼持、盧瑋鑾：〈三人談〉，鄭樹森、黃繼持、盧瑋鑾編《國共內戰時期香港學資料選（一九四五 —— 一九四九年）》（香港：天地圖書有限公司，1999），頁 12-16。又，黃仲鳴：《香港三及第文體流變史》（香港：香港作家協會，2002）是這一課題資料最完備的論著。

44 「新趣」版董千里《人間閑話》〈方言入文章〉:「香港寫方言小説的第一枝筆自屬本刊的前任編者，但我們以為他用普通話寫的小説只有更好（此點文化界朋友均有同感）。〔……〕我這人有點頭巾氣，至今力求避免在文字中羼入任何方言，認為文還文，語還語，兩者是不應該也不必混雜的。」（1962 年 8 月 4 日）

45 詳細論證可參拙文〈閱讀香港《新生晚報・新趣》1951 年的短篇故事〉。

46 在當時反映社會百態的小説裏也可以找到這種題材，「新趣」有一個短篇〈醫生改業記〉，寫一個醫生來到香港，因為學歷不獲政府承認，只好黑市執業，甚至改稱中醫。見樊善標、葉嘉詠編《陌生天堂》頁 46-49。

47 參拙文《犀利女筆・前言》頁 16。

48 據香港特別行政區政府政府統計處的 2006 年中期人口統計「主要報告」數據計算，當年十九歲以下青年和兒童佔總人口 20.08%，參以下網址：

http://www.bycensus2006.gov.hk/tc/data/data2/index_tc.htm（2013 年 1 月 2 日檢索）。

49 譚維漢：〈二十五年來的香港教育〉，載牟潤孫等：《星島日報創刊廿五周年紀念論文集》（香港：香港星系報業有限公司，1963 年印刷，1966 年發行），頁 146-147。

50 譚維漢：〈二十五年來的香港教育〉頁 147-148。

51 本節和下一節十三妹的原文書證和相關論證，如不另外說明，皆見拙文〈案例與例外——十三妹作為香港專欄作家〉，樊善標編：《犀利女筆》附錄，頁 336-372，本文不再重複。

52 參饒美蛟：〈香港工業發展的歷史軌跡〉，載王賡武主編：《香港史新編（上冊）》頁 371-416。

53 丁新豹：〈移民與香港的建設和發展——1841-1951〉，載編輯委員會編《歷史與文化：香港史公開講座文集》（香港：香港公共圖書館，2005），頁 39-40。另參黃紹倫著、張秀莉譯：《移民企業家：香港的上海工業家》（上海：上海古籍出版社，2003）。

54 董千里〈方言文章〉:「所以使他非用方言不可者，自是買主的要求。這些買主們已在不知不覺中殺害了一個好作家，不錯，他因此有了洋房和汽車，但一個作家的份量豈是可用房子和車子來衡量的？」，「新趣」版董千里《人間閑話》專欄，1962 年 8 月 4 日。但高雄的三及第小說讀者不限於廣東人，「新趣」《初白廔雜寫》專欄作者初白〈土語文學〉:「據筆者所知，非粵籍的外省人士對於這『拉哥文體』發生興趣之濃，遠比我們為甚。他們在貫通了以後，還在極力摹擬，互相引用，現在外省籍者嚐用這種文體的，竟比粵籍者為多，在本地的文壇上起了浪潮，無論左右派的報章都樂於引用，甚至時評中，標題上，也用起廣東土話來。」（1956 年 10 月 5 日）所說的「時評」不知道發表在哪些刊物上？如果是大報上的嚴肅評論文章，那麼粵語進入高雅文類的時間還可提前。又，同月 25 日初白〈舊文抄〉延續話題，引錄了二十多年前《循環日報》上香港總督金文泰的〈提高中文學業〉演說詞。該演說詞全用粵語，開始的部分如下 :「列位先生，提高中文學業，周爵紳、賴太史，今日已經發揮盡致，毋庸我再詳細講咯，我對於呢件事，覺得有三種不能不辦嘅原因，而家想向列位談談。」作者在引文後說 :「這種完全口語的報導，在當時也是很特殊的。大約因為這位總督金文泰是素以精通粵語和中國舊學見稱，報章上為了特表揚起見，故將他演講時的口語照錄，是非常少有的，想不到事隔二十餘年的今日，卻會大行其道。」

55 「新趣」《十三妹專欄》〈吃黃蓮冷暖自家知〉，1963 年 3 月 16 日。

56 「新趣」十三妹《一葉集》〈果真是夏蟲不足以「語冰」乎？〉，1959 年 10 月 27 日。

57 「新趣」《十三妹專欄》〈從行家使我發嘔想換版頭名稱談開去〉，1962 年 8 月 14 日，又見樊善標編：《犀利女筆》頁 238-239。

58 「下欄」原是港式粵語，意謂無足輕重，這裏用作自己專欄的謙稱。

59 「新趣」《十三妹專欄》〈關於文字運用〉，1963 年 1 月 9 日。案：本篇延續上文所引〈且說這條牛已被拉到了樹下……〉的話題。原文有一字模糊不清，現口號代替。

60 但十三妹不是深思熟慮才立論的作家，在不同的話題上，她常有反覆猶豫，例如她因為某報一則她不理解的粵語入文新聞標題，動搖了過去的想法，認為「今後應該好好的想一想這個問題了」，見《十三妹專欄》〈粵語入文的迷惑及其他〉，1963 年 8 月 15 日。

61 陳之藩《旅美小簡》在 1963 年 6 月 9 日首刊，當時陳之藩《旅美小簡》單行本已在台灣出版，「新趣」只是轉載，不是直接向陳氏約稿。胡菊人《旅遊閑筆》在 1963 年 12 月 14 日首刊，《讀書閑筆》在 1964 年 8 月 1 日首刊，西西《開麥拉眼》在 1964 年 8 月 1 日首刊，《四方談》在 1964 年 9 月 5 日首刊。

62 轉引自馬鴻述、陳振名編著：《香港華僑教育》（台北：海外出版社，1958），頁 114。

63 「新趣」版《十三妹專欄》〈從更正扯起〉，1963 年 8 月 4 日。

64 《星島晚報》「港聞」版 1957 年 4 月 1 日：「有的教科書，取材既不高明，連文句也不通。用白話寫的，完全不是『國語』，讀起來，使人忍不住發笑。」轉引自馬鴻述、陳振名編著：《香港華僑教育》頁 142。

65 陳平原：〈學術文的研習與追摹──「現代中國學術」開場白〉，《雲夢學刊》，第 28 卷第 1 期（2007 年 1 月），頁 10。

香港流行音樂已死？還是有新的生存形態？[1]

馮應謙

香港中文大學新聞與傳播學院

沈思

香港中文大學新聞與傳播學院

很多人提出過「香港流行音樂已死？」這個問題。我打算從一個文化歷史的角度回答這個問題。概括來說，香港的流行音樂過去一直依賴着所謂傳播的載體而得以成長，例如唱片、媒體廣告、音樂錄像或現場表演等。近十多年來，由於盜錄或網上侵權行為嚴重，音樂生產商認為流行音樂已不能為他們所屬的商業機構賺取優厚利益而走向末路，因此提出了「香港流行音樂已死」這個説法。本文卻認為這現象只是香港流行音樂隨時代和科技轉變了新的中介媒體，以新的生存形態存在而已。

中介媒體，即是播出或傳遞流行音樂的途徑、媒介或載體。事實上，香港從未有重視過中介媒體對音樂的流行程度、演出者及香港流行音樂作品的影響。本文旨在説明中介媒體的發展，往往與當時的資訊科技發展息息相關。然而，資訊科技不單影響中介媒體，同時影響音樂的載體，改變了音樂的傳播方法，亦間接顛覆音樂工業的運作模式。

自從百多年前愛迪生發明留聲機後，在電腦互聯網及音樂數碼化還沒有以前，音樂載體只以黑膠唱片、磁帶和卡式磁帶等為主流。黑膠唱片長期是主要的音樂載體。因為當時技術所限，播放唱片的留聲機是設定以每分鐘 78 轉為標準，由於轉速快，記錄的音樂不能太長，只可播放三分鐘左右，亦因這樣，規範了創作人的發展空間，使流行音樂的長度和質量標準化。

隨着上世紀三十年代的「摩登時代」和二次大戰後的「原子時代」到來，生產工具的不斷完善，唱機從手動轉為電動，音樂載體從單聲道轉為雙聲道的「立體聲」，黑膠唱片已從 78 轉改良為 45 轉和 33.3 轉，唱片可以雙面錄音，並以面積不同的大細碟形式出現。根據 1960 年代唱片的定價，一張 45 轉的黑膠唱片售價大概是港幣兩元至兩元五角不等。而 33.3 轉的黑膠唱片，在 1970 年代的定價，售價大概是港幣十五至二十元，價錢在當年來說並不便宜，加上唱片機只能使用交流電，不利攜帶。

當 1960 年代錄音磁帶的技術成熟，音樂載體出現革新，錄製音樂的母帶都以磁帶為主。在很短的時間內，磁帶再發展為可雙面翻錄和播放的小巧卡式錄音帶。從 1970 年代開始，在市場發售的流行音樂便以唱片和卡式帶的形式出售。

由於卡式帶可以進行多次錄播，所以當 1976 年香港電台開始以 FM 立體聲廣播時，間接促使盜錄風氣興盛，故此當時唱片商要求電台的 DJ 需在歌曲播放前後要插入談話，盡量使盜錄者不能錄到全首歌曲，以圖區分正版歌曲具有完整性的特徵。

然而在知識產權意識薄弱的 1970 年代及 1980 年代初期，流行歌曲不一定需要從電台盜錄得來，很多小型的唱片舖亦提供了錄歌服務，這既為消費者挑到他們喜歡聽的歌，又為他們節省不少金錢。雖然唱片舖職員不會大鑼大鼓地表示有這種錄歌服務，亦不會張貼告示，但熟客者大部分都會知道某某唱片舖有這種服務提供。雖然這些店舖亦有空白的卡式帶出售，但很多追求音質的消費者也會自備認為優質的盒帶前來，這時期每次錄歌服務的消費大約每首歌曲為港幣一、二元，消費者有選擇複製全張唱片的，也有複製部分或來自不同唱片的自選歌曲。這些由唱片舖提供的錄歌服務，也算是早期本地流行音樂銷售的另類非法途徑。

卡式錄音帶主要賣點在它本身確保了一定的音質，盒帶並可重複錄播，經濟實惠，兼且播放卡式錄音帶的器材並不昂貴，讓歌曲得以在普羅大眾流行。卡式錄音帶另一個特點是方便攜帶。當時流行在公園或沙灘的公共場所，有很多青年帶着這類卡式錄音收音機，共同享受流行的音樂，成了一時風尚。與此同時，尚未全面開放的中國內地，很多人聽厭了具革命性的樣板音樂，對於外地傳來的具資本主義意識的音樂尤感好奇。而這些小巧的卡式錄音帶較易偷運進入中國內地，很快便在國內廣為流傳。

當 1979 年日本 Sony 推出了強調年輕活力與時尚的 Walkman（隨身聽）後，這種體積細小使用耳機收聽卡式錄音帶的小型音響一經推出，生產電器的廠商馬上仿效，生產各種牌子價錢更為低廉的隨身聽，並加入收音機功能。在整個 1980 年代，這種隨身聽成為了潮流玩物，直接推動了流行音樂的覆蓋面。

自從日本的 Sony，帶領播放卡式帶的 Walkman 以後，1980 年代間個人電腦（PC）開始推出主場，音樂的貯存格式開始踏入數碼化的階段。Sony 與荷蘭的飛利浦公司合作，推出音樂光碟（Compact Disc），當 CD Walkman 出現後，也掀起了一番熱潮。因體積大又不可翻錄，Sony 在 1990 年代初，便改良和推出了 MiniDisc（MD）。 MD 用的小光碟，由硬塑膠包裝，易取易放，可以不斷錄播，成為上世紀末期至 2000 年前後，廣受歡迎的一款時尚電子產品。

大概也在 1990 年代開始，資訊科技一日千里，個人電腦開始普及，互聯網的使用，也促成了音樂工業的變革。首個關鍵，改變便是壓縮音樂格式 mp3 的出現。這種音樂格式讓流行音樂不再需要依賴傳統的黑膠唱片、卡式錄音帶或 CD 唱片等媒體，而可以通過多種途徑，直接快速拷製歌曲到 MP3 機內。

可以播放數碼音樂的 MP3 機，貯存歌曲多少，是依賴記憶體的容量。基本上 1G 的記憶體，可貯存三、四百首以上的標準質量歌曲。大部分 MP3 機都是多功能的音樂載體，並具有收音機及錄音機的功能，既可儲存不同格式的音樂檔案，又可以接駁其他音響器材把樂曲轉成播放音樂，後來更成為手機、電腦或其他電子產品不可或缺的組成部分。不同數碼產品對 MP3 的兼容性，可謂迎合了香港人着重經濟效益的思想及急促的生活節奏。MP3 的音樂格式亦方便了音樂檔案通過互聯網這平台而流傳，為處理合法或非法下載的音樂檔提供方便。今天在網上聽歌和下載音樂，已成為「平常事」；在這多年間聽眾也已經慢慢形成了免費習慣。當然，下載者不會關注這種行為的合法性（雖然 iTunes 不是使用 MP3 格式，但經電腦軟件也可彼此轉換）。

如上文所述，盜錄問題早在互聯網普及以前經已存在，只是互聯網這個平台讓盜版行為發生更容易、更快。值得深思的是，互聯網對音樂工業來說，除了是危機以外，會否為工業締造另類的商機？

香港貿易發展局早在 2006 年起，每年舉辦「香港音樂滙展」。2010 年在香港會議展覽中心舉行的「音樂科技結合新里程」研討會上，有關當局開宗名義的指出：「上網聽音樂再不是新鮮事，網民的使用習慣與偏好更是天天轉變」。研討會透過講者分享其於外國的經驗、創意和新技術，從而探討本地唱片業能如何加快步伐，迎合用家的口味與習慣，開拓更大的市場空間。其中的一個講題：「音樂工業在互聯網的逆境下如何求存」，便反映出自從網上的非法下載音樂檔案，令香港唱片業界營業額下滑至之前的四分之一後，業界如何能思量出適當和果斷的方法來解決當前的問題；其中有論述認為教育用戶停止非法下載，或者立法並非短期收效之策。

誠然，參考國際的經驗，互聯網這個平台可為音樂工業提供另類的營銷管道。例如在美國任何地方通過 Amazon.com 購物書本或錄音製品，在一般大城市可以即日送貨，較遠地區也不超過三天。經網上出售的音樂製品，包括直接將數碼錄音經由網上傳送的營業額，與日俱增。與此同時，網上銷售的趨勢，亦促使科技產品供應商成為流行音樂的另一中介媒體。聽眾不再購買唱片，而是在網上平台買入個別的音樂檔，在個人隨身聽中自製自己喜好的播放清單。美國的例子讓我們有充分理據相信，互聯網雖對香港音樂工業帶來衝擊，但若果能適當轉型，絕對可以化危為機。其中的關鍵可從生產及營銷兩方面解構：

從生產的角度來說，網上商業有助提高唱片業的商業效率。由於網上商業主要通過網站讓消費者在家中透過電腦在網上購物產品，因此基本上每部能上網的電腦或智能手機都可成為音樂製品的分銷點。唱片公司或分銷網站只要能運用有效的推廣手法，便可吸引消費者到網站瀏覽及採購，成功脱離傳統的分銷模式，將產品即時送到消費者手上。由此看來，網上商業不但將分銷成本大大降低，而且把促銷和銷售行為統一起來，既可減少兩者脱節而造成的經濟損失，又延長了某一音樂產品的流行時間。站在消費者的角度，音樂數碼化為他們帶來方便，年青人可把網上下載的歌曲下載到自己的「隨身聽」或手機收聽，樂迷可自行選擇曲目。這種自由選擇又不受空間限制的音樂消費，打破了以前音樂與空間互相纏繞的局面。即是說，歌迷不一定要在卡拉 OK 聽 K 歌，也不一定在演唱會都感到音樂的喜悦，無論在公共交通工具、學校或郊外，用家可隨自己心情聽自己喜歡的歌，在不同場景和空間消費音樂的感覺，已變成了他們生活的一部分。與此同時，互聯網和電話的移動數據，削弱傳統中介媒體的重要性，為很多小規模的唱片公司及獨立創作人提供更多的管道，協作生產及市場營銷。

從市場營銷方面分析，網上促銷具有成本低、針對性強、資訊量大、覆蓋面廣、更具靈活性等優點，而唱片公司不再需要依賴電台或電視台等傳統中介媒體，也可以利用不同形式的互聯網站及智能手機程式，用較低廉的方法集中向互聯網用戶宣傳歌星及其專輯。網上推廣產品的靈活性，使之在網站可列出歌手的個人介紹，為閱覽者提供下載歌星照片的途徑，以及讓他們收聽歌曲的選段，有助促銷及宣傳唱片。此外，網上傳送可讓閱覽者和歌迷與歌手在網上對話，直接收看歌手的訪問片段及現場表演。互聯網這種促銷策略，不但讓網民直接參與宣傳活動，而且使歌星及唱片公司的接觸消費層面比其他傳統媒體更廣更專。

互聯網沒國界之分，能跨越地區接觸全球的消費者；另外，有關網站閱覽的消費者，本身已對歌星及其產品有一定的興趣，這使唱片公司能有效推行針對性的宣傳。

互聯網不但改變音樂工業的生產及營銷方式，而且它亦改變唱片公司、中介媒體及演出者之間的關係。由於互聯網是一個覆蓋率廣及開放的平台，音樂創作人及演出者對傳統中介媒體，甚至是唱片公司的依賴性大大減低。其中以別稱為 Indie 的獨立樂隊最具代表性。所謂「獨立樂隊」，泛指標榜自家製作與包裝而相對上受傳統的唱片公司所束縛比較少的樂隊。例子有 Color、朱淩淩、Dear Jane、RubberBand、at 17、the pancakes、Swing、Ketchup、My Little Airport 和 C AllStar 等。他們的興起與互聯網的普及有着莫大的關係。如互聯網及社交網絡為他們提供了免費的發表園地及宣傳途徑。

這些堅持不屬於任何唱片公司的獨立樂隊，主要是希望不受到唱片公司、傳媒，甚至是政府的干預。一般人也認為獨立樂隊在創作，題材與風格上都跟主流唱片公司不合攏，因而面對很多的掣肘，但當中亦有選擇與唱片公司合作的樂隊。以 RubberBand 為例，他們雖屬金牌大風娛樂有限公司，但他們仍然堅持整個製作過程獨立，這也説明唱片公司作為中介媒體的力量愈來愈弱。也有例子説明由獨立樂隊過渡為主流音樂的樂隊，也是可以直接倚靠其他途徑的。其中近年在香港樂壇崛起的 C AllStar，這是一個四人男子組合，由 4 位大專歌唱比賽冠軍陳健安（On 仔）、吳崇銘（King）、何建曦（Jase）以及梁釗峰（Andy）組成，他們以各人的獨特聲線及唱功，以多重唱（A cappella）形式表演為主。C AllStar 希望以健康形象，獨特風格及多變曲風為香港樂壇注入新的力量。他們在出道初期，在 2010-2011 的年度，便囊括香港各大頒獎禮的新人獎、廣東電台「年度先鋒新組合」。「天梯」一曲更成為香港十大金曲、作曲作詞家協會年度最佳歌曲和第 12 屆華語音樂傳媒大獎「年度粵語歌曲」。這首歌的盛行不是靠傳統的唱片公司，而是贏得 Youtube 以超過 730 萬觀看次數，成為了當時歷來最高點擊率廣東歌。換句話説，互聯網這個開放平台為音樂創作人及生產者，提供了一個直接與消費者互動的平台，讓傳統中介媒體的角色逐漸褪色。

另一方面，現在任何一種媒體都可擔當中介媒體的角色。近年來，音樂選秀類電視節目甚為流行，吸引了網絡歌手等新星出現。在 2004 至 2006 年間由中國湖南衛視舉辦的“超級女聲”節目，以“想唱就唱，唱得響亮”為口號，讓全民參與評選，使電視和手機網絡成為發掘新的流行音樂人的主要媒介。“超級女聲”的成功，使國內的電視和網絡電視不斷跟隨外國發掘音樂新人的節目：如湖南衛視的《我是歌手》、《中國最強音》，浙江衛視《中國好聲音》、東方衛視《聲動亞洲》等節目，紛紛走紅。

香港 TVB 也跟風舉辦了《超級巨聲》的節目。第一屆從 2009 年 7 月至 2010 年 1 月進行總決賽。第二屆在 2010 年 5 月開始，到 9 月進行總決賽的現場直播。而第三屆的超級巨聲 3 在 2011 年 8 月開始，這屆參賽者除可以個人名義出賽外，亦可由 2 至 8 人的組合形式參賽。在這三屆結束以後，TVB 在 2013 年 7 月以《星夢傳奇》形式舉行藝員版的歌唱比賽。各個選秀活動誕生的歌手或網絡歌手，從多媒體中發揮和積聚人氣，成為流行音樂發展的重要生力軍。在這類選秀類電視節目的音樂生產中，中介媒體由唱片公司，流傳到電視台和網上媒體。

在消費者互動的平台上，互聯網除了為獨立樂隊提供生存的空間，亦成為社交網絡。這個新興的中介媒體改變聽眾欣賞音樂的經驗及聽眾之間的互動。參考國際的例子，這個轉變與此同時亦會造就新的中介媒體之冒起，如 iTunes 等音樂載體供應商等。以 iTunes 為例，它主要具備兩個功能：(一) 網上購買音頻檔案；(二) 整理個人的播放清單，並包括唱片封面、歌詞，創作人及評語。據報導，至 2013 年初，iTunes 共計售出超過 250 億首歌曲，超過 4.35 億活躍用戶。除 iTunes 外，全球較大的合法數字音樂平台有 Spotify、Deezer、Amazon 等。這些平台的付費收入，大部分來自手機音樂付費。在蘋果的 iTunes 拓展音樂市場期間的 2007 年 11 月，由 Google 和開放手機聯盟合作開發的智能手機操作系統 Android，開始啟用發展。這種自由及開放的操作系統，成為蘋果 IOS 系統的主要競爭對手，並基本上平分了智能手機的巨大市場。

除了 Android 手機的開放平台可以使用 MP3 外，在蘋果用戶來説，iTunes 隨着 Iphone 和 Ipod 的流行，在香港亦被廣泛使用，但香港華人的免費聽歌習慣，加上尚未建立一個成熟的網上購買音樂之風氣，香港的聽眾大多採用其他的途徑，獲取與 iTunes 銜接的音頻檔。然而，iTunes 在香港卻仍然改變聽眾的觀賞體驗及聽眾之間的互動。首先是有見於香港的年輕人，大多依賴個人的社交網絡，合法或非法獲取歌曲的電子檔，因此個人的音樂口味很受其網絡的影響。換句話説，隨身聽的發明確實讓流行音樂出現「個人化」的現象，然而互聯網及社交網絡，卻透過流行音樂凝聚了一個社羣。其次是 iTunes 與其他常用的社交網站及即時通訊程式銜接。如在 Facebook，可將個人的播放清單公開，為音樂品味相近的人締造更多交流的機會。

鑒於外國的成功經驗，香港音樂工業亦開始嘗試利用互聯網作為銷售的管道。香港首個推出合法下載正版數碼音樂的網站，是 2005 年 2 月成立的 EOLAsia 一按來音樂（www.eolasia.com）。當年作為工商及科技局局長的曾俊華，便在網站的啟用禮發表致辭，今天該網站已經有接近共有超過 37 萬首本地及國際歌曲，供用戶下載。

自從智能手機流行後，KKBOX 也成為 Android 手機下載和收聽本地香港流行音樂的主要方式。KKBOX 在 2004 年在台灣成立，由一羣熱愛技術及音樂的工程師聯手創立品牌。他們看到當時的網上音樂，基本上都是非法下載的，亞洲社區的使用者很少會願意購買網上的音樂。2007 年蘋果公司的 iPhone 面世和安卓系統的成熟，智能手機經過多年發展和經營，在今天 KKBOX 自稱擁有超過一千萬首曲目，獲得超過

500家唱片公司的合法授權，成為全球最大的華語音樂曲庫，在會員及營收成長上獲佳績。在2009年KKBOX已成為在亞洲華人市場佔份額最多的音樂平台。再者，KKBOX與Facebook也聯合提供了音樂服務，使用者能夠在Facebook平台上即時看到好友正在聆聽的歌曲；可以隨時留言按「Like」與好友進行互動，亦可直接點選試聽，與好朋友共用他們共同喜愛的音樂。

由於智能手機的流行，在中國內地提供MP3的網站如雨後春筍般設立，以百度、搜狗、酷狗、蝦米、多米、QQ、豌豆莢、91助手、酷我、千千、巨鯨等網站，皆以免費試聽的形式提供下載。一張剛推出的大碟，在推出當天或出版後翌日，隨即便被上載於不同的網站；而下載的形式既可以是每首歌曲，又或是整張大碟。這正是香港特區政府知識產權署發表的「香港市民保護知識產權意識調查2008」所述，雖然有近八成人同意「當消費者在明知侵犯別人知識產權的情況下仍然購買盜版/冒牌貨品是不道德的行為」，但他們大都表示不會在合法網站下載歌曲。造成這個原因是由於合法下載音樂的網站，下載方法麻煩，並有規限，不方便用戶，反而非法下載可更快更便捷。

總括來說，音樂數碼化的變革，徹底改變了音樂載體的形式。如智能電話及互聯網等新興的媒體，為流行音樂帶來嶄新的發展空間。香港的流行音樂沒死，只能說唱片和銷售唱片的店舖瀕死而矣，不能籠統地說成音樂已死，這現象只不過是新的中介媒體轉變了流行音樂而已。

從前聽眾需要依賴傳統的中介媒體，例如從大氣電波及影視媒體去認識音樂，或到唱片舖試聽和選購流行音樂，但互聯網和移動數據的出現和普及，徹底改變了這種單向的模式。隨着過去中介媒體的角色減弱，藉助它們宣傳產品或機構的效果亦逐漸減低。數碼音樂的壓縮技術發展，流行音樂以非實物載體形象出現，通過互聯網、無線電話的移動數據和WIFI等管道，將數碼音樂製品直接傳送到消費者的電腦、手提電話及隨身聽，都是流行音樂的新趨勢。唱片公司或其他中介媒體可利用互聯網這平台作宣傳及營銷，聽眾亦可以流行曲作為電話的鈴聲，或上載於社交網站以凝聚社羣。音樂數碼化改變了音樂的形式、功能、傳播管道以及消費模式。縱使互聯網發展為盜版者提供了便利的機會，但若果加以善用，它卻是很有效的推廣工具，是傳播流行音樂走向全球化的重要媒介。現時唱片業界、音樂界正處於一個重新整頓的局面。一種新的商業模式（Business Model）正在開啟，單靠銷售唱片的數量來養活流行音樂已不可行。音樂數碼化誠然為音樂工業這個共生經濟帶來一番新的景象。雖然今時今日唱片公司説唱片銷路大減、唱片公司又不賺錢，唱片舖紛紛倒閉，這並不等於「香港流行音樂已死」。反之，香港流行音樂的傳播隨互聯網的普及愈來愈快捷和頻密，各種商機呈現，唱片商把握商機，與音樂人、音樂網站、KTV 等合作，合法授權，逐步建立合理的收費服務和秩序，以新的生存形態持續發展，定必大有作為。

1 本發表文章為馮應謙和沈思《悠揚 · 憶記：香港音樂工業發展史》(2012) 的 2013 修訂版。

參考文獻

1 甚麼是 DJ，http://language.chinadaily.com.cn/words.shtml?id=2265〔瀏覽日期：2010 年 6 月 8 日〕

2 商務印書館（香港）有限公司編：《香港廣播六十年：1928-1988》，香港：香港電台，1988 年。

3 梁燕城：〈唱片騎師文化的分析〉，載《社聯季刊》，香港：香港社會服務聯會，第 107 期，1988 年冬季。

4 《華僑日報》，1987 年 2 月 11 日。

5 顏美玉：〈盛世 DJ 論今昔〉（2008 年 11 月 8 日），《廣播七十五年系列》，http://www.942radio.com/Info/a84bf67d-1290-4efa-b984-99b878fcdf24.html 〔瀏覽日期：2010 年 12 月 31 日〕

6 《文匯報》，9 月 25 日。

7 《明報週刊》，第 1864 期，2004 年 7 月 31 日。

8 葉月瑜：〈影像外的敘事策略：校園民歌與健康寫實政宣電影〉，《歌星魅影：歌曲敘事與中文電影》，頁 67-100。

9 黃奇智：《時代曲的流光歲月：1930-1970》，香港：三聯書店，2000 年。

10 冷魂：〈天空小説話當年 —— 漫談五、1960 年代香港的天空小説與粵語片〉，載於香港電影資料館，《香港電影資料館通訊》第8期，1999年，頁5。

11 電子明週・尋回耳，http://www.mingpaoweekly.com/htm/1776/Bb01_65.htm〔瀏覽日期：2010 年 12 月 31 日〕

12 葉盛生：《青鋒出鞘》，香港：文壇出版社，2001 年。

13 陳擁軍：〈產品聽覺形象系統初探〉，載《皖西學院學報》，第 17 卷，第 3 期，2001 年 8 月。

14 《明報週刊》，第 2192 期，2010 年 11 月 13 日。

15 “What's working in music: Having a ball” The Economist, 2010 年 10 月 7 日。 http://www.economist.com/node/17199460〔瀏覽日期：2013 年 1 月 16 日〕

16 http://callstar.hk/#profile〔瀏覽日期：2013 年 1 月 16 日〕。

17 《每日經濟新聞》，2013 年 6 月 5 日「音樂下載收費面臨三重拷問」。

18 http://www.kkbox.com/about/tc/〔瀏覽日期：2013 年 1 月 16 日〕

我，我們和我們的流行曲

周耀輝

香港浸會大學人文及創作系

前言

人一直被各種角色和身份所定義，我亦不例外。當我身處北京，口裏説着、耳邊聽着國語時，我越覺得自己是一個中國人。然而，當我因為不諳國語讀音而説不出想説的話時，我越覺得自己是一個香港人。但不論是香港人或中國人，兩者並沒有衝突，因為每個人會擁有多於一個身份。

性別、年紀、宗教、國籍、性傾向和階級，是我們最常見的區別身份方法。除了以上分類外，我另外有兩個對我影響甚深的身份：自1988年開始，我額外多了一個填詞人的身份；當我在2005年開始修讀博士學位課程時，我又多了一個名為學術工作者的身份。

2007年12月，我製作了一張歌詞創作的專輯。當我為這張叫《18變》的專輯做採訪時，我驚覺這兩個身份突然完全分裂，只剩下填詞人這個角色。從那時開始，我問了自己幾個問題：誰是我？哪一個與我一起成長的人影響了我？哪些流行曲改變了我？而你們又如何在聽到我的流行曲時被這些人和音樂間接地影響了？

這些問題很複雜，我希望可以充分利用我的兩個身份，以學術及創作的成果去回答它們。在以下的篇章，我想藉着探討權力和樂趣這兩個問題，去思考更多個人和文化的關係。

回憶：樂趣與權力

黃耀明演唱的〈20〉記錄了我的成長和改變，因此即使後來製作複刻版時有人問我要不要修改，我還是選擇不作任何歌詞改動。「吻過不會消失的氣味，碰過不蒼老的手臂，有過不再找不到的你，愛過為了記起」這一句歌詞，其實總結了我關於過去二十年來的回憶。這一首〈20〉，是關於回憶的歌，我的歌。

對我來說，回憶就像是我所愛的人，他與我很接近，是我生活的一部分，可是我不能完全相信他。回顧自己的歷史和回憶，是一個將真實和虛構緊扣相連的過程，因此，我的回憶裏，有真實的成份，可是也有虛構的。

六十年代：以權力換取樂趣

我是個在香港唸小學的六十後，當時香港許多國語流行曲都是從台灣渡海而來。我的童年就是在這些歌聲中度過，那些歌聲來自許多台灣著名歌星，包括：鄧麗君、尤雅、青山等等。

小學整整六年，我都住在徙置區中，那些為窮人而建的公共房屋，是很小很小的一個地方（圖一）。因為家裏很小，我往往不會留在家中，而是外出和我的鄰居一起玩。每年聖誕節，我們都會組織一個文藝晚會，把當年的勁歌金曲列一個清單來表演。

所以，十二月時我們一羣小孩子特別高興，我們會找一些比我們年紀小的孩子，運用我們的權力去壓迫他們，要他們一定要坐在觀眾席中聽我們唱歌。當時我開始明白甚麼是權力，同時也明白流行歌或流行文化所能帶給我的一些簡單樂趣。

那些為窮人而建的公共房屋，是很小很小的一個地方。(劉思偉拍攝)

七十年代：語言和政治的疑問

七十年代，是我的中學時代。從那時開始聽很多英文歌的我，當下並沒想太多，可是後來卻發現了語言運用與政治及權力間千絲萬縷的關係。當時在家裏我說粵語，在學校裏學的是英語，聽的歌也是英語。

這不單是文化和政治的問題，更是殖民者和殖民地、統治者和被統治者兩種對立關係權力不均的現象。到我明白有關語言、文化、政治和權力的重要關係時，已經是很久以後的事了。

不論如何，那個青葱的我，聽了很多對我將來有很大影響的英語流行曲。其中一首是 Mary MacGregor 的 *Torn Between Two Lovers*：

> *There's been another man that I've needed and I've loved*
> *But that doesn't mean I love you less*

Mary MacGregor 唱出了那種一個女人同時愛上兩個男人的感覺，這首歌深深感動了我，同時也啟蒙了我。當時（其實直到現在還是）主流價值觀宣揚關係必須是一對一。同時對男女的角色和要求都有固定的條件：女性要溫柔，不可以向男生直接說出自己的要求。而且，很多時候你需要說一些謊言去換取關係的穩定，這些都是我認為的主流價值觀念。但是，這首歌卻明明白白堂堂正正地唱出：我愛上了另外一個男人，但這不表示我沒以前那麼愛你了。

另一首歌是 Paul McCartney 唱的 *Listen to what the man said*：

So won't you listen to what the man said
He said...

Paul McCartney 在這首歌的副歌裏一直用歌聲說着，要我們聽聽這男人在說甚麼，但他卻沒有唱出那男人所說的話，反而以音樂和哼唱的啦啦啦啦作結尾。我當時有一點生氣，感覺 Paul McCartney 好像騙了我一樣：你不是說我要聽聽這個男人的說話嗎？那為甚麼你不在歌曲裏告訴我？歌詞為我留下了很大的幻想空間，多聽幾遍這首歌後，我開始想像，究竟他說的是甚麼呢？也許他說的是甚麼，也許其實他說的是甚麼……

正因為歌者沒有告訴我實際內容，我能夠自我聯想下去，這讓我明白了甚麼叫「言有盡，意無窮」，以及這種表達方法帶來的樂趣。後來當我進行歌詞創作時，這種寫歌詞的方向，多多少少成為了我自己寫歌詞的手法。

八十年代：真理的霸權

踏進八十年代，我成為大學生了。粵語歌開始在那時的香港流行，我也會聽其中某一些粵語歌。但因為我在進入大學前成為了基督徒，所以當時比較用心常唱的都是聖詩。

基督徒這身份加深了我對基督教文化的認識，這對我後來明白西方文化有很大幫助，反過來也為我了解和對比中西文化奠定基礎。而且，這經歷讓我瞭解宗教語言。這種語言，加上關於天國的觀念，在後來也寫進了我的歌詞裏，例如：〈你真偉大〉、〈萬福馬利亞〉等等。

成為基督徒，對我來説最重要的意義在於，我開始思考關於真理的問題。在基督教或我認識的基督徒眼中，他們能明確地分辨絕對的真理。但另一方面，我在大學裏除了唸英國文學和比較文學外，還學了馬克思主義。

在腦海裏的馬克思主義經過這麼多年的時間沖洗，內容已餘下不多，我卻還記得他對真理抱着疑問的態度。在馬克思主義中，所謂真理就是當權者相信的真理，也就是所謂的意識形態。因此，我們要小心看待這些真理，時常問自己「誰決定甚麼才是真理」這樣的問題（圖二）。

Defamiliarisation，中文翻譯是陌生化，也可稱為去熟悉化，這是我在大學讀比較文學時學到的一個文學理論。我們對生活中常見的事情過於熟悉，以致視而不見聽而不聞。如果有人能用文字把熟悉變得陌生，這就是文學，這就叫陌生化。

我喜歡這種説法，如果你能夠時常把一個人帶進不同的世界，為他對已習慣的對世界的看法重新開啟另一道門。這，就是文學，也是我最重要的一個創作原則。我希望為大家帶來另一雙眼睛。

我們要小心看待這些真理，時常問自己「誰決定甚麼才是真理」。（劉思偉拍攝）

「為甚麼不？」

於是，這一切混合起來產生的化學作用，成為了「我是基督徒」這身份的一種衝擊。一方面我聽到很多真理，但另一方面我知道自己需要去懷疑甚麼是真理。後來，當我填寫歌詞時，有人問我為甚麼要問這麼多問題。

但是我卻認為我不能不問，那時有人說過叫我要順理成章。但我不認為順理成章是我該做的事。「為甚麼不？」這是我常常問的問題，而我，就在這條問題下完成了我的學士學位。原來，真理和懷疑真理的這種矛盾，就在這個時候扎根在我以後的創作中。

實踐 / 實驗：樂趣與權力

1988那年，我已畢業了四、五年。那年，我第一次找黃耀明，問他可否讓我試寫歌詞。這種衝動源於兩個原因：

第一，我覺得我能夠寫出一些不一樣的詞。那時年少氣盛的我認為，當時的香港流行歌壇歌詞千篇一律，他們不斷重複描述那些我們太熟悉的老掉牙愛情，而這種重複是沒有意義的。因為相信我的與眾不同，所以我毛遂自薦了。

第二，我的中文終於進步到可以作新嘗試的程度了。一直以來，我都覺得自己中文不好，不論是在大學還是中學，我都沒有好好學習中文。但在畢業以後，因為不能理解古文的遺憾，我多看了很多中文小說。五年之後，我認為我的中文終於到了一個可以試試寫歌詞的地步。

諷刺地批判

達明一派信任而開放的態度讓我能寫出我的第一首歌詞〈愛在瘟疫蔓延時〉。而歌詞，也成為我第一次進行批判流行文化的平台，我第一首冠軍歌就是藉流行文化批評流行文化，這其實是一種很諷刺的做法。

寫〈天花亂墜〉時，黃耀明曾經向我提出一些懷疑 —— 他覺得歌詞很俗。他說，你知道達明一派是文藝青年嗎？文藝青年好像不應該說這些字呢。可是我回答說，我也是文藝青年呀，為甚麼你不可以唱我可以說和寫的這些字呢？

這首歌於我而言，是與我們日常生活緊密關聯在一起，這是我們的流行文化，而流行文化本身也有它的日常性。我跟他解釋過後，他就唱了。我對流行歌壇有屬於自己的批判，我希望聽歌的人能在享受音樂的同時，也可以有他們自己的思考。

關於他與她

除了批判流行文化外，我也寫了思考性別的歌 ——〈忘記他是她〉。〈忘記他是她〉是《意難平》的另外一首歌，因為當時一些狀況，它沒有想像之中流行。

這首歌第一次出現在歌詞紙上時，並沒有印上任何「他」或「她」字。在中文這種語言中，性別只能寫出來，而不能說出來。粵語更好，不論是寫字還是說話時，我們也會用「佢」這個字來代替「他」或「她」。

在漢字裏，當我們寫下「他」和「她」的那刻，性別就生成了。我們口中的「佢」會頃刻變成男或女性，可是，為甚麼我們要這樣做呢？為甚麼我們必須用固定的方法去決定一個人的性別？為甚麼單單用文字就已經能決定一個人的性別？

我希望用這首歌去寫那種愛的感覺。當你真的愛上一個人時，你愛的是他給你的一種感覺。那種感覺可能源於你愛他的那一個刺青，也可能是其他細微處。總之，你愛的是那種感覺。愛會強烈得有時候你已經忘了他究竟是男的還是女的。但事實是，關注你愛的人到底是男是女的，只是你們身處的這個社會，而非愛戀中的人。(圖三)

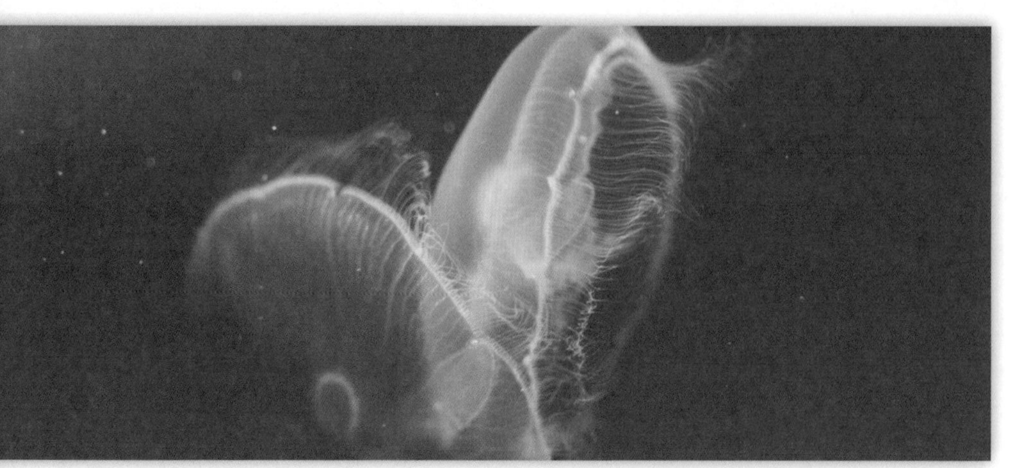
關注你愛的人到底是男是女的，只是你們身處的這個社會，而非愛戀中的人。(劉思偉拍攝)

〈忘記他是她〉不是我唯一一首有關性別的創作，在後來的歌曲中，我也同樣探討過相同的問題。例如〈填充〉裏面有一句：「習慣仁接義，性接別」。從小我們記住了一些慣用詞語配搭，例如：「仁義」和「性別」。因此，仁之後必然接着義，性之後必然接着別，這樣的慣用配搭好像指出我們必須把性別分別，彷彿我們都習慣了尋找它們的分別而不是相同的地方。這些是我思考漢字漢語後得到的啟示。

於是我在歌詞裏寫出那些我不太願意接受的社會常規或常態，從〈忘記他是她〉、〈天花亂墜〉到《神經》，我寫了很多跟大時代、大問題有關的詞，但同時也寫了一些比較個人的歌。《神經》裏有一首我很喜歡的歌〈愛彌留〉，寫的就是屬於我自己的感覺和故事。

解釋後失色的別離

〈愛彌留〉這首歌寫出我離別的感覺，那是我首次覺得自己真的即將離開香港的時候。當時我想寫一首關於離開的歌，想了很久到底該如何下筆。當你要離開一個地方時，解釋好像是必須要做的動作，但我們往往卻因為不知如何解釋而煩惱。

「請不要為我憂愁，蝴蝶總比沙丘永久」〈愛彌留〉（劉思偉拍攝）

有人向我反映，這首歌詞讀完看完了也不知道想表達甚麼。其實我為這首歌配詞時，用了一種文字結構表達我的煩惱。我先寫一句比較容易明白的歌詞，再寫一句別人會覺得理解困難的，例如：「請不要為我憂愁，蝴蝶總比沙丘永久」（圖四）這一句。

在前句我彷彿已經跟你解釋了離開的理由，但後句表達了我的懷疑，有些事情，不是我不想說清楚，而是我很難說清楚。這情況就好像當我要跟身邊的人解釋我為甚麼要離開一樣，有些話我可以說出來，有些話我卻不知道可以怎麼說。

一些意像以及一些我想到的景物，反而更能代表我的感覺，因此即使別人看完歌詞可能會覺得很難明白，我還是選擇把它們寫下來。這是我自己的矛盾：有可以說出來的，也有說不出來的，我就這樣一直寫下去。

副歌部分我希望可以表達出我離開的原因：因為我是這樣的一個人，所以我要離開。但我發覺我很難去寫我，到底我是一個怎樣的人？於是副歌裏我用了很多譬喻，寫出那一刻的我到底是一個甚麼樣的我。

科技壓縮時空，個體植入集團

在這一次離開後不久，我還是回到這裏。再多過一段時間後，我才真正離開香港。1992 年，我來到荷蘭。剛到埗時，磁帶是我和香港製作公司溝通的唯一途徑。他們把樣本歌曲（Demo）用快遞送到荷蘭，起碼花費三天時間，然後我用筆寫下一個又一個字，填成了詞，再傳真回香港。香港的流行音樂界不可能允許如此緩慢的過程，於是我的創作慢慢地越來越少了。

還好，科技救了我的填詞生涯。

這個小世界大時代

我是目睹互聯網——這種早已被八十後習慣的溝通方式——的誕生和流行。剛開始，在荷蘭並不太流行用互聯網的，後來，當它逐漸流行時，製作公司就透過互聯網把樣本歌曲以 MP3 的檔案格式傳到我在荷蘭的家，然後我再把歌詞用電郵傳回香港。

互聯網縮短了身在荷蘭的我與香港、台灣或是內地的距離，原本相隔幾千萬里的兩個城市或國家，一下子變得如同活在同一個地方上。儘管這樣說也不是完全正確——我還是有覺得跟這邊的世界有很大距離感的片刻，至少我還是可以利用這個科技進行我的創作。

但這並不是唯一的改變，過去二十年來，香港歌壇的工業模式也不再和以前一樣。我們以前是個體戶，簡單來說就是一個人做一個人的事，我自己做我自己的事。但隨着時間推移，香港填詞人或作曲人逐漸會和唱片公司簽約，於是我也開始了這樣的合作模式。第一間和我簽約的公司是寶麗金。

第三個很重要的變化就是，我開始明白粵語文化越來越被邊緣化，很快普通話文化會變得更重要。當然，一方面我還是努力地做粵語創作，但另一方面我也希望可以多用普通話去寫歌詞，令我可以跟不同地方的華人有交流。於是，我跟台灣的滾石簽約了，開始多寫台灣歌。

對於這段時間的感受，我會選用〈一個人在途上〉這首歌詞來表達。這首歌其中一句是：「是否我走得太快 還是你走得太晚」—— 對我來説，這不是有關速度的問題，而是有關時間的問題。

中文還是非中文

在我開始寫普通話歌詞時，我遇上了很多很多麻煩。第一首我寫的國語歌是〈馬路天使〉。〈馬路天使〉國語版，直到現在我還是覺得自己寫得不是很好。在我寫普通話歌詞的初期，歌詞用字常被認為「不是中文」的中文。那時我很想反駁指出，這些只是並非你已習慣了的中文。

可是我不敢真的如此回應，一來那時我剛剛才開始寫國語歌歌詞，二來一直在香港長大的我説的都是粵語英語，而非國語。也許這種感覺能歸納成自卑吧，彷彿我們説的也真的不是中文一樣。

我慢慢開始寫，不論是我還是製作人也好，雙方也作出一些遷就，我可以用我自己的港式中文去寫我的歌詞。後來，姚謙 —— 一個在台灣寫歌詞寫得很紅的人，他找我寫歌詞找了好幾次，好奇的我問他：「你不怕我的港式中文嗎？為甚麼？」

他的想法教我不再害怕。他認為，隨便在台灣或內地都可以找到一個寫所謂標準中文的人，但他要的，是希望可以用香港的觸角、用屬於周耀輝的文字去寫成的歌詞。至於其他語文用字，例如在粵語中我們會説行人道，而不是國語慣用的人行道等等的這些小地方，可以在之後再改變更正過來。可是周耀輝想的一些東西，或者是周耀輝文字的一些邏輯，卻不太容易在其他人身上找到。

於是，他堅持用我的文字，用我的方法去寫歌詞。

即使如此，在這以後，我還是一直在寫，一直在學。我不是堅持我寫的一定是中文。舉例來説，最初的〈一個人在途上〉是王虹的版本，那時她唱的是「塵在我身後飛揚」。到黃耀明再唱的時候，林夕告訴我，普通話很少用單字，最好改成「塵埃」。我記住了，以致在後來我再用普通話寫歌詞的時候，也會盡量配合這些用字的習慣。可是，當我覺得唯有單字才能帶出我的感覺時，我還是會繼續用單字，同時，我也會在不同情況下寫屬於自己的歌。

從築橋到開門

90 年代是我在創作上最困難的時代，但藉着科技、合約制度和寫國語歌歌詞，我把創作事業繼續下去。同一時間，我也開始繼續唸書了。在 1983 年畢業的時候，我跟自己說以後不會再讀書。那時我覺得自己不是一個會讀書的人，也不是一個追尋學問的人。

想不到在十多年以後，我希望有機會多讀一些書和理論，藉此幫助我以系統的方法整合梳理自己創作的經驗，與人分享、理解、明白，所以我開始修讀碩士課程。

我在荷蘭讀媒體研究，這個學習過程對我之後的創作有一定的影響，當然，對於剖析自己的創作也同樣有一定影響。研究媒體或流行文化，並不單單局限於研究文字或歌詞，生產的過程、文本等等都是需要研究的一部分。除此之外，我更學會另一個重要的研究範圍，那就是理解聽眾如何消費，以及如何利用他們聽到的歌。

沒有解讀錯誤的歌詞

創作並沒有方向的限制。我是一個創作人，固然會生產及帶領流行文化，可是同一時間，正在聽歌的你們，其實同樣也在進行創作。創作是互動的，因此，每個聽到我的歌的人可能會聽到不一樣的東西。

然後我發現我想法已經改變。以前我希望聽眾能夠藉着我的歌詞思考和批判，那時的自己就好像是一個建立橋樑的人，能以歌詞為橋，把聽眾帶到我希望聽眾們思考的地方。

但現在，我覺得我更希望成為一個開門的人，每首歌詞都是一道門，把你們引進去看是我的工作。可是，你們想到甚麼，看到甚麼，這一切就是你們個人的事了。

現在我希望令能自己的包袱不致過重。我先做第一重創作，但當歌詞交到你手上時，就會由你繼續進行第二重創作，這就是我們創作和互動的過程。很多時候，聽眾在研究歌詞後都會問我，他們理解歌詞的方法正確不正確。

但是，我不認為我的歌有一個正確的解讀方法。你可以説跟我當初想的不一樣，也跟我寫的原因不一樣，但我不會説你理解錯了，因為如果你可以想得更多，我會更高興。

當我重新拾起書本後，我變得更放鬆更放開一點。我開始可以讓自己寫一些小事情、小問題、小幸福或單純的小感動。台灣地震以後，台灣填詞人兼我的好朋友李焯雄，找我合作一首關於地震的歌，那就是莫文蔚的〈忽然之間〉。

這是一首很簡單的歌，在我放開懷抱之前，我是不會寫這類歌詞的，但現在我寫了。沒有大道理，沒有大思考，沒有大批判，沒有大文化。我只想寫一種最簡單的思念，當你腦海一片空白時，當你身處在一個甚麼也沒有的地方時，你會想起的這個誰，才是完全而且真正的思念。

曾經有一次，當我獨自一人在後海散步時，有一個在我附近的人突然唱起〈忽然之間〉。我也曾經看到有一個人把四川地震的影像配合這首歌放在網上。這不正正代表了，即使聽着相同的歌，我們也會有不同的感受。而這些不同的感受，反映了這首歌的獨特。

〈忽然之間〉並不會成為代表我的精神的其中一首歌。可是它有一些功效，也代表了一些感覺，也許它曾經在一個人最傷心時候和他一起過了幾分鐘或一天，曾經幫助他表達一些語言不能表達的感覺。

這，就是我其中一種放開。

輕的歌詞，重的歌詞

當我幫比較年輕的歌手填詞時，我那另一種放開會顯示出來。當他們找我填詞時，我也允許自己表現輕鬆的那一面；好像很可愛很甜的薛凱琪演唱的〈糖不甩〉。

我想寫一首很甜的歌。味道上的甜和感情上的甜，同樣不是用來表達重要的思考或問題，可是我覺得還是可以輕輕鬆鬆寫一首這樣的歌給一位這樣的歌手。

粵語文化越來越被邊緣化，最近這幾年我都會想，作為一個說粵語的人，我可以做些甚麼呢？其中一個方法是從粵語中找一些有特別味道的詞，然後把它寫出來，好像這個「糖不甩」。

這個字很可愛，音調很南方。糖不甩是南方的甜品，在我記憶中，我也曾經吃過。這三個字，聽起來很粵語，代表着南方的甜品，正好這首歌我可以把它們填在歌裏。我希望，即使不懂粵語的人也能藉此發現粵語的趣味，繼而能嘗試聽一些粵語歌。

創作的不單是生產者，也是消費者

我說我放開了，但我還沒有放棄。所以，當我填詞時，我還是喜歡由大的角度切入去寫一些大問題大思考。我希望可以鼓勵聽我歌的人一起去想，一起叛逆，問問甚麼是霸權，甚麼是權力。

近年我和麥浚龍常常合作，我們的其中一首歌叫〈雌雄同體〉，可以看成是〈忘記他是她〉的新版本。這首歌延續了我對性別的思考和疑問。我希望能藉着這首歌，探討男女兩性的距離，以及最根本的，我與你的距離（圖五）。

探討男女兩性的距離，以及最根本的，我與你的距離。（劉思偉拍攝）

我如何可以更明白你心裏想的事呢？如果一個男人穿上了高跟鞋，他會不會明白女性多一點？反過來說，如果一個女人開始生鬍子，她會不會明白男性多一點？我想，如果你能夠以他的性別、他的年紀、他的身份出發，也許你會更明白他多一點。

這是我在這首歌裏面寫的一些想法和問題。當然，我想我們到最後還是很難跨越自己界限。唱完這首歌看完這篇詞，我還是一個男性，我還是周耀輝。可是我覺得，能夠有這樣一個願意和希望跨越界限的心，已經很好。

這個時代缺乏愛

除了在性別上的思考，我還是繼續對流行文化進行批判思考。偶然我會寫出一些跟〈天花亂墜〉差不多的批判作品，例如 2006 年由方大同演唱的〈愛愛愛〉。在九十年代以後，香港的流行歌主題大多圍繞情情愛愛，流行文化充斥着不同類型的情歌。我並不是覺得情歌不應該存在，我只是不喜歡太多情歌，弄得情歌泛濫。甚麼事情都好，過猶，總是不及。太多，總是不好。

因為我發現香港越來越多講述愛情的歌曲，於是我寫了一首〈愛愛愛〉帶出我的觀察。整個時代好像單薄得只剩下一句告白：就是愛，就是一定要愛。情歌跟愛情有一個很微妙的關係，我以為，我們缺乏愛，所以我們喜歡聽情歌。

越來越多主流愛情觀的歌出現，聽得多以後，我們特別覺得我們需要愛，特別覺得自己沒有愛，然後就特別需要情歌……這樣的循環，代表了這個時代對愛情的一種缺乏，所以我動筆寫了這首歌。

1989 年寫的〈天花亂墜〉，和 2006 年寫的〈愛愛愛〉相隔差不多二十年。只要仔細聽聽，我們還是可以發現兩者的不同。例如，在〈愛愛愛〉中我寫了一句「你悶起來也可以愛」。我想在這二十年裏，雖然我還沒有放棄對一些問題的疑問，但同時我也多留了一點寬容給自己。

在大都會裏，香港也好北京也好台北也好，我們都生活得很辛苦，很多人可能沒有甚麼娛樂，唯一的娛樂就是愛情。這一種體會和明白，令這首歌除了問問題外，也存在着多一點理解。這大概是我與二十年前最大的不同之處吧。

總結

我已經寫了二十多年歌詞，能夠寫歌詞是我的運氣，同時也是我那不太多卻還是擁有的一點權力。到了現在，我知道這個權力非常非常有限，可是只要我寫的時候能夠自得其樂，我覺得這已經是一件很美好的事。

我也知道，在我們活在當下的這個世界，要得到樂趣不是容易的事情，我能寫歌詞，有我的權力，也有我的樂趣，是我的幸運。

Ours is essentially a tragic age, so we refuse to take it tragically.
— D.H. Lawrence, Lady Chatterley's Lover

我希望用這一句話作我的總結。這是我最近在看《查泰萊夫人的情人》時看到的一句話：我們根本就生活在一個悲劇的時代，因此我們更不可以用一個悲劇的方式來接受這個時代（圖六）。

這句話正好可以代表這些年來我不斷創作和做我自己事情的基本出發點。

〔以上講稿先後在 2008 年北京清華大學和 2013 年香港文藝復興夏令營發表，感謝公路和劉善茗整理。〕

我們根本就生活在一個悲劇的時代，因此我們更不可以用一個悲劇的方式來接受這個時代。（劉思偉拍攝）

「港漫」中的廣東文化形象：民俗文化之傳承與現代詮釋——以《新著龍虎門》為例*

范永聰
香港浸會大學歷史系

引言

廣東位處中國南方一隅，南面臨海，北有山嶺，自古以來，文化自成獨特一格。[1] 由於長久以來擔當中外交通樞紐的重要角色，以廣東地區為中心的嶺南文化，往往呈現複雜的多元文化面貌，絕對可以説得上是中國南端區域文化、華北中原文化及南海海洋文化的混合物；而「文化融和特性」可被視為這種「複合文化」[2] 的最重要特質，它對這個地區內的政治、社會、經濟及文化發展，均有重大而深遠的影響。[3]

香港毗連廣州，長久以來，粵港關係異常密切。[4] 兩地在文化發展上產生相互影響；甚至呈現相類的「複合文化」面貌，實乃不爭之事實。廣東文化體系中的特殊面貌與形象，以至該地的傳統民俗文化元素，在香港也得到傳承與發揚；甚至在不少香港本土原產的出版物中，有充分的描繪、論述與詮釋。

作為極具「香港特色」的出版物，「港漫」[5] 在芸芸香港木土文化產品之中，佔有特殊地位。「港漫」的獨特漫畫風格，[6] 以及其足以反映香港產業文化的特質，固然值得探討；而其富有廣東文化特徵及香港本土歷史文化意義的深層內涵，就更值得我們注意，足為廣東及香港文化研究的重要素材。

所謂「漫畫」，其定義眾說紛紜。大抵來說，「漫畫」注重內容表達，而不太着重形式，旨在以簡略的筆法描寫出深刻動人的意義，屬於一種「現實藝術」。[7]「漫畫」中的繪畫對象，無論是人、物，或是其他，都應能反映作者的感情和思想，而在描繪技法上，應該偏向較為誇張、簡約。[8]「漫畫」內最重要的元素是「圖像」，這些「圖像」應該是獨特、誇張的，最好隱含諷刺、幽默，藉以表達意見、傳遞訊息及抒發作者的情感。「漫畫」功能眾多，應具備娛樂、教育、宣傳、評論等等效果。[9]

「漫畫」強調「圖像」，而「圖像」在人類生活史上一直扮演重要溝通橋樑的角色，[10] 它在文化傳承的過程中從未吝嗇其強大的影響力。即令現今科技日新月異，「圖像」依然是各種媒體展示資訊的重要方式。以「圖像」為主、文字為輔的漫畫，更在人類社會、文化的演進過程中發揮傳播與傳承功能，其重要性不宜忽略。[11] 值得指出的是，「漫畫」是商業文化產物，在激烈的市場競爭情況下，它必須呼應潮流，才能獲得讀者認同，從而生存下去。故此，「漫畫」內的「圖像」表達形式會不斷的按着市場要求而作出改變。[12] 正正因為如此，「漫畫」作品一般都能反映其所屬時代的社會或文化面貌，甚至共同價值觀念與意識形態；[13] 它見證着變遷，同時也傳承文化。

由於圖像是漫畫的靈魂，故此，它在很大程度上反映了漫畫家的創意，以及他在作品內所表達的隱喻。[14] 這些隱喻，每位讀者可能都會有自己的個人解讀，人人不盡相同，相異的關鍵可能是讀者群內各自的生活經驗、教育水平，以至不同的聯想方法等等。[15] 基本上，漫畫即令有一個現實背景作為故事的述說平台，它的本質，始終是一個幻想故事。故此，漫畫迷之所以喜愛漫畫，相信在很大的程度上，是因為漫畫賦予他們幻想的空間。在這個空間裏，無論環境多麼惡劣，讀者都會試圖把它美化或浪漫化。由是，讀者經由閱讀漫畫，從而透過幻想，嘗試塑造自己的理想世界文本，藉以取得樂趣。[16]

藉著解讀漫畫作品，從而了解其所屬時代的特色，以至作者在作品中安排的各種隱喻本義，都是漫畫研究的主要目的。然而，正如上文所說，面對同一種漫畫作品，每位讀者的解讀都不盡相同。故此，漫畫研究似乎沒有既定的統一研究方法，接受不同學術專業訓練的研究者，肯定對同一種漫畫作品有不同的詮釋方法，而在解讀漫畫的過程中，建基於漫畫內容上的相關聯想，甚至會比眾多學術研究方法來得更為有效。正是因為這個原因，到現時為止，漫畫研究還是難以建立一個鮮明的學術研究形象，也總是給人「難登大雅之堂」的感覺。不過，既然閱讀漫畫需要強大的想像力；那麼研究漫畫，自然也需要更加強大的聯想力，方能成事。同一種漫畫作品，衍生不同的解讀方案，對於與漫畫相關的研究來說，這是「百花齊放」，對漫畫本身的發展，以至漫畫研究的持續開發，也必定大有裨益。

在本文中，筆者試圖以香港漫畫界代表人物——黃玉郎先生（原名黃振隆，1950 年－）[17] 的作品《新著龍虎門》（2000 年 6 月創刊至今）為探討對象，觀察「港漫」內容中所呈現的廣東文化形象，並嘗試分析其作為一種香港本土文化產物，如何在民俗文化的傳承過程中發揮重大功用，以期對香港漫畫歷史及文化的相關研究，能有更進一步的認識與了解。

《新著龍虎門》內所見之廣東文化形象

廣東文化體系中最突出的文化形象，莫過於其文化融和特性。雖然文化融和特性是一種非常抽象的概念，但在不少普及文化產物中，卻不難察見。廣東位於中國南端，自古以來，其對外交通十分頻繁。漢代（公元前 202 －公元 220 年）時，中國開始與東南亞各國之間發展海上交通與貿易，廣東地區扮演着重要的商貿及交通角色。公元三世紀以降，廣州成為中國對外海上貿易的重要商港。及至唐（公元 618 － 907 年）、宋（公元 960 － 1279 年）兩代，廣州已是舉世聞名的東方重要港口。即使清代（公元 1644 － 1912 年）厲行鎖國政策，廣州仍然長時期處於「一口通商」的局面，對外貿易空前繁榮。可以這樣說，在源遠流長的中國歷史上，廣州從未與外來文化隔絕，它一直是中國對外接觸及引進外國文化的最重要窗口。到了近代，嶺南仍然是中國最先接觸西方新事物、新思想及新觀念的地區；中西文化的接觸、衝擊與對話，也是最先於這個地區內發生。由此可見，自古以來，廣東文化已經不斷接受外來文化的衝擊，它也不斷引進外來文化元素，兼容並蓄，漸次更新。這對其形成一種富有不同文化特色的複合文化體系，可謂不無影響。[18] 而在這種文化體系之中，最值得我們注意的是它突出的融和特性。

作為廣東通俗文化載體，香港本土原產漫畫《新著龍虎門》充分反映了廣東文化的融和特質。此一特性，最明顯可見於《新著龍虎門》內所展現的特殊世界觀。《新著龍虎門》主要描述代表「正義力量」的龍虎門群英與世界各大黑道幫會及犯罪組織之間的鬥爭，它的故事背景雖然設定為香港，但觀其主要情節脈絡的發展，卻明顯見證了香港演變成國際大都會的長久發展歷程，也反映了香港人世界觀的轉變。香港之所以能從一條漁村發展成一個國際大都會，其成功的根基正是對外開放，並致力融合各種性質迥異的文化元素。長久以來，香港在亞洲扮演重要轉口港的角色，而其作為英國在亞洲地區最重要的殖民地，也漸漸催生出華洋雜處的多元文化社會面貌。中西兩大文化體系在香港匯聚，相互交融，發展出一種獨特的多元一體文化 —— 它一方面保留中國傳統文化的保守特性，另一方面展現西方文化的開放特點。[19] 香港毗連廣東，故其早得廣東文化對外開放及兼容並蓄的融和特質；加上香港後來成為英國的殖民地，更發展出融和中西文化的獨特環境。兩種文化之間的接觸、衝激、對話，以至最後走向融和，實在是香港走向成功的重要基礎。

《新著龍虎門》自 2000 年 6 月創刊至今，龍虎群英的對頭人，由最初活躍於香港各區的黑幫勢力，如長洲五獅堂、灣仔七虎、北角七羅漢、油麻地十三龍、沙田三豹、慈雲山七鷹、荃灣十五狼等；[20] 發展至日本羅刹教[21]、日本新羅刹教[22]、韓國白蓮教[23]、韓國邪拳道場[24]、韓國蔘幫[25]、泰國通天教[26]、泰國元始門[27]，甚至美國魔鬼黨[28]等等勢力龐大、架構嚴密的犯罪組織，明顯反映了香港此一城市走向「國際化」的進程——即從香港本土出發，先接觸東亞與東南亞，再認識亞太，最後走向世界。這種地域視角上的轉移，與1990年代起香港功夫電影故事的發展方向同出一轍，它反映了香港與廣東作為「中西文化交匯點」的文化開放特性及其文化融和特質。[29]

《新著龍虎門》的前身是《龍虎門》；而《龍虎門》的前身是《小流氓》，《小流氓》由黃玉郎於1970年在香港創刊。[30]從《小流氓》發展到《龍虎門》，當中的過程，正正就是1970年代香港經濟躍飛的歷程，也是香港走向世界的進程。在這個長時間的發展過程當中，香港人慢慢模鑄出其獨特的、建基於文化融和特質之上的世界觀。雖然《新著龍虎門》於2000年創刊時，香港早已發展成一個國際大都會，但《新著龍虎門》的故事，原則上與舊著《龍虎門》同出一轍；某程度上，只是按照舊著故事的主要脈絡重新編寫一次而已；甚至人物性格上的改動、角色人數上的增減，也沒有太大分別。[31]故此，《新著龍虎門》故事內所反映的，仍然是香港從本土走向世界的一段歷程。在《新著龍虎門》中，龍虎群英在消滅活躍於香港本土的惡勢力後，整個戰場便向東北移至日本與韓國，開展與日本羅刹教及韓國白蓮教對抗的經典長篇故事。日、韓兩國，與香港同處於東亞地區，而且其經濟起飛的年代，也同樣在1960至1970年代之間，彼此經貿關係非常密切；韓國與香港，更同屬「亞洲四小龍」之內。香港在發展成國際大都會的長久過程中，逐漸在複雜的世界網絡中扮演重要角色，它與東亞及東南亞地區的國家之間，也因而形成非常密切的經濟與文化關係。這種關係非常微妙，當中有合作，也同時存在競爭，並附帶着緊密的文化互動發展及相互滲透交流。[32]這種特殊情況，為《新著龍虎門》的主要劇情提供了國際背景，反映了當時一代香港人的世界認識。由是，無論是舊著的《龍虎門》，還是《新著龍虎門》，同樣貫徹了一條重要的故事脈絡，就是龍虎群英從香港本土「衝出香港，接觸亞洲，走向世界」的進程。

細心觀察及分析《新著龍虎門》中龍虎群英的對頭人，會發現一些非常有趣的現象，有助我們進一步窺探這部漫畫所反映的文化融合特質。姚偉雄在〈被社會壓抑的尚武思維：漫畫《龍虎門》的技擊符號結構〉一文中指出，龍虎群英的對頭人所使用的武功，呈現了有趣的「國籍」矛盾情況。例如日本羅剎教主火雲邪神西城勇，其絕招不是日本傳統武學空手道或劍道，而是中國少林絕學《易筋經》[33] 及《九陽五絕》[34] 之一《火雲掌》；韓國白蓮教主東方無敵所使的，不是名聞天下的韓國傳統武學跆拳道，而是源於中國的《九陽神功》[35] 及威力異常強大的《九陽五絕》；泰國通天教文殊天尊父子所用的，不是泰拳，而是《軒轅驚天訣》[36]，而這套武功本源出於中國的《道經》[37]（同為一至高無上之武學秘笈）。[38] 雖然姚氏探討的對象是舊著《龍虎門》，但由於《新著龍虎門》內龍虎群英的對頭人仍然是日本羅剎教、韓國白蓮教及泰國通天教一眾奸邪之輩，而他們所使用的武功仍與舊著相同；既然新、舊兩著書中的「武學系統」並無重大改變，相關於這方面的分析與論述便可相通。筆者認為，在這種「武學系統」上所產生的特殊「國籍」矛盾情況，主要源於香港文化中的融和特質，以及由這種文化特性所產生的強大創造力。

無論是《小流氓》、《龍虎門》，還是《新著龍虎門》，均為香港本土原產漫畫作品，它們深刻地反映香港文化的高度融和性格。《新著龍虎門》本來就是一部融合多種文化元素的漫畫作品，它要重點描述的，是中國傳統俠義精神如何在現代發揚——我們在此先不議論其書中所宣揚的部分「以暴易暴」思想與行為是否正確，畢竟在《新著龍虎門》之中，龍虎群英就是俠義的化身，即使他們屢屢殺敵，但也是「殺一壞人，救天下人」的俠義行為。[39] 值得我們思考的是，這部以宣揚中國傳統俠義精神為主、被定性為「現代技擊」[40] 的漫畫，在畫作的面貌上，卻用上 1970 年代風行世界的美國英雄漫畫表達手法；[41] 書內絕大部分角色，無論正邪，都是孔武有力的肌肉男。這種對於「肌肉等如力量」的美學崇拜，始於《小流氓》，大盛於《龍虎門》，直至今日《新著龍虎門》，仍然堅守到底。以西方漫畫技法表達中國傳統俠義精神，這就是《新著龍虎門》最能表達文化融合特質之處。而可以肯定的是，沒有廣東與香港這樣獨特的中西文化交融背景，要有如此天馬行空的創造力，構想出這種漫畫表達手法，相信應該較難。

從這個角度出發，再次考慮《新著龍虎門》內所出現的「武學系統」矛盾情況，一切便變得「合理」。不同國籍的外國大規模邪惡組織首腦，竟不用自己本國傳統武學，反而使用源於中國的各種武功心法，明顯又是一種文化融合特質的表現，並附帶了作者黃玉郎對中國傳統武術文化的嚮往與憧憬，以及他對中國傳統文化在亞洲地區曾作出深遠而重大影響之肯定。然而，在《新著龍虎門》故事之中，總不能在全無解釋的情況下，試圖描繪日本羅剎教、韓國白蓮教及泰國通天教各教教主悉數不使用本國武學，反而精通中國神功。故此，黃玉郎為這些中國武術流入彼邦作出詳細解釋，諸如：日本羅剎教上代教主老邪神本為日本侵華時期的日本皇軍將領，他在侵華期間盜去中國少林派所傳「四大神功」之一的《易筋經》，更成功練至最高境界——「黑級浮屠」。日本戰敗投降以後，他表面上退出軍政界，轉戰江湖，憑着幾近天下無敵的神功，帶領羅剎教稱霸日本黑道。及後他把《易筋經》傳予養子西城勇，西城勇同樣練上「黑級浮屠」之境，兩父子成為日本國內最大黑幫勢力的領袖。[42] 羅剎教在日本國內迫害華僑與武林正道之士，因而成為龍虎群英的大敵。韓國白蓮教本源於中國，是清朝（公元 1644 － 1912 年）中葉曾大舉作亂的白蓮教的殘餘勢力。白蓮教在中國失敗以後，其後人「移民」韓國，開創韓國白蓮教。中國白蓮教的鎮教神功正是《九陽神功》，故當世韓國白蓮教主精通《九陽神功》內功心法，並擅長外功《九陽五絕》，其功力不在羅剎教主之下。由於白蓮教與羅剎教對敵，故與龍虎群英發展出一段亦敵亦友的關係；甚至龍虎門大當家王小虎之所以習得《九陽神功》，亦與韓國白蓮教有關。[43] 香港龍虎門、韓國白蓮教，以及日本羅刹教三者之間的種種恩怨，一直被視為《龍虎門》及《新著龍虎門》內最精彩的故事情節。至於泰國通天教，其鎮教神功《軒轅驚天訣》，本源於中國的《道經》。《道經》傳入泰國後，一分為三，派生出《軒轅驚天訣》、《盤古天殛震》及《伏羲問天籙》三大神功。《盤古天殛震》是泰國另一黑幫元始門的鎮門神功；《伏羲問天籙》則是泰國國內較正派幫會廣法堂的獨門秘笈。[44] 通天教與元始門敵對，廣法堂與龍虎門友好，由是四者之間，建構出龍虎群英在泰國所發生的故事情節，又為《新著龍虎門》內另一引人入勝的高潮所在。

在最近連載的《羅刹新篇》中，《新著龍虎門》的特殊「武學系統」設定，再次明顯展現文化融和設想的特質。領導新羅刹教的日本國內右翼勢力神武家族，其獨門武學《天武神功》，竟然就是失傳多年的中國少林派「四大神功」之首《洗髓經》。[45] 日本右翼邪惡勢力不單復興羅刹教，更竟然把少林派的武功心法騙去，改頭換面，易名為《天武神功》，把它當成日本傳統至高武學。相信對於不少《新著龍虎門》的讀者，包括筆者來説，確實感到心痛與憤怒！在這種看似富有高度「國籍矛盾」意味的「武學系統」設定之上，建構出《新著龍虎門》從創刊之始，發展到現在的故事情節大要，我們可以明顯看到文化融和特性所發揮的重大影響力與無窮創意。

香港文化形態之融和特質，在整個《新著龍虎門》的故事架構之中，扮演至為關鍵的角色。《新著龍虎門》的漫畫性質設定，是為「現代技擊」。這種漫畫特質，值得稍加探討。在被稱譽為「玉郎三大打書」的《龍虎門》、《醉拳》（1981 年 3 月創刊）與《如來神掌》（1982 年 2 月創刊）之中，只有屬於《龍虎門》系列的《龍虎門》與《新著龍虎門》兩書，[46] 有著這種從連結、融合「古代」與「現代」的構想出發，從而創造出一種屬於香港本土原產新派武俠漫畫的特殊文化性質。《醉拳》的故事發生在清末；《如來神掌》則完全屬於「古代」故事。我們對於

「古代」的認知並不絕對完整，故此可以假想各類型殺傷力異常強大的神功，在「古代」時確實存在。只是一代傳承一代，久而久之，由於各種原因而不幸失傳而已。但是《新著龍虎門》的故事背景設定為當代，當讀者看到經常乘坐私人飛機穿梭各國的羅刹教主西城勇，有時會突然從飛行中的飛機上跳出來，然後輕鬆地施展「御空而行」絕技，盤旋而下，最後安全「降落地面」；又或看到在現今仍然時刻穿着皇帝龍袍，發着當皇帝的春秋大夢的韓國白蓮教主東方無敵施展《九陽神功》頂級功力，打出能「隔空殺敵」的絕技——《九陽大霹靂》時；讀者定當嘖嘖稱奇。筆者猶記得小學二年級開始追看「玉郎三大打書」之時，對於《醉拳》及《如來神掌》，還是覺得合情合理，但一看到舊著《龍虎門》；坦白說，有時真的會發出會心微笑。不過，現在繼續追看《新著龍虎門》，可能是已然習慣的關係，再不覺得特別可笑。反而細心回想，有時也不得不佩服作者驚人的想像力；或許從另一個角度來看，作者對於中國傳統武術文化懷有萬分憧憬，《新著龍虎門》所呈現的「現代技擊」特殊情節，可以被視為我們對於古代中國博大精深的各種武學真正威力的一種追憶。這種追憶，可能只是一種空想，但卻能為一眾醉心武術的「武者」帶來一點點心靈上的滿足與慰藉。

然而，要從「現代技擊」這種漫畫既定性質出發，致力做好「古代」與「現代」之間的融合，也絕對不是一件容易的事。為此，《新著龍虎門》中加入不少「時事」元素，藉以豐富其「現代性」與「現實性」，並期望加強讀者在閱讀時的投入感。例如當龍虎群英接連殲滅活躍於香港不同地區的黑幫勢力，成為香港最具代表性的「正義力量」；甚至遠赴日本，消滅龐大黑道組織羅刹教後，日本首相竟然親自簽發委任狀，邀請龍虎門的王小鷹與石鐵出任日本特警教官；而香港特區政府更提出聘請龍虎門大當家王小虎出任特區警隊武術顧問一職。小虎當仁不讓，欣然答允，後來更接受中央政府邀請，調查國寶失竊案；[47] 而在龍虎群英對抗羅刹教及通天教的兩個長篇故事當中，日本華僑與泰國華僑分別擔當重要角色，這明顯旨在藉助現今華僑遍佈全球的事實，以期加強故事的時代感。尤有甚者，在最近連載中的《羅刹新篇》內，龍虎群英為了對付新羅刹教，並保護長久以來飽受羅刹教眾欺淩的在日華僑，更把龍虎門的總部設在日本橫濱中華街的中華會館之內。[48] 由此可見，在正邪相爭的長久過程中，華僑作為中、日兩國之間民族情仇元素的一種具體展現，實在發揮一定程度的影響力。在這個故事細節上，還有一點值得注意，就是華僑不單只代表中國人移居海外的歷史，更象徵着中國文化在海外的傳播。[49] 故此，華僑在《新著龍虎門》的故事中擔當重要角色，不只豐富了劇情的「現實性」，更為《新著龍虎門》的內容添加了一層文化意味，象徵中、日兩國之間的文化角力；另外，近日中、日兩國就釣魚台列島領土主權的糾紛趨向激烈，《新著龍虎門》就特別安排龍虎門大當家王小虎與新羅刹教領導層神武家族轄下殺手「十戰」之一的柳生十兵衛，在釣魚台決戰生死，最後柳生命喪小虎神腿之下。[50] 在漫畫作品中看到如此一種對時事的「回應」，又確是令人印象深刻，頗感震撼。

文化融和特質可說是廣東文化與香港文化共同展現的一種抽象文化概念，其於《新著龍虎門》內，可被視為漫畫性質與形態設定的最大前提。至於一些較具體的廣東文化形象，例如粵語 / 廣東話的應用、廣東傳統民俗節慶文化場景的展示，以至對於南派武術的細緻描繪，就更能把《新著龍虎門》內所展現的廣東文化形象突顯出來。

粵語 / 廣東話在《龍虎門》系列漫畫作品當中，擔當重要角色。粵語 / 廣當話是廣東文化體系中最重要的一環，它包含了廣東地域文化內與政治、經濟、歷史及習俗相關的種種訊息。廣東文化的實質面貌必須通過粵語 / 廣東話來展現出來，粵語 / 廣東話是廣東文化最重要的載體，廣東文化與粵語 / 廣東話絕對不能割裂分拆，否則，廣東文化的完整面貌將不能得以展現。[51]

《新著龍虎門》內角色之間的對白，主要採用粵語 / 廣東話，充分展現廣東文化情懷。對於在漫畫內廣泛採用粵語 / 廣東話，黃玉郎曾解說道：

> 對白的語法——《新著》用了不少廣東話，我覺得這樣才較配合時代背境，而且有些廣東話是很抵死，很入骨到肉，過癮！不過，有些FANS就認為太粗俗、太多口語化，會教壞小孩子，坦白講，《龍虎門》是適合年齡較大的讀友觀看（16至60歲），並不想吸納小朋友讀者，做刊物最緊要是「定位」清晰，若《龍虎門》亦啱十歲八歲的小朋友看的話，相信「大朋友」們會覺得淡然無味。所以，對白方式是不會更改的了，直到很多讀友都認為要改，我才會考慮吧。[52]

然而，隨着《新著龍虎門》的故事一直發展，筆者發現，近年書內的文字有「愈趨文雅」之勢。給人濃厚親切感覺的粵語 / 廣東話對白漸次消失，角色之間的對白很多時以書面語 / 白話文的形式交代，甚至筆者有時也會覺得過於文雅。在此先作強調，筆者並非鼓勵廣東粗口文化，但誠如黃玉郎所言：「有些廣東話是很抵死，很入骨到肉，過癮！」《龍著龍虎門》是香港漫畫的代表作，在角色對白上使用粵語 / 廣東話，非常正常，何以近年會漸次減少呢？真是令人費解。還有，龍虎群英又不是甚麼文人雅士；他們的對頭人，更絕大多數是為非作歹之輩，難道他們會不說粗言穢語，反而出口成文，跟龍虎群英們在開打之前，先來吟詩作對一番？《新著龍虎門》又不是甚麼中文科參考書，拿它來邊看漫畫，邊學中文不成？故此，筆者認為，只要不是太粗鄙，《新著龍虎門》應該多用一點粵語 / 廣東話才對，特別是角色之間的對白。王小虎是地道的廣東人，[53] 而他又在香港居住，他說廣東話，有何出奇？《新著龍虎門》是香港原產的廣東通俗文化主要載體，它對於粵語 / 廣東話這種重要語言的傳承，應負一定責任。筆者回想以往觀看舊著《龍虎門》時，「龍虎三皇」[54] 之一的石黑龍經常會在言談間加插一些英語，例如“Come on”、「等我騷 D Power 你睇下啦」，又或「一拳打爆你」等等。這類通俗粵語或粵語與英語的混合語句，除了配合香港社會的語言應用實況，並展現華洋雜處的社會特色外，且突顯《龍虎門》系列漫畫內的文化融合特質。而更重要的是，石黑龍性格活潑跳脫，這種說話方式才像他。有時不看畫面，只看對白，資深的「龍迷」已知道是誰在說話了，這種親切感，在《新著龍虎門》中有逐漸消失的情況，誠然有點可惜。

至於漫畫中的場景，主要包括兩種概念：一、事件或行為產生的情境圖像；二、漫畫家為美化版面而創作的圖像。例如在格鬥類漫畫作品之中，街頭打鬥、拳來腳往是最重要的內容，故此最常見的場景就是街道、食肆與廣場，這些都是現實生活中經常發生打鬥的地方。[55]

場景在《新著龍虎門》中，是展現其濃厚粵、港民俗文化特色的最重要平台。書內與此相關的例子不勝枚舉，酒樓、茶餐廳、大排檔、鬧市街道，以至香港各處著名景點等等，在書中可說比比皆是，筆者在此不花筆墨介紹各種場景，只舉其中一個令人印象深刻的畫面以作說明。《新著龍虎門》第 1 號內有一場描述香港長洲舉行太平清醮的慶典。這場慶典表面上是節慶活動，實則是香港各區黑幫勢力一年一度聚首長洲，藉以爭奪日本羅剎教所發出之羅剎令牌（與羅剎教合作販毒的特許毒品經營權）。為了掩飾此事，黑道勢力以搶包山比賽的形式來決定羅剎令牌誰屬。雖然，這場太平清醮及搶包山活動只為掩飾犯罪活動而舉行，但作為《新著龍虎門》的第 1 號，且為黃玉郎重掌《龍虎門》這個重要漫畫品牌之後的第一擊，書內對於這場太平清醮有非常仔細的描繪：例如廣東傳統節慶習俗中的舞獅活動、獨具長洲太平清醮特色的會景飄色巡遊、長洲北帝廟外的五座包山場景，以至萬人空巷的熱鬧氣氛，都有圖文並茂的詳細描繪與說明，[56] 感覺就像熱烈慶祝黃玉郎重掌

《龍虎門》一般；而對於廣東及香港傳統節慶習俗文化的演繹來說，這一幕更是非常成功的示範，充分展現了漫畫在傳承民俗文化過程中的重要作用。

作為技擊漫畫，「武學」是構成《新著龍虎門》的最重要元素。《新著龍虎門》內的「武學」，有一個固定的表達程式，就是「內功心法」（內）+「招式／套路」（外）。《新著龍虎門》內對於武學的基本概念是：徒有一身功力，沒有招式，絕不能成為絕世高手；同樣地，只有招式，而沒有深厚內力，也是不行。這正是中國傳統武術中的所謂「體」與「用」的配合，也就是俗語「練武不練功，到老一場空」的意思。[57]故此，在《新著龍虎門》的世界裏，內功與招式，同樣備受重視。

《新著龍虎門》內不少招式，屬於原創，展現的都是作者對武學的個人見解，部分近乎「空想」，在現實中根本不可能施展，最明顯的例子莫過如《御劍飛行》。[58]然而，《新著龍虎門》內呈現的武術世界，仍然吸收不少中國傳統武學養分，部分招式或套路是確實存在的現代武術，例如著名的南派拳術詠春拳，便在《新著龍虎門》內備受重視，得以「發揚光大」。詠春拳的起源眾說紛紜，現在普遍為人接受的說法是，詠春拳大概起源於廣東佛山，屬少林南拳的一種，其名稱是為了紀念拳法的創始人嚴詠春而命名。至於其源起以至發展，不少人以「源於嚴詠春，衍於梁贊，盛於葉問」以為概括。[59]詠春拳的特色是攻守兼備，且簡單實用，便於現實搏擊。上世紀初葉問於佛山學習詠春拳，後來他移居香港，教授詠春拳，使拳術得以發揚光大。從這個角度來看，詠春拳的「南移」，反映了粵、港兩地在近代中國武術文化發展上的緊密聯繫；而《新著龍虎門》中對詠春拳的細緻描寫，則把這種現實存在的拳法帶進漫畫世界，起了傳承廣東民俗文化的重要作用。

龍虎群英之中，韋陀善詠春拳，他修習《九霄真經》[60]內功心法，以此雄厚內力施展詠春拳法中的小念頭、尋橋及標指等，威力甚大。而韋陀的獨門秘技——截脈寸勁，更是他常用的挫敵絕招。[61]在筆者的印象中，《新著龍虎門》的技擊往往強調純內力的比拼，招式上的對拆其實遠不及舊著《龍虎門》時代般悅目。王小虎的腿招是比較燦爛的，但他的腿法絕大多數是漫畫中的虛構武學；反而韋陀每次出場，使用詠春拳對敵時，招式的描寫相當細緻，打鬥也異常好看。可能正是由於詠春拳是真正存在的武術，有法可依所致。在舊著裏，韋陀的地位遠不及作為主角的「龍虎三皇」；但在《新著龍虎門》裏，他是龍虎群英中極少數能與羅刹教主火雲邪神單獨對戰的人物。雖然他最終仍是落敗，[62] 但那場單打獨鬥可能是《新著龍虎門》出版六百多期以來最精彩的一役，至少筆者對它印象非常深刻。此戰以後，韋陀「人氣急升」，成為龍虎群英中的重要人物，而詠春拳術在漫畫世界裏的圖像展示，相信也已經深入「龍迷」民心。

展現香港本土文化情懷特色的《新著龍虎門》

《新著龍虎門》的內容不但展現粵、港文化中的融和特質，它作為香港漫畫史上最重要的作品，本身已充分反映「港漫」的獨特形態，其內容甚至往往與香港社會現實產生「對話」，充滿著香港本土文化情懷的深層意味。《新著龍虎門》的源頭，是於 1970 年創刊的《小流氓》，這部漫畫作品如實反映了 1960 年代末至 1970 年代初的香港社會實況。當時香港治安不佳，警、賊不分。警察收納賄款，社會上黑幫橫行，不少市民惶惶不可終日。[63] 在《小流氓》內，王小虎等人為了「行俠仗義」，採用「以暴易暴」的方法，擊殺欺凌弱小的黑幫頭目，在法治社會的大原則面前，誠不可取；但在當時警察往往與黑幫勾結的社會狀態下，卻反映了不少升斗市民的心聲——期待社會上有英雄豪傑出現，代替不法的警察維護公義，保障他們的生命財產，讓他們可以安居樂業。《新著龍虎門》於 2000 年創刊之時，香港社會治安已大有進步，不再是 1970 年代初的糟糕境況，但龍虎群英鋤強扶弱、心懷俠義理想，以武力解救飽受欺凌的弱小此一精神，卻依然貫徹始終；甚至從「維持社會秩序與治安」的層面，提升至「捍衛國家主權，保存民族大義」的崇高境界。某程度上，這種意識形態，甚至是不少資深《龍虎門》系列漫畫迷的一種「共同信念」。故此，《新著龍虎門》仍然是強烈展現香港本土社會及文化意識情懷的一部漫畫作品。

尤有甚者，《新著龍虎門》傳承着「港漫」中不少獨特的漫畫表達手法，這些手法非常創新，對於突顯「港漫」別樹一格的特色，以至促使「港漫」在世界漫畫發展史上佔據一席地位，有着一定貢獻。其中一種，筆者深信所有「龍迷」都必定視之為「集體回憶」的，就是「爆衫」。

所謂「爆衫」，是指以內功運行時所產生的強大氣勁爆破上衣。這是一種非常創新，用以表達內功運行至頂峰時的漫畫技法。不過，有趣的是，每次此技法出現之時，都只會「爆衫」而已，永無「爆褲」。甚至王小虎聚足內勁踢出他的絕技《裂頭腳》[64] 及《碎石腳》[65]，往往輕易踢碎巨石或敵人的頭顱；但他那對永遠不用更換的薄布功夫鞋，卻怎樣也踢不穿、踢不破；甚至《九陽神功》第九陽頂峰功力的火勁，也不會燒燬他那一雙薄薄的功夫鞋。除了説他內功修為已臻化境，爐火純青，功力運行收放自如之外，還能有些甚麼合理解釋呢？

與「爆衫」關連甚大，而又為《龍虎門》系列漫畫內非常引人注目的另一元素，是肌肉美學崇拜。通常角色「爆衫」之後，就會展露出一身「鋼鐵般的賁張肌肉」。在《新著龍虎門》中，肌肉是力量的展現。由於《新著龍虎門》是技擊漫畫，武打場面出現的頻率非常高，故此孔武有力的男性可説是遍佈整套漫畫之內。上文曾經説過，《龍虎門》系列漫畫展現高度的文化融和特性，它是以 1970 年代風行全球的美國英雄漫畫為技法藍本，來詮釋中國傳統俠義精神在現代的傳承，故此，它用肌肉來表達邪惡勢力高漲；也用肌肉來展示正義力量長存。由是，「肌肉等如力量」成就了《龍虎門》系列漫畫的最重要特色，而以分工仔細，流水作業製作模式而聞名天下的「港漫」，在生產分工細節上也出現一個專職勾勒人體肌肉紋理的崗位。不過，令人費解的是，這種肌肉美學崇拜的程度，似乎已經接近完全失控；在《龍虎門》系列漫畫之中，它成為美學觀念的唯一一種表達模式，差不多所有書內男性角色，除了小童、老人家及胖子外，都有着一身「十三太保橫練金鐘罩鐵布衫」般的肌肉賁張身型。龍虎群英及一眾奸邪之輩，他們均是習武之人，全身肌肉還可以說得通，但怎能教書內所有男角，包括升斗市民都是如此？這又真是令人難以明白。不過，這就是《龍虎門》的特色，它那種不斷讓我們懷想上世紀七、八十年代的香港本土情懷，或許正是某一代香港人所需要的「心靈雞湯」。

談及「爆衫」，筆者還想順帶一提《新著龍虎門》內一眾男主角們的服裝。早在《新著龍虎門》出版初期，已有讀者致函作者黃玉郎，認為龍虎門大當家王小虎經常身穿唐裝，與故事的時代背景明顯格格不入。黃玉郎在《新著龍虎門》第 3 號的〈虎躍龍門〉專欄內提出解答，指出王小虎經常穿着唐裝的原因有二：一、忠於當年《小流氓》創刊號的傳統；二、王小虎穿着唐裝打中國功夫，別具型格。[66] 其實，不論王小虎是否穿着唐裝打中國功夫更加入型入格；這種服裝上的設定，在很大程度上是與筆者在上文所述《新著龍虎門》內融和「古代」與「現代」的精神同出一轍，且象徵香港華洋雜處、文化多元的特殊社會面貌。而可以推想得到的是，作為龍虎群英大當家的王小虎，一身唐裝打扮正是龍虎群英代表正義力量與中國俠義文化的最重要象徵；也可以說是龍虎門的一個“Icon”。正是這種服裝設定，使《新著龍虎門》的「現代技擊」漫畫性質更為突顯，而它也因而更具特色，足以成為香港漫畫史上的代表作品，在香港本土普及文化當中佔有一定位置。不過，話說回頭，不穿唐裝、功夫鞋時的王小虎，其「時裝打扮」也許會令現今的年青人覺得「噁心」。王小虎常穿的紅色星型圖案背心；王小龍的閃電圖案緊身 T-shirt；石黑龍的蠍子圖案背心；還有他們常用的那種土氣十足的皮帶，真的令人感到極吃不消。舊著《龍虎門》時代他們這樣穿着也算了，《新著龍虎門》是二十一世紀的香港漫畫，怎能夠出現這樣的衣著？太沒品味了吧？或許，這也是1970年代的香港時代情懷在作祟吧。

關於《新著龍虎門》在香港本土普及文化發展過程中的角色，有一點理應指出：《龍虎門》系列漫畫是金庸小説與香港功夫電影——特別是1990年代起改編自金庸小説的武打電影之間的重要橋樑。金庸武俠小説的其中一個偉大貢獻，是「建構」了一套比較完整的中國內功心法系統。金庸各部作品內所提及的武術門派及內功心法，不少都有着先後傳承的關係，而且透過每部作品內的主角，一代一代的流傳下去。[67] 這樣完整的中國武學系統，自然成為俠義漫畫的重要參考。黃玉郎自十二歲起，已是一位不折不扣的金庸小説迷，故此《新著龍虎門》內所描述的各種內功心法，的確有不少出自金庸所著的武俠小説。[68] 例如王小虎及白蓮教主東方無敵的《九陽神功》，來自《倚天屠龍記》；王小龍的《九陰真經》[69]，來自《射鵰英雄傳》、《神鵰俠侶》及《倚天屠龍記》；其常用招式《降龍十八掌》，[70] 則出自《天龍八部》、《射鵰英雄傳》、《神鵰俠侶》及《倚天屠龍記》，為丐幫的鎮門武功；羅刹教主火雲邪神西城勇的《易筋經》，於《笑傲江湖》中多番提及，是武林人士趨之若鶩的至高內功心法。即令看似是黃玉郎於《新著龍虎門》內「自創」的武功，其實也明顯改編自金庸的小説，例如韋陀的《九霄真經》，它本來是《醉拳》男主角王無忌所使用的內功，後來《新著龍虎門》出版，就「移植」到韋陀處去。《九霄真經》一名，若與《九陰真經》相比，其「二次創作」的性質應該是頗為明顯吧？又如王小虎號稱「腿王之王」，其最擅長之《降龍十八腿》[71]，總不能説與《降龍十八掌》無關吧？白蓮教鎮教武功《九陽五絕》之一的《陰陽大挪移》，明顯是參考《倚天屠龍記》內張無忌修習的明教鎮教神功《乾坤大挪移》，「陰陽」與「乾坤」，兩個詞彙之間的相類關係，至為明顯；而這兩種武功的用處均為防守，聲稱能「卸」盡天下所有武功所發出的勁力，故其兩者之間的「傳承」關係，也是不言而喻了。[72] 由此足見，金庸小説的武學內容，正是《龍虎門》

系列漫畫內「武學系統」的最重要參考材料。

金庸的新派武俠小說創作起點是香港，而當代金庸小說熱潮的發展起點，主要是香港與澳門。《龍虎門》系列漫畫是香港本土原創的作品，其內容中廣泛演繹金庸小說內所提及的武功心法，説明了香港武俠小說與漫畫之間千絲萬縷的緊密聯繫。更重要的是，黃玉郎把金庸小說內的絕世武學「圖像化」，用漫畫的方法加以演繹、詮釋，為後來改編自金庸小說的武打電影提供了「畫面示範」。例如《九陽神功》發勁時展現的火紅陽氣與太陽圖像；《九陰真經》運行時出現的紫色陰氣；《降龍十八掌》/《降龍十八腿》施展時出現的乾坤八卦卦象或龍形氣勁；以至《乾坤大挪移》/《陰陽大挪移》使用時出現的太極圖案氣牆等等，都首見於《龍虎門》系列漫畫之內。從這一角度來看，香港普及文化中的三大重要武術文化產物——武俠小說、俠義技擊漫畫、武打電影之間的確有著非常密切的互動關係；而漫畫在當中扮演的重要橋樑角色，實在值得我們注視。

結語

筆者也算得上是「龍迷」，在舊著《龍虎門》二百多期起開始追看，那時筆者只是一位小學三年級學生；一直看到它1,280期宣告結束，筆者已經拿了碩士學位，並準備攻讀博士學位課程。長久追看期間，當中或有「脫期」情況，但大抵來說，整套舊著《龍虎門》的主要故事脈絡，尚算了然於胸。舊著《龍虎門》出版至1991年時，作者黃玉郎因訛騙罪成入獄，[73] 此後《龍虎門》的主筆屢屢變更，漫畫風格漸趨不一，令讀者無所適從，故事淩亂不堪，伏線有頭無尾，畫功更愈趨差劣。筆者曾多次「立志」決定放棄追看下去，但都因自小培養了對這套漫畫的深厚感情，以及每週一期的閱讀習慣，結果還是繼續追看，直到後來黃玉郎重掌《龍虎門》，把亂七八糟的故事終結，開始編繪《新著龍虎門》，筆者還是風雨不改，「捧場」至今。由是，本文寫來或較主觀，也多偏頗之處，蓋因筆者實在難掩對這部漫畫的愛惜之情，以及它給予筆者的種種昔日情懷回憶。關於這點，懇請各位體諒。

漫畫的畫風及其內容，長期受到家長與學者的質疑，認為對學童弊多於利；[74] 而「港漫」更是「罪大惡極」，其一味「打打殺殺」，宣揚「以暴易暴」的漫畫風格，更令它成為廣大家長與教師的「眼中釘」。筆者是「港漫死忠」，對「港漫」有非常主觀的情感，實在難以客觀評論「港漫」的善惡本質。不過，筆者認為在當代多元文化社會之中，任何文化產物都難免同時富有正面與負面影響。我們似乎不能因為漫畫可能產生的負面影響，就徹底否定它在社會及文化發展上的正面價值。

相對於純藝術來說，漫畫藝術明顯是屬於「俗」的藝術。意境高雅的繪畫作品固然可以陶冶性情，提升個人精神境界與品味，但懂得欣賞的人，相信只屬少數。漫畫是絕大多數人都懂得欣賞的大眾化藝術，因為閱讀以圖像為最重要構成元素的漫畫，明顯不要求讀者擁有太多後天的教育條件，是以其可讀性甚高。[75] 雖然每個人對同一種漫畫作品，甚至同一幅漫畫的理解與詮釋可能不盡相同，但是漫畫肯定是一種雅俗共賞的普及藝術品。[76] 能夠吸引廣大民眾的注意和理解，漫畫才能充分發揮與別不同的文化傳承功能。

筆者曾經看過一篇訪問文稿，接受訪問的是香港另一位著名漫畫家馬榮成先生。這篇文稿令筆者感受至深，現茲引其文，略加個人淺見，以為拙文結語。對於想加入漫畫製作行業的年青人，馬榮成有以下的忠告：

> 其實漫畫的看和做是差很遠的，看會很開心。做漫畫不是做歌星，包裝後，歌曲混過音就行了。漫畫是一種手工業，要畫出穩定的風格，是需要很長時間的，初入行者不要先想到要賺大錢，而是要花很多時間坐在那裏畫。[77]

筆者十分同意馬榮成的說法，香港漫畫的確是一種極具香港文化特色的本土「手工業」，而這種手工業所包含的深層文化意義與價值，比它創造財富的功能可貴得多。在今天「手工業」已經接近完全式微的香港，「港漫」這類發揮傳承本土文化功能、並附帶着濃厚「集體回憶」意味的普及文化產物，相信還是極具價值，值得我們珍而重之。

* 本文乃筆者於香港浸會大學人文及創作系主辦；香港浸會大學歷史系及地理系合辦：「香港廣東文化的未來」（The Future of Cantonese Culture in Hong Kong）會議上所發表之文章，發表日期為 2013 年 2 月 2 日，發表地點為會議的舉辦場地，即香港浸會大學。筆者有幸參與是次會議，實因香港浸會大學人文及創作系文潔華教授及香港浸會大學歷史系系主任麥勁生教授給予寶貴機會，筆者在此謹向兩位教授致以衷心謝意。又本文探討的香港漫畫——《新著龍虎門》，於 2000 年 6 月創刊，至今仍在連載出版，每週一期。對於漫畫史研究來說，採用業已完結的漫畫作品為探討素材，議論往往更見完整。然而，筆者考慮到大會的主題為「香港廣東文化的未來」（The Future of Cantonese Culture in Hong Kong），而會議討論的宗旨亦附帶有一定的前瞻性，故決定採用尚在出版的《新著龍虎門》為例，以作探討，期望能在一定程度上展現香港本土漫畫的文化現狀，並為進一步討論之資。筆者學識淺薄，本文內容亦較稚嫩，尚望各位讀者、前輩與專家賜正。

1 論者每多認為，所謂「廣東文化」，實淵源自「嶺南文化」。秦代（公元前 221 －公元前 206 年）統一中國以前，「嶺南文化」的源頭——「百越文化」已經出現，並在今日中國東南沿海一帶發揮重大影響力。及至漢代（公元前 202 －公元 220 年），「嶺南文化」吸收了「荊楚文化」及「中原文化」的元素，改造了「百越文化」，以廣東為中心的「嶺南文化」始具雛型。唐代（公元 618 － 907 年）以降，「中原文化」對南方的影響力逐漸增強，復加經濟中心向南發展及海上絲綢之路的開發，「嶺南文化」得以大大擴充，並與海外文化交流。明（公元 1368 － 1644 年）、清（公元1644－1912年）兩代，嶺南學者輩出，當中如陳獻章（白沙先生，公元 1428 － 1500 年）、湛若水（甘泉先生，公元 1466 － 1560 年），以及朱次琦（九江先生，公元 1807 － 1881 年）等，致力倡導開放學風，與當時北方中原的教條式學風大相徑庭，充分展現「廣東文化」獨具一格的個性。參閱溫朝霞：〈論廣東文化形象的構建與傳播〉，載《廣東城市職業學院學報》，第 5 卷第 1 期（2011 年 3 月），頁 44。

2 所謂「複合文化」，泛指在一種文化體系之內，具有多種屬於其他不同文化體系的重要文化元素。宏觀來看，「複合文化」體系既傳承了歷史源遠流長的本土文化傳統，並兼受外來文化的深遠影響，它表現了多種文化精神結合的特色。由是，這種獨特的文化體系往往呈現多元文化面貌，而在其形成的長久歷程中，必定展現它善於取捨提煉各種文化精髓的融合特性。參閱王逸舟：〈意識形態辨識 —— 兼評《文明衝突論》〉，載王逸舟著：《國際政治析論》（台北：五南圖書出版股份有限公司，1998 年），頁 215。

3 溫朝霞：〈對現代嶺南文化的再認識〉，載《南方論刊》，1999 年第 9 期（1999 年 9 月），頁 23 － 24。

4 黃樹森：〈廣東觀念：嶺南文化的血脈延續〉，載《同舟共進》，2007 年第 6 期（2007 年 6 月），頁 10 － 11。

5 「港漫」是「香港漫畫」的簡稱。1980 年代中期起，日本漫畫在香港逐漸盛行，與香港漫畫爭一日之長短。時人往往把日本漫畫與香港漫畫作一比較，指出香港漫畫在世界漫畫發展史上別樹一格，極具特色，因而創造出「港漫」一詞，專以形容香港本土出產的漫畫作品。參閱杜詩語：〈漫畫風雲：馬榮成 VS 黃玉郎〉，載《大學時代》，2006 年第 7 期（2006 年 7 月），頁 40；並參李劍敏：〈港台漫畫：兩股道上的車〉，載《中國新聞周刊》，2003 年第 18 期（2003 年 5 月），頁 63。

6 一般來說，「港漫」有以下幾種特色：一、採用獨特的 16 開本全彩色印刷模式，通常配以印刷非常精美的彩稿封面；二、定期出版；三、在製作過程上參考美國漫畫工業化製作流程，以裝配線的製作方式創作：編劇、效果線、人物、肌肉、頭髮、衣服皺褶、上色，以至彩稿等等，每一環節均由專人負責，分工異常細密。至於故事劇情，基本上由主編統籌；主筆則統籌美術，整部作品為一團隊合作創造而成；四、1980 年代初至 1990 年代中為「港漫」的黃金時期，當時書種繁多，然近年則主要以武打、科幻及江湖三大種類為主。參閱杜詩語：〈漫畫風雲：馬榮成 VS 黃玉郎〉，頁 40 － 41。

7 張有為著：《漫畫藝術》（台北：台灣商務印書館，1954 年），頁 12。

8 張英超著：《漫畫技法講義》（台北：台灣新生報社，1956 年），頁 28。

9 李闡著：《漫畫美學》（台北：羣流出版社，1998 年），頁 15。

10 J. Berger 指出，「圖像」往往先於語言及文字，讓孩童在學懂語文之前，已能掌握一定的辨識與認知能力，故其教育功能顯著。參閱 J. Berger, *Ways of Seeing*（London: British Broadcasting Corporation, 1991）, p. 11。

11 蕭湘文著：《漫畫研究：傳播觀點的檢視》（台北：五南圖書出版股份有限公司，2002 年），頁 11。台灣著名漫畫家牛哥更指出：「太平盛世漫畫是藝術中的消遣小品。但是漫畫時時刻刻都有社教任務，社教宣傳佔很重要的一環。」參閱牛哥著：《看漫畫學漫畫》（台北：牛哥漫畫文教基金會，1999 年），頁 14。

12 蕭湘文著：《漫畫研究：傳播觀點的檢視》，頁 14。

13 蕭湘文著：《漫畫研究：傳播觀點的檢視》，頁 172 － 173。

14 方成著：《報刊漫畫學》（台北：亞太圖書出版社，1993 年），頁 216。

15 蕭湘文著：《漫畫研究：傳播觀點的檢視》，頁 16 － 17。

16 M. Barker, Comics: *The Critics, Ideology and Power*（Manchester: Manchester University Press, 1989）, pp. 2 － 3.

17 黃玉郎生於廣東省江門市，六歲時移居香港。十三歲輟學，開始當漫畫學徒，此後慢慢建立自己的漫畫事業，被稱譽為「香港漫畫之父」，在香港漫畫史上享有崇高地位，也極具影響力。關於黃玉郎的生平及其一手創造玉郎漫畫王國的經過，詳見王明青：〈從香港到杭州：「打不死」的動漫王朝──對話香港漫畫教父黃玉郎〉，載《杭州》，生活品質版，2011 年第 12 期（2011 年 12 月），頁 46 － 48；並參祝春亭：〈漫畫奇才黃玉郎一朝搏盡〉，載《港澳經濟》，1998 年第 5 期（1998 年 3 月），頁 38 － 41。

18 溫朝霞：〈論廣東文化形象的構建與傳播〉，頁 44。

19 吳俊雄、馬傑偉、呂大樂：〈港式文化研究〉，載吳俊雄、馬傑偉、呂大樂編：《香港・文化・研究》（香港：香港大學出版社，2006 年），頁 6－7；12。

20 《新著龍虎門》第 1 號內有一場描述長洲太平清醮搶包山的壯觀場面，此等活躍於香港各區的黑幫勢力悉數登場，並附詳細介紹。詳見黃玉郎主編：《新著龍虎門》，第 1 號（香港：黃玉郎集團有限公司，2000 年 6 月 3 日），頁 23；28 － 32。

21 羅剎教教徒極眾，勢力龐大，是日本最大規模的犯罪集團，總部設在京都。羅剎教中設立一套完善的管治架構，階級分明。羅剎教主轄下高手眾多，他們為教效力，爭取表現力求晉級。關於羅剎教的管理層，有「一神二妖三煞星，四鬼五怪六騎士」之說，已足見其管理階層實力之雄厚。詳見黃玉郎主編：《新著龍虎門》，第 22 號，《一神二妖三煞星，四鬼五怪六騎士》（香港：黃玉郎集團有限公司，2000 年 10 月 27 日），頁 4 － 13。

22 新羅剎教總部設於東京，表面上它是舊羅剎教的復興，但其實執掌大權的已由以往之西城家族轉為神武家族，而其領袖人物、管理層成員，以及組織架構也與舊羅剎教有所不同，故可視之為全新的犯罪組織。參閱黃玉郎主編：《新著龍虎門》，第 621 號，《羅刹新篇》，第二回，《元祖會極道・邪神殺邪神》（香港：玉皇朝出版有限公司，2012 年 4 月 12 日），頁 12 － 14。

23 白蓮教是韓國國內勢力最大的幫會，擁有三百多年歷史，教徒過百萬人。白蓮教主東方無敵一手《九陽神功》超凡入聖，當世已罕逢敵手；手下高手雲集，其中以日、月聖使二人最為重要，日聖使主管教派外務；月聖使則主管內務。參閱黃玉郎主編：《新著龍虎門》，第 15 號，《白蓮日聖使・邪拳小魔王》（香港：黃玉郎集團有限公司，2000 年 9 月 8 日），頁 2。

24 韓國邪拳道場的場主是《新著龍虎門》首席主角王小虎的叔父王海蛟。王海蛟心高氣傲，不屑學習王家家傳武學，加上背兄偷嫂，因而遠走韓國，因緣際會下學到源於印度的古武學《冰火七重天》，成為一代高手。不過《冰火七重天》本屬邪功，其功練法亦甚兇險，故王海蛟苦練之下，性情愈趨兇殘，領導邪拳道場幹盡傷天害理之事。參閱黃玉郎主編：《新著龍虎門》，第 6 號，《停不了的禍！！》（香港：黃玉郎集團有限公司，2000 年 7 月 7 日），頁 4。

25 韓國蔘幫，幫主蔘聖，帶領蔘幫幫眾偏居韓國一隅。該幫歷史悠久，不下白蓮教，實力亦算雄厚。白蓮教多年軟硬兼施，仍不能令其降服。蔘聖為人冷情，野心甚大，一手《陽世奇經》功力高絕，卻從來不做好事。參閱黃玉郎主編：《新著龍虎門》，第108號，《銀影護法・三凶煞星》（香港：玉郎創作有限公司，2002年6月21日），頁9。

26 通天教是泰國第一大幫，教主鐵五郎，號稱文殊天尊，是上代教主鐵令公老文殊的第五子。鐵五郎轄下設有吏、戶、禮、兵、刑、工「通天六部」，負責各類教務。鐵令公二子二郎神是刑部主管；三子鐵三郎是禮部主管；而四子四龍元帥則是兵部主管。四位兒子以外，鐵令公還有一位長女，名鐵心，不任教中要職。詳見黃玉郎主編：《新著龍虎門》，第320號，《通天家族》（香港：玉皇朝出版有限公司，2006年7月13日），頁2－9。

27 泰國元始門，雄據海上，與通天教源出一脈，卻又處於爭雄、敵對的關係。元始門主蚩尤，善《盤古天殛震》，功力甚高，轄下四大族長：蠻青龍、戎朱雀、夷白虎、狄魯狂，均為高手。關於元始門一眾人等的資料，詳見黃玉郎主編：《新著龍虎門》，第346號，《四大族長・夷蠻戎狄》（香港：玉皇朝出版有限公司，2007年1月11日）。

28 魔鬼黨是美國全國性黑幫，《新著龍虎門》故事發展至今，尚未見該黨重要人物登場，只有一些小頭目曾經出場。關於魔鬼黨的實力，據龍虎羣英之一的奪命老妖所述，是日本羅剎教的三倍；而另一龍虎門要員飛妖則指出，魔鬼黨擁有一支特種部隊，由各國頂級高手組成，其實力甚至在羅剎教一眾高手之上。雙妖以往都是羅剎教中人，後改過自身加入龍虎門，故他們對魔鬼黨有所認識。參閱黃玉郎主編：《新著龍虎門》，第252號，《初會鬼將軍》（香港：玉皇朝出版有限公司，2005年3月25日），頁6－7。

29 陳超在〈香港功夫電影「廣東意象」的敍述特徵及負載意義〉一文中，以香港著名導演徐克執導的《黃飛鴻》系列電影為例，指出《黃飛鴻》第一集主題是廣東佛山比武，第二集是廣州除惡，第三集是京城爭雄，發展到第六集時，故事場景已遠遷至美國西部；這種地域視角的轉移，充分展現了廣東與香港作為中西文化交匯點所產生的文化融和意義，實在值得注意。參閱陳超：〈香港功夫電影「廣東意象」的敍述特徵及負載意義〉，載《北京電影學院學報》，2011年第3期（2011年5月），頁9。

30 香港政府於 1975 年通過《不良刊物法案》，《小流氓》由於名稱比較敏感，容易引來輿論攻擊，故黃玉郎把其易名為《龍虎門》。參閱 Tim Pilcher & Brad Brooks 著，田蕾、張文賀、郭紅雨譯：《世界漫畫指南》（香港：三聯書店，2009 年），頁 131。

31 黃玉郎在談及《新著龍虎門》的出版時，指出當初決定重新繪畫《龍虎門》此一經典漫畫，除必定會加入一些新元素外，也會盡量保留故事原來的人物及骨幹劇情。這除了旨在保留《龍虎門》的原創性外，還因為他做了一些調查，發現讀者似乎很懷念過去的《龍虎門》。參閱杜詩語：〈漫畫風雲：馬榮成 VS 黃玉郎〉，頁 40。事實上，《新著龍虎門》的故事從 2000 年 6 月創刊號出版至今，大致上的確按照舊著《龍虎門》的骨幹劇情發展。

32 吳俊雄、馬傑偉、呂大樂：〈港式文化研究〉，頁 12 － 13。

33 《易筋經》乃中土少林始創者達摩祖師所創的一套絕學，共分七大周天，亦稱「七級浮屠」，頂級第七周天「黑級浮屠」，功成後全身也是容氣之所，且能取天地之氣為己用，功力堪稱無窮無盡，身體更無受損弱點。詳見黃玉郎主編：《新著龍虎門》，第 100 號，《易筋經之巔‧黑級浮層》（香港：玉郎創作有限公司，2002 年 4 月 26 日），頁 2 － 4。

34 《九陽五絕》記載在《九陽真經》之《外訣》內，是配合《九陽神功》使用的招式。《九陽五絕》按威力大小排名為：一絕《九陽霹靂神掌》（分《九陽大霹靂》與《九陽小霹靂》兩種）；二絕《九陽神劍》；三絕《陰陽大挪移》；四絕《火雲掌》（羅剎教使計盜去此掌法，故羅剎教主火雲邪神懂得《火雲掌》）；五絕烈陽刀。參閱黃玉郎主編：《新著龍虎門》，第 15 號，《白蓮日聖使‧邪拳小魔王》，頁 3 － 4。

35 《九陽神功》，為《九陽真經》內所記載之《內訣》。《九陽真經》為中國元代（公元 1271 － 1368 年）期間全真教創派始祖王重陽真人所創，分為《內訣》和《外訣》。《外訣》即為上文所述之《九陽五絕》；《內訣》是《九陽神功》。《九陽神功》威力異常驚人，練功者如達頂級九陽功力，幾可無敵於天下。詳見黃玉郎主編：《新著龍虎門》，第 15 號，《白蓮日聖使‧邪拳小魔王》，頁 3 － 5。

36 《軒轅驚天訣》乃泰國通天教鎮教絕學，本源出於中國的《道經》，然威力似乎更大，頂峰三十九層天。參閱黃玉郎主編：《新著龍虎門》，第 513 號，《通天風雲之爭霸篇》，第十一回，《軒轅、盤古 —— 最強三十九層境界》（香港：玉皇朝出版有限公司，2010 年 3 月 25 日），頁 20 － 21。

37 黃玉郎主編：《新著龍虎門》，第 482 號，《通天風雲之道經傳人篇》，第四回，《道經鎮盤古》（香港：玉皇朝出版有限公司，2009 年 8 月 20 日），頁 11。

38 姚偉雄：〈被社會壓抑的尚武思維：漫畫《龍虎門》的技擊符號結構〉，載《E+E》，第 5 期（2002 年 9 月），頁 51。

39 《小流氓》與《龍虎門》內的打鬥往往以死亡終結，因此，無論是龍虎羣英還是邪惡之輩，死傷數目均十分驚人，這也是《龍虎門》系列漫畫角色人數眾多的最主要原因。相對來説，《新著龍虎門》內的打鬥並不經常導致死亡，不少奸邪之徒的下場都是坐牢、殘廢，又或被龍虎羣英廢去武功，使其不能再作惡而已。而且在新著中，也着力加強關於法治社會的描寫；雖然我們並未看到有龍虎羣英因為殺死壞人而需要面對法律裁決，但以現在連載中的《羅剎新篇》為例，日本警視廳及其代表人物谷次郎的重要性明顯加強，甚至有龍虎羣英為了守護羅剎教的犯罪證據而與羅剎教眾打鬥。這種情況，在舊著內絕對鮮見，反映了《新著龍虎門》在考慮到「傳統俠義」與現代法治之間的平衡性時，已作出更細緻的思考。

40 姚偉雄：〈被社會壓抑的尚武思維：漫畫《龍虎門》的技擊符號結構〉，頁 50。

41 阿桂：〈當前動漫流派〉，載《文化月刊》，2004 年第 5 期（2004 年 5 月），頁 14。

42 黃玉郎主編：《新著龍虎門》，第 490 號，《通天風雲之道經傳人篇》，第十二回，《奪離火，惡鬥老天尊》（香港：玉皇朝出版有限公司，2009 年 10 月 15 日），「龍虎門武術學院專欄」，第五課（續）：《易筋經》。

43 黃玉郎主編：《新著龍虎門》，第 481 號，《通天風雲之道經傳人篇》，第三回，《龍與戰神》（香港：玉皇朝出版有限公司，2009 年 8 月 13 日），「龍虎門武術學院專欄」，第一課：《九陽神功》。

44 關於《道經》由來與其「三分」始末，以及通天教、元始門及廣法堂三派創立之經過，詳見黃玉郎主編：《新著龍虎門》，第 343 號，《通天・元始・廣法》（香港：玉皇朝出版有限公司，2006 年 12 月 21 日），頁 2 － 12。

45 關於少林《洗髓經》被騙至日本之始末，詳見黃玉郎主編：《新著龍虎門》，第 652 號，《少林第一神功 —— 洗髓經》（香港：玉皇朝出版有限公司，2012 年 11 月 15 日），頁 17 － 24。

46 近年黃玉郎還推出《龍虎門》前傳與外傳系列，當中有《火雲邪神傳》、《王小龍傳》、《王風雷傳》及《石黑龍傳》等，均屬「現代技擊」性質漫畫。由於此等「前傳」與「外傳」均以《龍虎門》內的人物為漫畫主角，故事內容亦與《龍虎門》有密切關係；在本質上，仍屬《龍虎門》系列漫畫，故筆者在此不再另闢篇幅討論。

47 黃玉郎主編：《新著龍虎門》，第 478 號，《羅刹教主》，下，《會蚩尤・戰聖上》（香港：玉皇朝出版有限公司，2009 年 7 月 23 日），頁 22 － 23；29。

48 黃玉郎主編：《新著龍虎門》，第 661 號，《羅刹新篇之戰無不勝》，第十回，《中日之武決・血戰真武塔》（香港：玉皇朝出版有限公司，2013 年 1 月 17 日），頁 16。

49 胡慶亮：〈論華僑華人與廣東文化的海外傳播〉，載《廣東省社會主義學院學報》，第 42 期（2011 年 1 月），頁 27。

50 黃玉郎主編：《新著龍虎門》，第 657 號，《羅刹新篇之戰無不勝》，第六回，《九陽再戰易筋》（香港：玉皇朝出版有限公司，2012 年 12 月 20 日），頁 21。

51 周焱宇：〈語言與文化之我見〉，載《嶺南文史》，2009 年第 2 期（2009 年 4 月），頁 1。

52 黃玉郎：〈虎躍龍門〉，載黃玉郎主編：《新著龍虎門》，第 3 號，《羅刹令之秘》（香港：黃玉郎集團有限公司，2000 年 6 月 16 日），頁 38。

53 黃玉郎主編：《新著龍虎門》，第 1 號，頁 8。

54 「龍虎三皇」是指王小虎、王小龍及石黑龍，是《龍虎門》系列漫畫中的三大主角。

55 蕭湘文著：《漫畫研究：傳播觀點的檢視》，頁 83 － 84。

56 黃玉郎主編：《新著龍虎門》，第 1 號，頁 18 － 22。

57 邱丕相著：《中國武術文化散論》（上海：上海人民出版社，2007 年），頁 64 － 65。

58 所謂《御劍飛行》，有兩種意義：一、武者利用真氣虛空御劍，不用手握利劍，也能使劍在空中自由飛行，藉以殺傷敵人；二、武者能站在利劍劍身之上，御劍飛行，在這情況下，利劍變成「交通工具」。在《新著龍虎門》中，暫時只有通天教老教主鐵令公能在武學修為上達至如此境界。參閱黃玉郎主編：《新著龍虎門》，第556號，《通天風雲之逆天唯我篇》，第六回，《計算之內・意料之外》（香港：玉皇朝出版有限公司，2011年1月20日），頁31。

59 隋國增：〈詠春拳研究〉，載《體育文化導刊》，2011年第2期（2011年2月），頁86。

60 《九霄真經》為張三丰所創，共分九竅九章，其頂級功力足以與少林《易筋經》一決高下。參閱黃玉郎主編：《新著龍虎門》，第491號，《通天風雲之變天篇》，第一回，《不一樣的文殊天尊》（香港：玉皇朝出版有限公司，2009年10月22日），「龍虎門武術學院專欄」，第六課：《九霄真經》。

61 黃玉郎主編：《新著龍虎門》，第96號，《韋陀秘技 —— 截脈寸勁》（香港：玉郎創作有限公司，2002年3月29日），頁2－4；33－35。

62 這場「《易筋經》對《九霄真經》終極之戰」，真箇精彩絕倫。《新著龍虎門》用了三期來細緻描繪此戰，詳見黃玉郎主編：《新著龍虎門》，第454號，《羅刹終戰篇・第四章上部》，第十七回，《九霄・太極歸宗》（香港：玉皇朝出版有限公司，2009年2月5日）；黃玉郎主編：《新著龍虎門》，第455號，《羅刹終戰篇・第四章上部》，最終回，《終極生・終極死》（香港：玉皇朝出版有限公司，2009年2月12日）；黃玉郎主編：《新著龍虎門》，第456號，《羅刹終戰篇・第四章下部》，第一回，《邪神劫・禍羣英》（香港：玉皇朝出版有限公司，2009年2月19日）。

63 呂大樂：〈無關痛癢的1974〉，載吳俊雄、馬傑偉、呂大樂編：《香港・文化・研究》（香港：香港大學出版社，2006年），頁25－26。

64 《裂頭腳》首見於《新著龍虎門》第2號，王小虎在長洲搶包山一戰中，施展此招重踢金毛獅王的頭部，使其重傷昏迷。參閱黃玉郎主編：《新著龍虎門》，第2號，《怒轟裂頭腳》（香港：黃玉郎集團有限公司，2000年6月9日），頁33－36。

65 《碎石腳》乃王小虎父親王伏虎的絕技。王伏虎望子成龍，對兒子非常嚴格，故王小虎自小已接受武術訓練，《碎石腳》也是傳自父親。參閱黃玉郎主編：《新著龍虎門》，第6號，《停不了的禍！！》，頁5。

66 黃玉郎：〈虎躍龍門〉，載黃玉郎主編：《新著龍虎門》，第 3 號，《羅刹令之秘》，頁 38。

67 樊鳳金：〈金庸小說中的武功之我見〉，載《大眾文藝》，2012 年 22 期（2012 年 11 月），頁 116。

68 佚名：〈金庸小說漫畫英譯風行坊間〉，載《書城》，1998 年第 1 期（1998 年 1 月），頁 25。

69 《九陰真經》成書於漢代，著者不詳。修練《九陰真經》者能取穹蒼之力與天地之氣為己用，故威力相當強大。然此功極難修練，蓋因真經記載之內容艱澀難明，且練功者必須先廢自己一身內功所致。參閱黃玉郎主編：《新著龍虎門》，第 483 號，《通天風雲之道經傳人篇》，第五回，《初會老天尊》（香港：玉皇朝出版有限公司，2009 年 8 月 27 日），「龍虎門武術學院專欄」，第二課：《九陰真經》。

70 《降龍十八掌》是丐幫鎮幫絕技，丐幫幫主代代相傳，掌招剛猛絕倫，無堅不摧，被譽為「天下掌法之首」。參閱黃玉郎主編：《新著龍虎門》，第 171 號，《降龍・打狗・醉八仙》（香港：玉皇朝出版集團有限公司，2003 年 9 月 5 日），頁 4；8。

71 《降龍十八腿》為王小虎祖父王嶽淵所創，共十八式腿法，配以《降龍伏虎氣功》，威力甚為強大。王嶽淵出道以來，倚仗《降龍十八腿》及《降龍伏虎氣功》，堪稱罕逢敵手。參閱黃玉郎主編：《新著龍虎門》，第 6 號，《停不了的禍！！》，頁 3。

72 關於金庸小說內的各種神功武學，詳見趙劍楠：〈金庸筆下的十大高手排行〉，載《神州》，2012 年第 16 期（2012 年 6 月），頁 94 － 99。

73 祝春亭：〈漫畫奇才黃玉郎一朝搏盡〉，頁 41。

74 蕭湘文著：《漫畫研究：傳播觀點的檢視》，頁 14 － 15。

75 蕭湘文著：《漫畫研究：傳播觀點的檢視》，頁 26。

76 李闡著：《漫畫美學》，頁 296。

77 杜詩語：〈漫畫風雲：馬榮成 VS 黃玉郎〉，頁 42。

黃飛鴻 Icon 的本土再造：以劉家良和徐克的電影為中心

麥勁生

香港浸會大學歷史系

引言

洪拳武術家黃飛鴻一直以廣東為家，但卻在香港成為家傳戶曉的人物。他在 1925 年鬱鬱死於廣州後，生平事跡在國內漸少流傳，惟靠他的弟子在香港和海外將其武術發揚光大，也將他的生平點滴輾轉相傳。洪拳武術和他一生中的一鱗半爪，混成了黃飛鴻的傳奇，經近百年仍不衰。從戰後至今，每一代的香港人都可以將新的精神注入黃飛鴻之中，也藉此發揮不同的影響。當然，40 年代以來大家所見的黃飛鴻，顯然是香港媒體塑造的一個人物，有着深厚的商品味道，但有趣的是，每一代的香港人都能在這個若真若假的黃飛鴻之中找到共鳴。也因此，黃飛鴻可以說是香港的 icon。他不斷改變的形象，反映香港不同階段的香港文化和香港人的心靈狀態。尤其在本文重點討論的劉家良和徐克電影中，黃飛鴻變成了一個屬於香港，與香港憂戚與共的人物。

Icon 和集體意識

我們也許有過同樣的經驗：五十歲的身軀，倦極的晚上，做不完的工作，崩潰邊緣的意志，突然惺忪的睡眼看到工作檯上的小小玩偶。那只是個小玩偶，雖然它的確跟你度過了不少歲月，但已不知多少年被你擱在檯上視若無睹。你依稀記得它當年紅極一時，今天還有一些甚麼達人仍興致勃勃，還有一些所謂文化人老是重複「解讀」它的象徵意義。但這刻，它的影像如重錘敲打你的心。多少年的生命經歷、友伴的面孔、人生的是是非非、無數的場景都給它一下子抖出來。你感受最深的年代，那一代人共有過的希望、喜悅和困難，全都歷歷在目。 那時，你的身體忽然像注入新的力量，面前的困難好像不再是甚麼回事。你面前的小小玩偶，是件實物，在我們腦海裏卻是個影像。沒有錯 :「一幅圖勝過千言萬語」(A picture is〔and has always been〕worth a thousand words)[1]。一件實物，喚起你腦海裏的一個影像，打開一道通向你心靈的小門，讓收藏在裏邊的無窮意義和內涵全都傾瀉而出。如果這小小物件，只對你有如此的影響，那可能是你個人的偏愛和獨有回憶，但假如同一個社羣也對它有如此共鳴，我們得說，它是一個圖標（icon）。

Icon 一字並不容易翻譯。圖標的希臘原字 eikon 本身就是「圖像」的意思。圖標往往是一件實物的仿製，大家一看圖標，就可以直接聯想到它所意指或相連的事物、價值、情感等。所以它比象徵或者符號（symbol）例如 “$” 或者 “@” 具體。[2] 一個根據李小龍的樣子做成的圖標，我們一目了然，並聯想到武術、民族尊嚴、遇強越強等氣質或行為。

可以說，一個圖標是一種集體意識和共同願望的縮影。某些圖標代表恆久，跨越文化的價值和信念，好像捷古華拉（Che Guevara）的頭像是革命和公義的代號，不少中外的社運人士都會認同。另外一些則代表個別社羣在指定時空中的共有價值、感情以至身份認同。就好比前東德的小車 Trabi，代表從前東德的落後、東西兩德各方面的巨大反差、還有在統一德國裏面不如意的人們對過去的懷緬。只有經歷過去幾十年德國巨變的人們，看到 Trabi 才有上述的感受。[3]

圖標是溝通工具也是身份認同的基礎。文字的前身是圖像，今天大小民族都已發展出系統的語文，但較小的團體還會用圖標作暗碼。所以圖標像通行碼（password），是羣體成員確認身份的工具。有共同興趣、理想和願望的人們可能會建立一些特別的圖示做他們的標誌，也可能選用一些既有的人物和事物作為他們的共同興趣、理想和願望的的代表。這過程可以叫做圖標化（iconization）。就好像 80 年代的米高積遜（Michael Jackson）。他固然是無孔不入的美國流行文化和強大的娛樂集團的成品，[4] 但太多太多美國人樂意相信他證實了天才在機會之邦可以開天闢地，弱勢社羣能傲立主流社會的神話。商業加上大眾的心理需要一同使米高積遜成為 icon。他的支持者踏着他的舞步，模仿他的言行穿

戴，也發展出一種志同道合的感情。

理論上，圖標當然由個別階級、團體以至秘密社團，根據他們的需要來創作。[5]但歷史越發展，一些社會共同尊重以至崇拜的圖標所能產生的社會、文化和政治功能卻是越來越大。好像西方中世紀的「聖像畫」就是例子。因為它慢慢從協助信眾認識和接近神的媒介變成個別羣體崇拜的偶像，[6]教會所以加緊對「聖像畫」製作的限制，以求得到操控權。到了近代政治領袖更僱用畫家，文人、雕刻家為他們建立公眾形象，使他們的身影無處不在，變成公眾圖標，俾能得到萬民景仰的地位，發揮更大的政治能量。典型的例子是十七世紀的法國太陽皇和二十世紀的希特拉。[7]今天的 icon 卻由資本主義的機器產生、再做和推銷。資本主義要持續發展，端賴人們不斷消費，購買更多和更新的產品。不管是一個人物還是一件物品，只要有銷售價值，便可以被包裝出售、再生產和變成不同的副產品。歷久不衰的，變成我們所説的品牌；能讓一代又一代的人都從中得到心靈上共鳴的，説得上是 icon。[8]能跨越文化和國家界限，得到不同的人支持的，可算是 global icon。典型的例子是瑪莉蓮夢露（Marilyn Monroe）。她的海報和種種產品，今天仍然行銷全世界，仍能滿足全球不同種族、年齡以至性別的人的性幻想。

時代不斷改變，人們的心靈也有新的需要。Icon 若要長存，需要讓跟隨者覺得雖然時移世易，他們還能在同一個 icon 中讀出新的意義，得到新的心靈滿足。一個成功改造的 icon 回應跟隨者的心理變化，不斷將新形象和新涵意注入其中。可以説，一個能長久屹立不倒的 icon 是創造者和使用者的長久互動的結果。

本文的主角黃飛鴻就是一個好例子。在香港，他的名字憑着廣播劇、電視、電影和洪拳武術而流播，使其人也成為眾所皆知的人物。其實，關於黃飛鴻的生平，我們所知有限。但也正因為太多太多的空白，給予人無窮的想像空間，使不同時代的人物藉這著名武術家來發揮和找尋種種渴望和共鳴。因此，戰後至今六十多年，黃飛鴻不斷以新形態、新內涵展現大家面前。在他那裏，我們掌握到香港文化與社會發展的脈搏，港人心靈的一段歷程。

黃飛鴻——難以重構的人物

黃飛鴻電影成為了健力士世界紀錄大全之中以單一人物為主題的最長電影系列，如果加上五十年代，香港電台的鍾偉明先生講述的廣播劇，七十年代邵氏電影公司罕有地製作的幾部國語黃飛鴻電影，無線電視在七十年代，還有內地在九十年代拍攝的電視劇，再加上其他諸如漫畫的文化產品，其影響可以說在大中華地區是數一數二的。然而翻開相關材料一看，關於黃飛鴻的材料卻是少得可憐。

眾所周知，黃飛鴻的名字和行誼得以流傳開去，其徒孫朱愚齋居功至偉。黃飛鴻的得意弟子林世榮在 20 年代來到香港後，開設有武館，通文墨的朱愚齋為其門下。朱愚齋除從林世榮那裏學會武功之外，亦增加了對黃飛鴻的認識。朱愚齋於 1933 年寫成《黃飛鴻別傳》，連載於《工商晚報》。至 50 年代，又再出版《嶺南奇俠傳》。朱愚齋對黃飛鴻所知未必完整，復經戲劇化的處理，更遠離黃飛鴻的真相。另外，黃飛鴻最後一任太太莫桂蘭來港後，收有義子李燦窩，亦有在港島授徒。但莫桂蘭一直低調，少有公開其先夫的事情。林世榮之姪兒林祖在去年始去世，生前接受訪問時也表示對黃飛鴻僅有表面的印象。李燦窩早前接受的訪問，也不能增添關於黃飛鴻的資料。[9] 所以，很長時間以來，我們對黃飛鴻的認識主要受着通俗文學和前人僅有的記憶牽引，從這些衍生出來的播音劇和電影當然難以補充材料上不足。由是，很多流傳甚廣的黃飛鴻傳奇故事，例如協助劉永福練兵、鎮守台灣、任廣東省民團總教練等，都沒有更多資料去加以充實。

一直以來，研究黃飛鴻端賴流出中國的口述和刊行資料。黃飛鴻祖籍佛山，大家設想該處當有更多的各式材料，可供大家他日鑽研。中國開放已二十多年，研究條件早已大有提升。近年研究黃飛鴻的文章見於專門的體育大學學報、電影和文學研究專刊，稱為「還原黃飛鴻」、「歷史中的黃飛鴻」的作品更加不少。問題在於，眾多作品所倚重的，仍是上述，甚至更少於上述的材料。即使多年以來，在佛山找出的新材料也沒有多少。[10] 一些大家認定不盡正確的小節，更加在反覆引用的過程中，快要成為「真相」了。[11] 看來要從史料上擴充對黃飛鴻的認識似已難更進一步。

過去幾年來，中、港地區也出現過幾本黃飛鴻全傳，當中更有身兼洪拳弟子兼歷史工作者的作品，完整又有可觀性，但所有章篇，還只環繞着那有限材料打轉。[12] 由此我們反而得到一個對黃飛鴻的更佳切入點：與其勉強重構一個百年前我們所知有限的人物的生平，不如改為思考何解一代復一代的人會有興趣對他反覆閱讀、思考和再做呢？尤其是將黃飛鴻上升到 Icon 地位的香港人，到底在黃飛鴻那裏找到哪一種的心理共鳴呢？

起點：排難解紛的鄉鎮教頭

正因為關於黃飛鴻的資料太過有限，但同時他的傳奇卻又引人入勝，以後的人們便正正能夠不斷注入時代元素，不斷「再生產」黃飛鴻，持續表達出可與不同時代人們心靈共鳴的新意涵。本文集中討論的黃飛鴻電影，經歷了幾輩電影人、生產商、演員和武林人士的參與製作，形象不斷更新，所呈現的正是香港文化發展和香港人所經歷的幾個階段。

根據參與早年製作黃飛鴻電影的人士所說，1949 年「黃飛鴻傳上、下集」得以問世，實屬偶然。這既是導演胡鵬和編劇吳一嘯突然其來的奇想，也是朱愚齋有心發揚黃飛鴻其人其事的結果，更得力於星馬片商和香港院商的支持，以及香港電影絕境求生的氛圍。[13] 然而，俠義電影在香港影壇從來不缺，戰後洪熙官、方世玉、大刀王五等英雄人物亦多番被搬上熒幕，但何以僅得黃飛鴻可以歷久不衰呢？研究電影工業的學者可能另有看法，但黃飛鴻的複雜內涵和香港的特有發展也是關鍵所在。

關德興主演的第一代黃飛鴻電影，有以下幾種特色值得留意：(1) 華南俗民生活的點滴，(2) 黃飛鴻鄉里領袖的形象，(3) 華南武術的傳統。這些特色，是多方面磨合調適的結果。正如不少研究者指出，早年黃飛鴻電影發源於香港，但其情懷卻是華南的。[14] 朱愚齋的《黃飛鴻前傳》表達的黃飛鴻，原本充滿市井味道，黃飛鴻本身既不是我們後來認識那個保家衛國的英雄，甚至不是好打不平，俠義為懷的儒者。朱愚齋作品提供的資料固然為電影的骨幹，但吳一嘯和胡鵬是電影人，得為投資者負責，故要小心考慮票房，務必拍出大眾喜歡兼能賣錢的電影。飾演黃飛鴻的關德興，也對黃飛鴻獨有見解。據說在很多場面之中，也是自己設計對白，所以「黃飛鴻那些教訓徒弟的對白，那些充滿傳統師父威嚴，但對外人卻謙和忍讓的說話」，不少只是：「關德興理想中的武者投射」。[15] 至於片中的武術成分，如劉家良後來指出，當時拍黃飛鴻電影也得各武館支持。因此，電影中間需要穿插各門派表演。可以說，這個時候的黃飛鴻電影，兼具了華南地區的民風，商業和其他製作因素的考慮和眾多參與製作人員對黃飛鴻的構想。

新文化史的一大重點，是指出任何的文化都必然是「多層次」(multi-layer) 的，各式傳統可以並存，可以互相滲透，亦可自成一國。二次大戰結束，香港已成殖民地超過一百年，中、西文化相遇於此地已逾世紀。外來文化方自然影響香港的教育、管治和經濟，但更多的香港人卻依然生活在華南文化之下。香港粵劇的曲目沒有大異於廣州的，香港的民間信仰更和珠江流域一帶的一脈相承。[16] 戰後持續湧到香港定居的華南人士，更鞏固了這個傳統。一個不僅在香港，更要在華南地區有影響力，受人景仰的人物，方能成為大眾的精神領袖。黃飛鴻正是這樣的一個人物，所以早年黃飛鴻電影處處牽引着廣州內外的風情，寶芝林所在的仁安街、三欄、「梁寬歸天」中對頭人萬人傑所住的福利街，電影都講得明白。「黃飛鴻傳上集」中舞獅、妓院佈置、唱小曲等等，[17]「大鬧花燈」中的花燈會、「義救賣魚燦」的市集百態和「西關搶新娘」之中的婚嫁儀式等等，無一不為電影中的黃飛鴻搭建一個華南文化場景。黃飛鴻代表的是這一個傳統，黃飛鴻的事業亦建立在這一個傳統之中。

王春光和李貞晶兩位的論文：〈嶺南人物黃飛鴻探究〉談到：「慕俠尚義習俗及為適應小農經濟支配下的平民的心理需要，有着巨大的實用性和凝聚力，也適合於分散經營，安全感差的近代社會大多數成員解決實際問題的迫切願望」，「這種分散的小農經濟決定了它對武林人物的膜拜。而民俗的形成基本上就是人們審美的觀念，是一種真與善社會追求。以南拳為代表的嶺南武術歷來受到當地人們的青睞，嶺南武林中的豪傑更是大眾心中的偶像」。[18]這種説法，粗略地解釋到在尚未工業化的社會中，人們對俠義的渴求。但觀早年的黃飛鴻的電影，説的更似是一個地方長者，以鄉鎮社會的倫理，為鄉里排難解紛的故事。黃飛鴻不是尋求「剖肝見膽的血性，一種放蕩不羈、快意恩仇」，「體現了真我的自由釋放」的俠仕，也不是擁有「自居於羣氓、民眾、普世之上的擔當意識，一種為濟天下蒼生而甘願救贖犧牲的悲壯情懷」的英雄。[19]

俗民社會的糾紛離不開生計問題，如惡霸聚眾欺壓善良商賈（「黃飛鴻傳」，「獨臂鬥五龍」），劣少串通外人吃裏扒外（「大鬧花燈」），大笪地之上種種雞鳴狗盜（「血戰流花橋」）等等。當時社會風氣有開放一面，也有封建一面。梁寬上妓院生事幾乎是每集的例牌情節，富家小姐見黃飛鴻受傷竄入閨房，竟然是春心大動，其母見之，更是喜上眉梢（「黃飛鴻傳」）。但女子不出閨門（「大鬧花燈」），父親決定女兒婚嫁（「西關搶新娘」）卻同樣是社會規範。黃飛鴻的角色，就是在這一個環境中，為人調停，盡量以情、以理服人。梁寬事事欲以拳頭解決，黃飛鴻則常常只求息事寧人（「大戰猩猩王」，「醉打八金剛」），不到最後關頭不願出手。他自身卻經常吃虧，就是給人奚落，亦忍一時之氣。有時更會忍讓過甚，叫身邊的人吃盡苦頭（「大破烈火陣」）。有女投懷送抱，仍得盡量克制。「黃飛鴻傳」中收梁寬為徒的一幕，他提到習武要保家衛國，創一番個人事業，但之後的每一集，他面對的都是鄉里之間的糾紛，而他用的方法，也不盡合理（「浴血硫磺谷」中也有使詐），有時更是幫親不幫理。早年的黃飛鴻實際是一個俗民社會中的首長，替人排難解紛的長者，亦是當時還是只求安居樂業的香港人眼中嚮慕的地區頭領。

黃飛鴻電影的武鬥和練功場面，比之前北派和大戲式的表現更有真實感。有說，早期的黃飛鴻電影，也十分講究少林武術傳統。「黃飛鴻傳」開始時，講述了洪拳的源流。但我認為這是過度閱讀的結果。原本「黃飛鴻」電影，並沒有長期拍攝的計劃，所以於第一集介紹洪拳源流是順理成章。但武術承傳，卻並非之後的重要主題。首數集有不少演練的橋段和場景，相信是武術界人士參與的結果。但在電影的實戰部分，卻少有表現出洪拳的造詣。例如「黃飛鴻傳上集」，黃飛鴻出門找「大難雄」算賬之前，以單頭棍表現了一下五郎八卦棍，但到了和「大難雄」黨羽對打時使出的卻是舞台功架。其他的同場演員以單刀當劍使用和很多的翻滾花招，都顯示出製作人並沒有執着表現洪拳的特色，只求打得好看便是。更重要的是，武術作為強身健體也好，繼承傳統也好，早年的黃飛鴻電影還只是宣之於口；武學的社會、文化以至個人意義並不是電影本身的重點。整體來說，這些製作人在黃飛鴻注入的是一個在舊社會維持秩序的長者形象。這形象一直被複製至60年代後期，雖有潤飾，卻萬變不離其宗，經長年累月而深入民心。

工業世界裏的武道傳統捍衛者

六十年代之後，工業化的力量征服了香港。在 1959 年－ 1968 年間，製造業的勞動人口數量由 177,000 大幅上升至 472,000。直至 1970 年，製造業繼續成為香港經濟的主要支柱，佔整體的 30.9%。[20] 由是傳統行業被工廠挑戰，手製精品面臨工業成品取代。生產線上的人們，隨着指引做着刻板而簡單的工作，中午拿着飯壼用飯。另一方面，香港也是越來越現代化。1967 年 11 月 4 日，獅子山隧道正式啟用，都市化向新界邁進。之後，紅勘海底隧道在 1972 年通車。在 1971 年香港政府開始提供義務小學教育，到 1978 年擴展至中學三年級。1972 年啟動的十年建屋計劃為一百八十萬人提供居所。廉政公署亦於 1974 年成立。1977年1月10日，海洋公園在港督麥理浩主禮之下正式開幕。可以説，香港人從生計、治安以至日常生活，都走向現代和理性化的管理。

無疑在這時候的香港，華南的傳統依然活在大家的日常生活中，但工業化和消費主義卻起着指導作用。戰後出生的一羣事實上與父輩不再一樣。他們讀本地的中小學，自覺對西方的事物曉得一鱗半爪。新的時代精神，最初是苦幹、聽命和守紀律，到機會來臨時幹一番大事業。大家樂意相信，雖然現在只扮演着螺絲釘的角色，但螺絲釘也有它的出頭天。之後，人們也開始發覺投機致富也無可厚非。生活是改善了，多了人有能力在消費市場得到工餘遣興和生活所需，包括普及娛樂。那是香港電視的黃金歲月，1978 年到 1984 年，香港是全世界最大的電視節目出口地區。[21] 每晚百分之七十的電視觀眾，圍起來看着無線電視的肥皂劇。[22] 説賭博，講投機的電影電視也大有觀眾。這時代的人心靈上的嚮往，和上一代人有着相當的分別。關德興的黃飛鴻還能是個 icon 嗎？

這時候重新樹立黃飛鴻的是黃飛鴻的四傳弟子劉家良。林世榮的弟子劉湛，一直在早年的黃飛鴻電影中扮演林世榮的角色，其子劉家良得其真傳，年少即任龍虎武師，並兼習有其他門派。因為身手好，見識廣，劉家良後來當上了武術指導。一段頗長的時間他替大導演張徹任武術指導，拍了一系列的少林英雄電影，但大多還是國語片。故事亦是環繞較早幾輩的洪熙官、方世玉、胡惠乾等人的故事。到後來與張徹不和之後，劉家良從台灣回到香港，重投邵氏。在 1975 年首先拍了一部諧趣電影「神打」，1976 至 1977 年卻一口氣開拍兩套黃飛鴻電影，兩片都以黃飛鴻少年為題材，以時年二十多歲的乾弟弟劉家輝作主角。有說劉家良這兩套電影講的是武德，但接受訪問，被問到何謂「武德」時，劉家良卻說：「講，是沒價值的，要想知何謂武德，睇我劉家良的電影便會知道」。[23] 關德興電影中，只流於口頭說說的武學承傳，武者典範卻在劉家良的兩套黃飛鴻之中得到最大的發揮。可以說，在一個工業化、傳統流失，娛樂至上的社會中，重新確立一個武者典範的企圖，是悲涼之中帶有英雄色彩的。

劉家良的父親來港之前，在廣州以至其他地方開設武館，劉家良對華南武術傳統耳濡目染。父子來港後，仍賴武術為生，武術和他們的生命根本就分不開。但據劉家良所說，五十年代的香港影壇，從武術指導到龍虎武獅都是北方人當道，打的又是北方舞台的功架。至劉家良當上張徹電影的武術指導，最初因應張徹的上海情懷，拍杜月笙和大上海的故事，後來仍是少林英雄的國語片。至「神打」一片之後，因票房得利，他可以選擇開拍自己的電影，他馬上想到拍黃飛鴻的故事，洪拳武術傳統的故事，和武者典範的故事。

武術作為一套傳統技藝，知識以至生存之道，有其獨特的承傳方法。就如不同的傳統行業一樣，是透過學徒制度進行，學習者從基礎的工作開始，還包括服侍師父的日常生活，[24] 這種師生關係是不平等的。學生能否有成，除了看個人天份和努力外，也要看師生情誼和緣份。兩者無緣的話，師父不會傾囊相授，學生自然難得真傳。另外，得師父垂青培育的學生，將來也要照顧師父。[25] 這些承傳方式，自然和講求公平交易、明買明賣的商業社會格格不入。隨時代流失的不單是技藝，還有潛藏其中的人倫關係和各種禮儀。現代社會不斷前進，都市化不斷擴大，堅持傳統傳承方式的師父漸失生存空間，甚至淪為別人笑柄。老一輩的人對這種變遷感受至深。劉家良的電影，瀰漫着對武術傳統的依戀。有說，作為一個武者，他要利用作品把他「崇敬的傳統記錄與保存下來」。[26]

可以說，「黃飛鴻與陸亞采」和「武館」兩片完全建立在一個武館的世界，一個消失了的時空。劉家良明言，講武館規矩、師徒授業和以武德服人的「武館」是他最喜歡的電影。[27] 在他的武館世界裏，一切從武術來，從武術去。師徒之間，保存着傳統的不對等關係。事實上，到晚年劉家良對此仍津津樂道：「我們學過功夫的一般叫徒弟，不是學生，現在叫學生。比如我收你做徒弟，你就永遠是我徒弟，一天為師終生為父，這是我們南派的宗旨。」[28] 武林同道的爭鬥的原因，是為了徒兒，花炮和舞獅。合規矩的，互相尊重；不守規矩的，先講理，最後才動拳頭，而且打也打得君子。所以「陸亞采和黃飛鴻」中，黃飛鴻與陸正甫武館結怨源於搶花炮，也在另一場搶花炮後言歸於好。「武館」之中，因舞獅惹禍，最後是一場君子之戰化干戈，化敵為友。

黃飛鴻化身的武者典範，不但武功高，更要修身，以德行感化歹徒。「黃飛鴻與陸亞采」中，陸亞采一直催促黃飛鴻勤練武功，到黃飛鴻有成時，陸亞采卻教誨他不是要打倒敵人的身體，反而要為對方着想，少逞強，多懷寬恕之心。所以，後來黃飛鴻大戰對頭人何虎，戰鬥之中得悉何虎以陰毒暗器殺害其前輩，亦無以牙還牙，反而是制服何虎，將他送官究治。最後再搶花炮時，對方暗藏鐵尺，傷人無數，黃飛鴻等人仍是以德服人，最後以和為貴。這種德行，亦是劉家良一再強調的：「退一步馬上就海闊天空，假如說一定要把對方打死，你沒有打死他而是把他扶起來，他就會永遠都幫助你，我看到很多英雄都是這樣的」[29]。

武功，亦是提升個人修養的重要手段。「武館」電影首段，黃飛鴻和王隱林同屬輕佻少年，遊手好閒，招搖惹禍，後來黃飛鴻專心武技，人亦變得成熟正直。反之，王隱林繼續胡混，最後慘遭重創。對比之下，顯見練武是進入正道之途。陸亞采對黃飛鴻說：「練武兩年之後，你會覺得自己大有進境，再練二十年，就會覺得自己仍差很遠。」練武使人開明、自我省察和了解，更使人虛心求學。這都是劉家良對武術的祈盼，亦是他注入黃飛鴻之中的神髓。

這些主題在劉家良的其他電影之中都有不同的表達，例如「中華丈夫」、「長輩」和「掌門人」等，但黃飛鴻是一個深入民間的形象，是個傳統武術的理想的載體。「掌門人」嘗試將場景放到現代的香港，效果馬上變得尷尬，畢竟香港已是一個工業化、現代化，講管理，説法治的地區，武俠的世界不再相容，劉家良的黃飛鴻只能一而再，卻不能再而三。從黃飛鴻電影之中，得到最大和應的除了是武術愛好者之外，相信是對逝去傳統仍有依戀者。

香港何去何從？黃飛鴻何去何從？

香港躋身全球最富裕的商業城市之一的時候和中英聯合聲明的發表，相隔竟然是那麼近。「一國兩制」的構想，壓在正為經濟欣欣向榮而洋洋自得的港人頭上，而且離開 1997 還只剩下 15 年。人們惶恐、樂觀、焦慮和淡然，但就是説不出反對。五十年果真不會改變？香港人一直少談身份認同，但卻對自身獨有的生活方式特別自賞。[30] 在那年頭，《蘋果日報》式的新聞報導影響及至大中華地區，香港的時尚為鄰近地區爭相追捧。梅艷芳、張國榮和譚詠麟等一眾紅極一時的偶像，感染着非廣東語系的華人地區。消費主義、工業化、對外開放等因素，造就了香港獨有的文化。它既本土，也有西方的種種，卻同時帶着日本氣息。舞台上的張國榮，無論從形象、舞姿到風度，都是「只此一家，別無分店」的代表。到此，真對廣東還有「遠離鄉愁」的感覺的，應該是上一輩的人們吧。[31] 大家珍視這種本港風，也希望它繼續飄盪在政治波濤之外。但 1989 年 6 月 4 日和連帶的事件震撼着港人，面前的迷霧更加濃重了。

徐克想起當日開拍黃飛鴻電影的情景，説到：「過去二十年我們在香港殖民教育制度之下讀書，因為台灣和中國的關係，我們沒有機會好好讀近代史。可能是因為殖民管治都意圖控制年青人的思想吧⋯⋯我決定有機會的話，我會把黃飛鴻和所有中國近代的大事件連在一起。亦因此，為『黃飛鴻』選英文片名時，我想我們為何不用 Once Upon a Time in China 來暗示中國的過去，以至未來呢！」[32] 但徐克始終一直扎根香港，有着和香港人共同喜樂憂戚，他注入黃飛鴻的是香港人對未來的關注。他在美國所受的電影訓練和他個人的藝術視覺，使他塑造的黃飛鴻，從簡單的社會倫理和武道傳統之中一躍而起，從高處審視一些全新的問題，而徵結卻正正是香港人的前途。內地近年出版關於徐克與黃飛鴻的論文數量相當多，談這些電影之中的民族主義的也不少，但重點往往只在中國，香港人的命運和關懷卻總在視線之外。

時移世易，很多從前的黃飛鴻元素不復存在。映襯同樣熱鬧的廣州街道的，不再是俗民社會的趣味，而是舊式倫理和習俗不能解決的大是大非。黃飛鴻打的也不再是洪拳，而是新派武術夾着「威也」的飛簷走壁。他對抗的也不是鄉鎮惡少或者北方武者，而是洶洶而來的外在或在內在的政治問題。他口裏説着保家衛國，但他只能面對國家因貧弱引起的問題。他永遠被擲進他不想面對的局面，只能一再在劣境之中扶傷救孤，打出生天。拳來腳往間，他戰無不勝，但戰鬥過後，他還得瞪着眼看那不能改變的現實。只能寄望，只能相信有更美好的日子在前面。

如果我們把五集黃飛鴻連繫起香港的前途，感覺會是那樣的獨特。如果以首兩集作一單元，三、四集作另一單元，再加上第五集獨立成篇，香港走向九七的景像是十分活靈活現。一、二集顯見是一片亂象中，背負着文化、民族包袱的黃飛鴻努力站穩腳跟。第一集所見，單純的民風和遠渡而來的聖詠，被代表時代巨輪的氣笛聲壓過。洋兵開槍打中醒獅（是睡獅嗎？），黃飛鴻飛身接上。劉永福手上的扇寫着不平等的條約，近代香港的命運不就從不平等條約開始嗎？朝廷太多是非，安身立命只有靠自己了。亂局之中，有人落泊（嚴振東），有人遭外來勢力欺壓（華工），有人被出賣（豬仔），改革總是遠水不能救近火。時勢緊張，人人各有選擇，有華人混水摸漁（沙河幫），甚至勾結外人自肥，民與民鬥，官也與民鬥；明刀明槍的鬥，挖盡心思的鬥。嚴振東說：江湖之中，有甚麼不是強差人意的呢？先站穩腳再算吧，於是人人都說着這番說話，做着看來很有道理的事。也因此，難有共同理想，更沒有未來的藍圖。愛民族，也愛自己處身的鄉土的黃飛鴻，就如香港人一樣，赤手空拳，遇一個難題就解決一個難題。

這種時不與我的感覺，在「男兒當自強」之中更為明顯。片首黃飛鴻坐着火車轟隆轟隆地前進，鏡頭穿插着白蓮教徒的儀式，團練赤着上身練武的景象，黃飛鴻冷眼看着一切。危機就在旦夕，一般大眾只能憑藉他們所信的，信仰也好，武藝也好。片中的影像更似是個亂世，抽鴉片、打小人、吃狗肉的鏡頭穿插其中，大眾對白蓮教生事當作是場好戲，只作壁上觀。外面是一片狂熱失控，裏面的會議中，黃飛鴻和西方醫生努力交流中，西醫學，力求找尋共通的語言，試圖說清楚雙方根本不清楚的事情。突然，一個在香港學西醫的青年排眾而出，自願當雙方的翻譯。這是香港未來的角色嗎？結果燃燒的箭射進廳堂，死的死，傷的傷。香港能避得過災難嗎？甄子丹的清朝大官，只怨洋人「包庇亂黨，以華制華」。不斷出現的對白，「走得去邊？」，「現在甚麼神佛也沒有，只得靠他們自己了」，揮之不去。

片中兩羣小孩的遭遇至為令人動容。同文館學西方知識的小孩險遭殺害，革命分子囑咐黃飛鴻定要保存這些血脈，保住這一代人，因為未來就靠這一代人。黃飛鴻聽其言，完成這個交託。但將民間法術信以為真的白蓮教小孩，最後死於中國人開的洋槍之下。香港的未來，會否也都如此？

黃飛鴻第三、第四集意象看起來沒首兩集豐富，Lisa Morton 也把它們看成徐克的「其他電影」。但兩片的場景到了北京，黃飛鴻自覺處於一個他不認識的世界。北京人說：「黃飛鴻是誰啊？」南、北獅相遇，北方人說：「甚麼南獅啊？」廣東會館一再被人騷擾，財大氣粗的北方大爺，那管你是南方的人民英雄。一切事情還得在北京決定。外國勢力和京官各懷鬼胎，各有所圖，鬥獅場中，參賽者努力爭勝，但他們的努力在這些政治領袖眼中，還只是無關宏旨的小事。緊閉的門後，中、外官員忙着盤算密謀，來自南方，說廣東話的，完全被蒙在鼓裏。黃飛鴻努力去搗破這些勾當，同時相信「政治歸政治、人民歸人民」，在排外運動中保護洋人。他的想法，沒有多少人明瞭，他個人和他所屬社羣的未來，永遠不在他掌握之中。

「龍城殲霸」是最被忽視的黃飛鴻電影，其實片中徐克毫不遮掩他面對臨近九七的想像：一個被海盜包圍的孤島，居民能走的都走了，官兵互不統屬，不抗外侮，卻自起內鬥，最後更自行撤走。剩下的人，有些人聽天由命，有些如譚炳文的富商角色般卻希望愈亂愈發財。黃飛鴻一眾到了碼頭，最後折返努力保衛家園到最後一刻。譚炳文的所有身家終於毀於大火之中。看着一片火海，黃飛鴻的無奈，就如無數香港人的一樣。

結論

如果如 Igor Kopytoff 所說，萬物都有其生平故事，[33] 一個 icon 亦應該有人為他立傳。事實上，icon 如生命，經生、老、病、死，在不同的社會和文化氣候，它得以成長和茁壯，到養料用盡，亦即大家不能再在它那裏找到甚麼心理上的滿足時，它自然在大家的意識中消失。在香港建立之初，關德興的黃飛鴻牽引着大家對華南俗民社會的懷想和對安居樂業的渴望。到了 1970 年代，工業化和消費主義逐漸輾平傳統，模糊化不同文化時，劉家良的黃飛鴻寓意大家從武道中重建個人的身與心。在政治巨變之前，人顯得渺小，就算你力拔山河，在大時代亦只能茫然興歎。徐克的黃飛鴻只能強自樂觀，為腳下一片安樂土勉力而為。很長的一段時代，香港人似乎不再需要上述任何一個黃飛鴻。他成了戲謔的對象[34]。因為既然一切都不是個人可改，除了戲謔，還能怎樣？「高登仔」如是，太多人心裏也如是。

我們還需要黃飛鴻嗎？或者問，我們今天需要怎樣一個黃飛鴻？也許我們先要梳理一下，今天香港社會還有甚麼？需要甚麼？有甚麼還能激起我們的共鳴。廣東道上的人龍、蜂擁路過的水貨客、張燈結綵下的國際金融中心，需要黃飛鴻維持秩序嗎？為蝸居惶惶不可終日的中產，苦無上達的年青人，黃飛鴻還能給他們甚麼？

1 Rosemary Sassoon, Albertine Gaur, *Signs, Symbols and Icons: Pre-history to the Computer Age*（Wiltshire: Cromwell Press, 1997）, 12.

2 Icon, Index and Symbol"（28 April 2012）, http://www.cs.indiana.edu/~port/teach/103/sign.symbol.short.html

3 Wikipedia, "File:Trabant601deLuxe.jpg"（29 Oct 2013）, http://en.wikipedia.org/wiki/File:Trabant601deLuxe.jpg

4 Harvard Business Review, "How Michael Jackson becomes a Brand Icon"（26June 2009）, http://blogs.hbr.org/quelch/2009/06/how_michael_jackson_became_a_b.html

5 Sassoon and Gaur, Signs, Symbols and Icons, 48.

6 Elizabeth Zelensky and Lela Gilbert, *Windows to Heaven: Introducing Icons to Protestants and Catholics*（Grand Rapids : Brazos Press, 2005）, 21-25.

7 Peter Burke, *Fabrication of Louis XIV*（New Haven: Yale University Press, 1994） 和 Ian Kershaw，*"Hitler Myth" : Image and Reality in the Third Reich*（Oxford : Oxford University Press, 1987）.

8 In Ernest Sternberg, *The Economy of Icons: How Business Manufactures Meaning* (Westport, Connecticut: Praeger, 1999), 3.

9 《我係黃飛鴻契仔》，http://www.youtube.com/watch?v=TSF5e6PlWcA（2013 年 10 月 29 日）和《莫桂蘭李燦窩》，http://www.youtube.com/watch?v=o49zjgR3qkM（2013 年 10 月 29 日）。

10 姚朝文：〈黃飛鴻功夫電影海外傳播路線及文化影響力分析〉，《文藝研究》2010 年第 7 期），頁 99-106。

11 一直流傳的黃飛鴻照片就是好例子。洪拳中人早偏向相信照片中人只是其子黃漢熙，但不少中文學術論文都仍附有該照片。近期對此作出最詳細討論的論文，是，蒲峰：〈黃飛鴻相片小考〉，蒲峰編：《主善為師：黃飛鴻電影研究》（香港：香港電影資料館，2013），頁 211-212。

12 著有《黃飛鴻傳略》（銀川市：寧夏人民出版社，2007）的鄧富泉有歷史學訓練，也是洪拳研習者，但他的作品也大抵使用相約的材料。

13 胡鵬：《我與黃飛鴻：五十年電影導演生涯回憶錄》（香港：s.n., 1995），頁 1-25。

14 姚朝文：〈鄉土中國創造文化想像的世界奇觀——百部黃飛鴻電影吉尼斯紀錄的啟示〉，《學術研究》，2013 年 3 期，頁 134-136。

15 蒲鋒：《電光影裏斬春風：剖析武俠片的肌理脈絡》（香港：香港電影評論學會，2010），頁 52。

16 游子安，卜永堅主編：《問俗觀風：香港及華南歷史與文化》（香港：華南研究會，2009）。

17 余少華：〈五十年代黃飛鴻電影音樂及其承載的歷史音樂文化〉，蒲峰編：《主善為師》，頁 106-126，對黃飛鴻電影所用的廣東音樂論述甚詳。

18 王春光和李貞晶：〈嶺南人物黃飛鴻探究〉，《山東體育學院學報》，2011 年第 8 期，頁 44-45。

19 李新良：〈集體無意識的影像代價——透過《黃飛鴻》系列片看香港人的文化心態變遷〉，《齊魯藝苑》，2009 年第 5 期，頁 36。

20 Alex Y.H. Kwan and David K.K. Chan, ed., *Hong Kong Society: A Reader* (Hong Kong: Writers' & Publishers' Cooperative, 1986), 52.

21 吳昊：《香港電視史話》（香港：次文化有限公司，2003），頁 150。

22 同上。

23 李焯桃編：《向動作指導致敬：第三十屆香港國際電影節節目》(香港：香港國際電影節節協會，2006)，頁 55。

24 廖廸生：〈非物質文化遺產：新的概念、新的期望〉，廖廸生編：《非物質文化遺產與東亞地方社會》(香港：香港科技大學華南研究中心、香港文化博物館，2011)，頁 7。

25 同上，頁 8。

26 大衛・波德威爾 (David Bordwell)，何慧玲譯：《香港電影的秘密：娛樂的藝術》(海口市：海南出版社，2003)，頁 293。

27 賈磊磊：〈中國武俠電影的正宗傳人——劉家良導演訪談錄〉，《當代電影》2013 年 9 期，87。

28 同上。

29 同上，頁 88。

30 Gordon Matthew, "Hèunggóngyàhn: On the Past, Present, Future of Hong Kong Identity," in *Narrating Hong Kong Culture and Identity*, ed. Pun Ngai and Yee Lai-man (Hong Kong: Oxford University Press, 2003), 51-72.

31 陳超：〈遠離鄉愁：香港功夫電影中的廣東意象〉，《藝術評論》，2010 年第 4 期，頁 64-67。

32 Lisa Morton, *The Cinema of Tsui Hark* (Jefferson, North Carolina: McFarland, 2001), 82.

33 Igor Kopytoff, "The Cultural Biography of Things: Commodification as Process", *The Social Life of Things: Commodities in Cultural Perspective*, ed. Arjun Appadurai (Cambridge: Cambridge University Press, 1988).

34 這多少解釋到 90 年代一批鬧笑黃飛鴻電影的出現。

在香港和中國之間
——香港粵語電影文化史上的幾個現象

盧偉力

香港浸會大學電影學院

前言

二十世紀三十年代初，中國電影由無聲過渡到有聲，出現了一個很值得深入研究的現象：粵語電影迅速發展，以香港為生產主力。這除了關乎生產技術、市場營運之外，更是一個極為重要的文化政治問題。

民國時期，國民政府著力推動國語，因而有「國語運動」，在 1918 年，更立法禁止民間以方言編寫教科書。[1] 粵語是與國語差別最大的方言，所以當時在華南粵語地區，書寫文字與民間口頭說話之間的差異，有一定文化張力，涉及文化身份認同（Cultural identity）。從這角度看，粵劇在二、三十年代興旺，以及粵語電影在三十年代迅速崛起，可理解為地方對中央政策的回應，是華南文化潛在的主體性建構。

香港人參與第一套由香港註冊公司製作的影片是 1914 年的默片《莊子試妻》（黎民偉編、黎北海導），[2] 但由 1914 年到 1933 年中香港只生產了 17 部默片，不過，自從黎北海（1889 － 1955）拍了香港第一部有聲電影《傻仔洞房》（1933）之後，香港電影很快就向有聲過渡，並且產量大增，1934 年 15 部影片中有 6 部聲片、9 部默片，默片仍過半數，只是一年間，1935 年 34 部片全都是有聲了。此後幾年，香港粵語電影發展很快，1936 年生產 51 部，1937 年更飛躍到 97 部。[3]

香港不單是粵語電影生產中心，更是中國電影生產主力之一，到了三十年代中，粵語電影年產量已超過國語電影，及後，由於日本全面侵略中國，大量文化工作者南下，更使香港的文藝活動空前蓬勃。

有了聲音，香港電影得到長足發展，因為電影上有觀眾日常使用的口語，這似乎說明了粵語跟香港電影有自然的文化地緣。

幾個文化史現象

由三十年代末到八十年代中，香港電影基本上分為粵語與國語兩大類。[4] 總體來看，粵語電影是主流，三十年代年產量就超過一百部，並有五、六十年代與八、九十年代兩個高峰，年產量最高有二百部，而有許多年的產量更連續超過一百五十部。當中生產量的起伏，類型的異同，質量的高低，跟時代變局、社會變遷，甚至國際政治環境、意識型態都有關係。我們先看看以下圖表[5]：

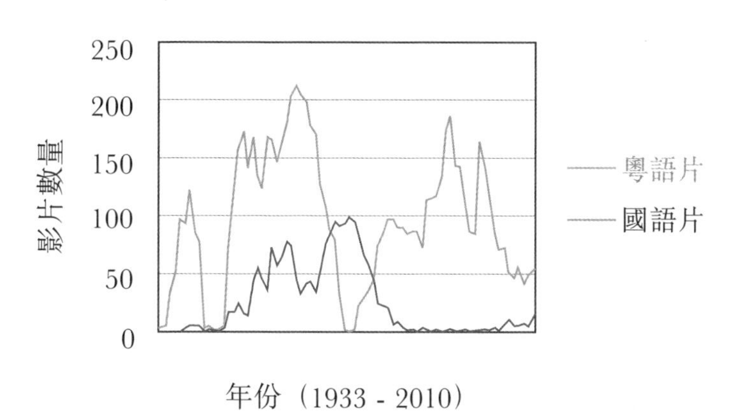

在粵語電影發展過程中，從生產量來看，有幾個重大文化史現象，包括：

1. 三十年代粵語電影迅速崛起
2. 經過戰亂後復甦，形成五六十年代國粵語電影並行，而有粵語電影高峰
3. 六十年代中粵語電影減產至七十年代初曾停產，國語電影在七十年代是主流
4. 八十年代以粵語為主的港產片出現，國語電影停產

粵語電影迅速崛起

三十年代的香港，是作為一個地方多於作為一個獨立的文化體，香港在中國邊緣一角，卻並非自成一角，從政治史來看不是，從文化史來看亦不是。然而，在民族危機前面，三十年代居於香港的中國人，似乎有非常強烈的文化認同需要。

那時的香港人，主要是作為華南地區的民眾，所以那個時期，「華南」是帶有文化聚合的概念，它近涉嶺南，並有珠三角、粵港、省港澳等不同層面的地域關連，遠涉南洋、中南半島，以至世界各地的海外僑胞。

語言是維繫社群的主要因素。有了聲音，電影就成了香港人的主要傳播媒介之一，反過來，這集體心理需要亦模塑了早期香港電影的族群空間 —— 由華南，以及海外粵語華僑所構成的粵語社群。

這亦解釋了為何 1932 年底，當上海聯華電影公司要拓展，計劃成立「海外聯華」時，總經理羅明佑（1900 － 1967）會委託原籍廣東、留學美國、講粵語的導演關文清（1894 － 1995）到美國去聯絡華僑，招股搞有聲電影。「為了迎合僑胞的愛國和思鄉心理，首先選映《十九路軍抗敵光榮史》和《故都春夢》兩片。結果，賣座盛極一時……打下國

片在美洲發行的基礎。」[6]

在美國三藩市，關文清認識了中華會館董事趙俊堯的兒子趙樹燊（1904 － 1990），鼓勵他攝製粵語片，並協助趙樹燊在 1933 年創立「大觀聲片有限公司」（The Grandview Film Company, Limited），拍攝了歌唱片《歌侶情潮》（1933），由新靚就（即關德興，1905 － 1996）、胡蝶影（1911 － 2004）主演。後來，儘管海外聯華一事告吹，[7] 趙樹燊搞粵語片的決心有增無減，1935 年，更移至香港註冊，鋭意拍有聲電影，成為早期粵語片重視技術的一間公司。「大觀公司」找來關文清全力參與，很快取得成績與威信，成立第一年就拍了八部影片，其中包括關德興、李綺年（1914 － 1950）主演的《昨日之歌》（1935）和《殘歌》（1935），據關德興憶述：

> 《殘歌》講一個投軍的（暗示和日本人打仗），被打跛了腳，要退役。後來到了一間茶居，見到眾人醉生夢死，憤怒起來，拍碎了茶杯，唱一支歌，我還記得：「……勸同胞啊……愛國，莫遲疑……。」唱得觀眾流淚，大家爭相捐錢，但他將錢拿來救死扶傷。[8]

有了聲音，電影在敍事、情節推進上不單多了一個維度，在美學上更有了飛躍，觀眾與劇中人的關係，並非只是觀看與被觀看，相反，觀眾因為直接聽到角色説話，更容易與劇中人建立同理心（empathy）。

三十年代中，民族危機日益嚴峻，民族意識高漲，中國人需要發聲，有聲電影長足發展。當時東北已淪陷，由日本人佔領，關文清決計「本着自己所能，盡一點國民義務來救國」，「要寫個劇本來喚醒同胞！」[9] 他拍攝了吳楚帆（1910 － 1993）、李綺年主演的《生命線》（1935），講中國要建設鐵路網，鼓勵青年發憤為國，片中主題曲，慷慨激昂，由吳楚帆主唱：

> 我們生命線，建在奮鬥中，時代車輪動，建國做英雄，我們大眾，大眾一齊來做工，完成鐵路網，南北與西東，不怕困難不怕敵，不怕肩承擔子重，前衛！前衛！衛！衛！衛！
>
> 衝過森林和沙漠，衝過江河及高峰，不怕敵人干戈動，不怕敵人似虎兇，快把生命線來鞏，做一個建國英雄，我們大眾，我們大眾，大家努力向前衛！前衛！前衛！衛！衛！衛！[10]

《生命線》這部影片使「大觀公司」聲名大噪，作品風行省港澳、南洋與南北美洲，使粵語片得到普及。

當時電影的類型已很多樣化，有時裝有古裝，有偵探、武俠、歌唱、社會教育等，但最值得一記的，是在那個抗戰大時代中，香港拍了許多激勵民心的抗敵電影，可以説是一個有時代訊息的「華南電影運動」。

1937 年「七七蘆溝橋事變」，「香港電影公會」號召全體會員共赴國難，香港六大影片公司通力合作，集中了香港主要電影工作者義務拍攝香港第一部正面宣傳抗戰的影片《最後關頭》，1937 年 12 月 29 日首映，1938 年公映。當時亦有一批內地左翼電影人司徒慧敏（1910 － 1987）、蔡楚生（1906 － 1968）等南來香港，拍攝抗戰粵語電影，包括《血濺寶山城》（1938，司徒慧敏）、《游擊進行曲》（1941，司徒慧敏）等。

粵語電影在三十年代崛起，除了時代政治的因素，亦關乎華南大眾的文化生活發展。在粵語地區，二、三十年代粵劇、粵曲非常流行，是一般民眾的主要娛樂，構成了非常獨特的文化氛圍。粵劇班組巡迴演出於省港澳、星馬泰，以至南北美洲，粵劇伶人成為大眾偶像，本身影響甚大。

從媒介生態來看，粵曲興旺成為一種文化力，與留聲機傳入中國、唱片業興起亦有關。學者容世誠認為「唱片工業將中國戲曲變為一種現代媒體」，時間與空間壓縮了，「聆聽的經驗也從現場的集體社群參與，轉變為個人的留聲機的互動」。[11] 不過，尤於聲音是全方位傳播的，留聲機的出現，改變了城市的「聲貌」(soundscape)，在一個總體環境下，人們的心靈有粵語的藝術性弦扣。二、三十年代，在海內外華人社區，街頭巷尾茶室之內會三三兩兩聚集聽曲的市民，此外，日間走在街上，能夠聽到室內傳來粵劇、粵曲藝人的歌聲。空間中流轉粵曲的旋律，對族群情感的維繫起很大作用，有很大文化意義。

當電影與粵劇相遇，觀眾可用較為便宜的票價看喜愛的老倌演出，粵劇文化區迅速發展，激發出大眾文化的強大社會形塑力。有論者認為這是粵劇向中外有聲電影爭奪影院觀眾的策略。[12] 誠然，很多電影老闆都看到這點，事實上，第一套粵語片，就是「天一公司」在上海協助薛覺先（1904 － 1956）拍製的時裝粵劇歌唱片《白金龍》(1933)。由於這電影在星馬、香港和華南大受歡迎，邵醉翁（1896 － 1979）確定了粵語電影市場，「把上海業務交託二弟後，即於 1934 年親領製作主力南來香港」[13]，開拓粵語片市場，由 1934 年到 1941 年，「天一」在香港拍了 91 部粵語電影。

電影有了聲音，衍生了粵劇電影，大批藝人參與，包括薛覺仙、馬師曾、新馬師曾、羅品超、白駒榮、曾三多、寥夢覺、李雪芳、上海妹等，三十年代共有 33 部粵劇電影。[14]

電影有了粵語，直接促成了香港電影第一個黃金時期。由 1935 年到 1941 年 12 月淪陷日軍手上之前，香港總共製作了 585 部影片，其中 567 部是粵語，只有 18 部是國語。[15]

動盪時代中的粵語電影

1941年12月香港淪陷，香港電影工作者不願和日本人合作，粉飾太平，陸續離開香港，留下的也隱身民間，那幾年香港公司並沒有拍電影。

抗戰勝利後，由於很多電影器材已經散失，加上當時中國政府以同化方言為理由，嚴禁粵語片進口內地，令粵語片損失了一個重要市場，製作人不敢貿然投資。1946年，戲院整年都只放映舊片，多為粵語片。到了1946年末，「大觀公司」把抗戰時期在美國拍攝的幾部粵語片運來香港，使香港人在新一年有新片看。

在這個特定的歷史階段，有一件很有趣的事涉及本文所討論關於粵語電影文化政治的，值得記一筆。原來戰後第一套電影「大華公司」出品的《情燄》（1946，莫康時），雖由華南演員吳楚帆、李清（1912－2000）、黎灼灼（1905－1990）、鄭孟霞（1922－2000）、盧敦（1911－2000）及第一屆香港小姐李蘭演出，說的卻並非粵語，而是國語。據盧敦回憶：「因為中國禁止粵語電影，因而要拍國語片……我們的國語對白是不鹹不淡的。不過，拍了出來，賣座也不很差，也許是戰後第一部港產片吧。」[16]

戰後第一部粵語電影是《郎歸晚》（1947，黃岱），由白燕（1920－1987）、吳楚帆主演，當時負責策劃的是美洲片商李榮公司駐港經理李羡棠，安排運往紐約等地公映，希望拓展海外市場以抵銷不能在國內公映的損失，結果電影非常賣座，在整個東南亞都很賣錢，星加坡、馬來亞、越南、泰國等市場給打開了，製片人亦恢復信心，他們寧願放棄中國內地市場，紛紛拍粵語片。

四十年代末中國政治翻天覆地變化，和平後一年，國民黨共產黨就內戰了，形勢發展亦影響香港電影業，大批內地影人南下，包括何非光、卜萬倉、但杜宇、任彭年、舒適、胡蝶、殷明珠等。加上1947年底一大批活躍於日本佔領區的電影人被指為「附逆影人」，包括張善琨、陳雲裳、岳楓、周璇、李麗華、嚴俊、張石川和陳燕燕等，他們都先後來港。所以當時有大量資金南來，構成國語片的藝術基礎與經濟基礎，加上大量南來移民，提供國語片的社會基礎。

戰後，蔣伯英與朱旭華等於九龍城南洋公司舊址辦了「大中華影業公司」，拍了戰後香港第一部影片《蘆花翻白燕子飛》(1946)。此外，李祖永(1903 － 1959)1946 年來港，於 1947 年獨資辦「永華影業公司」招攬大量南來影人，拍攝國語片大製作，例如《清宮秘史》(1948，朱石麟)，盛極一時，亦掀起國語片影業公司的創辦。

國語片在香港的生產正式確立了。1946 年才生產 4 部，1947 年卻飛躍性地生產了 18 部，這勢頭一直發展，自五十年代初到七十年代中後期，每年平均都生產有好幾十部國語片，以下是 1937 年到 1950 年香港國、粵語公映的數量[17]：

	1937	1938	1939	1940	1941	1942	1943	1944	1945	1946	1947	1948	1949	1950
國語片	0	3	5	5	5	0	1	0	0	4	18	18	24	15
粵語片	97	93	123	84	78	3	5	2	1	5	72	128	157	173

香港第一部國語片《貂蟬》（卜萬倉導演）於 1938 年 6 月公映，是在日軍佔領上海之後，明顯是因為中日抗戰後，香港有不少南來影人。

這情況在四十年代末更是值得注意的。中國的政治形勢出現逆轉，國共內戰共產黨漸漸取得勝利，與國民黨實力此消彼長，因而國民黨在一些自己統治的城市嚴密管治，除大量監視民主、左翼人士之外，也開始大量揖捕共產黨人。對於中國共產黨來説，香港在戰後是「一個既不是蔣管區，也不是解放區的『第三種地帶』」。[18] 1947 年 5 月，中共香港分局成立，領導華南的各項工作。此後，大量左翼、共產黨人或共產黨的同情者，陸續南來香港，並在香港開展文化戰線。

值得指出的，是戰後一般南來影人與資金多拍國語片，內容關聯北方，是上海電影業的承接，但有左翼背景的南來影人，反而會在意拍攝粵語片。這反映了四十年代末電影生產上的意識型態運作。

其中，值得研究的是「南國影業公司」。社會關係上，它是左翼的「崑崙影業公司」撤離上海，把資金轉移來香港，由陽翰笙（1902 － 1993）、蔡楚生、史東山（1902 － 1955）、夏雲湖（1903 － 1968）等籌組，但實質上它是由中共南方局領導的一個文化單位。[19] 在那個內戰時代，大家都沒有想到形勢會急轉直下，所以周恩來（1898 － 1976）等南方局領導在那時對華南、港澳、南洋等地似乎有長期的文化戰線佈局，因此，「南國影業公司」既拍國語片亦拍粵語片。由於直接策劃創作、擔任編導委員會主任的蔡楚生是廣東人，在籌備過程，明顯地要拍攝有時代意義而有華南風味的粵語片精品，很講究劇本。蔡楚生或許要向一些南來同志解釋策略吧，他在 1949 年 1 月 28 日發表〈關於粵語電影〉，從語言與地方文化的關聯入手，肯定拍攝粵語電影的策略性，他指出 :「一個地方的方言是由長遠的人文地理所形成的，粵語已有著這樣悠久的歷史，決不是一旦可以同化，也絕不是短期間所能消滅的。」[20]

以當時的創作計劃來看，「南國」是要打算在香港長期運作的，[21] 但因為國民黨敗退得太急劇了，共產黨快要奪取全國政權，南來的左翼文化人陸續北返，準備接管解放區各城市的文化設施與工作，蔡楚生亦於 1949 年中回國內，所以，儘管創業作粵語的《珠江淚》（1950，王為一）很哄動，但在完成四套電影之後，「南國」亦不再運作了，其壓卷作《羊城恨史》（1951，盧敦）展現的意識型態抗爭激情是粵語片少見的。

這條線索後來轉化為香港左派電影。

1949 年中國歷史巨變，中華人民共和國成立，開創了一個非常特殊的歷史局面，中國政治文化分流了。一方面，中國共產黨在內地推行「新民主主義」革命，要將半殖民地半封建的中國改造為走向社會主義的國家；另一方面國民黨退守台灣島，繼續以「三民主義」、「反攻大陸」等為口號，施行黨國式軍管；再一方面，香港和澳門則分別仍然由英國和葡萄牙統治，在殖民地處境中。

1952 年，當整個世界資本主義、共產主義「冷戰」，而中國與美國在韓戰直接交鋒之中，香港殖民地政府對左翼影人作出了非常嚴厲的行動。一月突然遞解包括司馬文森（1916 － 1968）、齊聞韶（1915 －）、舒適（1916 －）、劉瓊（1912 － 2002）等十位左派電影人出境，是極不尋常的政治事件，使左派影人感受到身處殖民地香港的嚴峻狀態。

在二月，當時的左派便提出成立「新聯影業公司」作政治回應，但其創業作《敗家仔》（1952，吳回）是在年底才推出，此後一直主要拍粵語片。根據一些文化史實和口述資料，當時香港的左翼電影工作者曾作過策略發展部署，甚至涉及國家最高領導人。[22] 據說，時任國家副主席的劉少奇（1898 － 1969）支持在香港拍攝粵語片，他認為在香港不能緊盯着國語片，「長遠來看，只有粵語片可以在香港生根發展，所以香港電影工作的重點應是粵語片」。[23] 他這觀點不單有文化透視力，亦直接指導了當時香港左派影人，改變其重國語片輕粵語片的心態，間接影響香港電影的文化佈局。

四十年代末起，大量北方人湧來香港，國語片亦有本地市場，所以專拍粵語片的趙樹燊亦另組「麗兒彩色影片公司」，拍了好幾部國語片。由於國語片觀眾許多是來自上海、北京等大城市，一般知識水平較高，亦有一定經濟基礎，文藝片頗受重視。

相對來說，粵語片的觀眾主要是中下階層，而且自三十年代初粵語片出現之後，有頗多粗製濫造的製作，因而四十年代末，自覺的電影工作者積極改革粵語片，發起了香港電影史上第三次「電影清潔運動」，164 位粵語片電影工作者，浩浩蕩蕩，發出「願光榮與粵語片同在，恥辱與粵語片絕緣」的誓言。1949 年更成立「華南電影工作者聯合會」，旨在團結華南影人，與時代並進。

從文化史的事實來看，「新聯」成立後的製作路線，政治性沒有之前的「南國」強，或許這是配合中共關於香港政策的安排。當時的方針是「導人向上、導人向善」，無害有益如「白開水」24，其淵源或許來自夏衍(1900 － 1995)1948 年發表於《華商報》的一篇文章「國產影片的道路」：

> 在香港和上海，我們希望的就是平平直直，製作一些對世道人心無害有益的東西，與其調子放高而不能暢所欲言，不如調子放低而做一點啟蒙的教育工作。我相信這之間可寫的題材還多，運用之妙，在乎一心……有良心的電影工作者只要不製作使人民精神墮落的影片，提供一些清純、健康、鼓勵人民向上的精神糧食，也就對得住自己的藝術良心。[25]

文化史上，1952 年中以後，香港的粵語片有很重大的發展：「新聯」成立，銳意拍粵語片，與拍國語片的「長城」、「鳳凰」形成了「長鳳新」，香港左派電影；[26]「新聯」以外，當時「中聯」、「華僑」、「光藝」等認真製作的粵語片公司，亦相繼成立了，形成了粵語片四大公司；粵語片的創作與生產的進步，反過來亦驅使原來主要拍國語片的「邵氏」於 1955 年開設粵語片組，培育新影星，包括林鳳、麥基、歐嘉慧、張英才、龍剛、呂奇等，並開拓南洋的粵語片市場。

粵語文藝片的文化政治訊息

1949 年之後，內地很快就以「社會主義現實主義」取代早期中國電影的傳統，發展下來，影片內容或塑造中國現代革命歷程，或歌頌共產黨、新中國，因此，五四新文化運動的啟蒙主義，被強調階級鬥爭的意識型態灌輸所取代。相反，以文化生產狀況來看，香港電影基本遵循市場規律，因而處處隨俗，但凡能吸引觀眾的都可生存，於是，在大眾趣味上有很好的積累，並不斷能拓展題材、開掘類型、探索電影語言。

五十年代，香港無論國、粵語片都非常蓬勃，平均年產共二百部影片。

那個時期的粵語片，類型很豐富，包括古裝歌唱片、功夫武俠片、時裝喜劇、偵探警匪片等等。不過，除了市場運作之外，在時代衝擊之下，香港粵語電影工作者亦有一定的文化自覺，所以那個年代香港亦拍了不少優秀的粵語文藝片和社會倫理片。例如，在社會寫實美學上，五十年代「中聯」的《危樓春曉》(1953，李鐵)、《父母心》(1955，秦劍)等就達到很高的成就。吳楚帆在《中聯畫報》創刊時有一段話很能說明文化自覺：

> 「中聯」成立於1952年11月，那個時期，粵語影片非常蓬勃，在產量上，可以說是戰後的黃金時代，年產三百部以上，但是，儘管產量驚人，如果任其發展下去，則崩潰的危機，必然接踵而來，因為由於產量增加並不正常，供銷不平衡，相對的形成了市場的困難，就只好力求製作成本的減低，必然影响到產品質量上的粗糙和簡陋，因而就不能滿足一向對我們粵語片熱誠愛護與殷切期望的觀眾們的要求，於是營業上就必然遭遇困難了。
>
> 就在這樣的情況之下，眼看着粵語影片面臨危機，我們為了不想辜負了觀眾們的愛護與期望，也由於自己藝術良心的驅使，為了鞏固和提高粵片的藝術水平，在群策群力之下，在社會人士和親愛的觀眾們的鼓舞支持之下，「中聯」就組織成立了。[27]

當時的香港電影，比內地與台灣更特出的一點，是其延續了五四運動以來的新文化運動。證之於當時的粵語片，確實如是。

當時許多粵語文藝片工作者，都是成長於「五四」之後，受新文化思想薰陶的，例如李晨風（1909 － 1985）、吳回（1912 － 1996）、盧敦等，二十年代末、三十年代初曾於「廣東戲劇研究所」附設的戲劇學校讀書，從學於中國戲劇先驅歐陽予倩（1889 － 1962）。因而在文藝片中，除了取材社會現實之外，亦有不少改編自外國文學和中國文學的。

粵語文藝片工作者是有意識、自覺地改編十九世紀中後期外國現實主義作品，以及五四新文學運動以來佳作的。「中聯」創立，把巴金（1904 － 2005）「激流三部曲」搬上熒幕，短短一年多拍了《家》（1953，吳回）、《春》（1953，李晨風）、《秋》（1954，秦劍）。「激流三部曲」得到空前成功，叫好叫座，《秋》更是當年賣座冠軍。此外，「愛情三部曲」：《寒夜》、《火》、《憩園》都在五十年代改編為粵語片，左翼國語電影界，亦先後推出《鳴鳳》（1957，程步高），以及由夏衍編劇的《故園春夢》（1964，朱石麟）。至於曹禺（1910 － 1996），他早期最成熟的四部經典中，《雷雨》（1934）、《日出》（1936）、《原野》（1937），在五十年代就先後被朱石麟、胡小峰、王引、吳回、李晨風等改編為國、粵語片了，最成熟的《北京人》（1941），亦由李晨風於 1963 年公映，以《金玉滿堂》為片名。

粵語文藝片工作者在成長時，多多少少受到中國現代戲劇運動和中國左翼思想影響，似乎要在五、六十年代的香港，延續「新文化運動」的傳統，開展啟蒙主義。

當時，兩岸都沒有這現象。

1949 年中華人民共和國成立後，國、共對峙於海峽兩岸，因此，把中國內地所推崇，或者是身處「新中國」的中國現代文學家的作品改編為電影，就有特別的文化政治編碼。這是很不簡單的，幾乎是政治立場的表態：支持新文化運動、支持新民主主義，甚至支持新中國。

當時香港是英國殖民地，港英政府有意識地平衡左派和右派，對涉及政治的內容很敏感，亦正因如是，非左派人士一般都不會演社會主義中國的當代戲，就是「五四」以來劇作家的戲，由於多受左翼文藝影響，亦盡量避免選演。在五、六十年代香港敢於公開排曹禺戲劇的會被認定是左派，於是，香港戲劇界一直受微妙的心照不宣的壓抑。所以在當年，粵語電影工作者改編「五四」以來左翼文藝作品時，是很強的政治表態。已故香港電影理論家林年同（1944 － 1990）認為這是肯定中國現代政治進步的「新民主主義」藝術實踐。[28]

粵語片高峰期的兩個現象

由五十年代到六十年代中是粵語片生產的高峰，在這期間，粵語文藝片工作者的文化工作是很有價值的。粵語片觀眾一般是普羅大眾，如何平易通俗地，以大眾娛樂形式注入文藝因素，甚至文化訊息，很考功夫。

為照顧大眾趣味，粵語文藝片工作者也會改編通俗鴛鴦蝴蝶派小說，例如張恨水（1895 － 1967）的《啼笑姻緣》上、下（1952，楊工良）、《金粉世家》上、下（1961，李晨風）、《落霞孤鶩》（1961，左几），徐枕亞的《玉梨魂》（1953，李晨風）、《余之妻》（1955，左几）等。

此外，香港粵語電影在通俗文化上亦承載了許多中國傳統文化因素。例如武俠片和功夫片，除了有市場價值之外，更有文化價值；粵劇電影，除了保留了傳統表演藝術，更在美學上有所提昇。

從文化生態來看，當時香港社會正由傳統過渡到現代，以上談及的兩種電影類型，在這時期亦分別衍生兩個重大的背反現象，關乎粵語片文化屬性與認受，很值得思考：

1. 粵語戲曲電影的興衰
2. 武俠電影的歷久不衰

粵劇電影，據香港電影史家余慕雲（1930 － 2006）定義，泛指「影片的內容和粵劇有關的電影」，包括粵劇紀錄片、粵劇戲曲片、粵劇歌唱片、粵劇故事片、粵劇折子戲片、粵劇雜錦片六類；[29] 它曾是香港電影最主要的類型，四、五十年代均佔粵語片產量百分之三十，據余慕雲統計，三十至七十年代粵語片產量與戲曲片比例如下[30]：

	粵語電影	戲曲電影	百份比（%）
三十年代	378	91	24
四十年代	531	160	30
五十年代	1519	515	34
六十年代	1548	193	12
七十年代	171	3	2

從宏觀文化史來看，粵劇文化和藝人是促進三十年代粵語片發展的重要因素，但藝術上乘、電影語言成熟的粵劇電影大概是五十年代中後期才出現，不過佳作很多，並且呈現跟中國內地戲曲電影很不同美學取向。李鐵（1913 － 1997）《紫釵記》（1959）、《蝶影紅梨記》（1959）的鏡頭運用，氣韻生動，人物情感與鏡頭佈局混融，放在同年代的世界優秀電影當中亦不會失色。[31]

粵劇電影在 1960 年代逐漸減產，1965 年只有兩部，整個 1970 年代香港只有三部粵劇電影，而 1980 年代以後則完全再沒有了。表面上是由於有好幾位重要創作人編劇唐滌生（1917 － 1959）、撰曲吳一嘯（1906 － 1964）病故，加上芳艷芬（生於 1928）、任劍輝（1913 － 1989）、白雪仙（生於 1928）等伶人退休，但更重要的是因為香港戰後大眾文化環境改變了，那時一般粵劇電影，從題材到表達手法，都不能滿足新一代觀眾的文化感性。粵劇是作為大眾文化與電影結合的，當它漸漸遠離大眾文化，亦自然離開電影了。粵語戲曲電影的再出現大概會以另外一些機緣，例如藝術片、實驗片、紀錄片。

與粵劇電影一樣，粵語武俠片亦是香港電影重要的類型，在六十年代中以前，平均每年生產數十部。其中關德興主演「黃飛鴻系列」的硬橋硬馬功夫，和以曹達華(1916 － 2007)、于素秋(1930 －) 主演的《如來神掌》系列所代表的古裝武俠，代表兩種基本子類型，是戰後香港文化生活中重要的回憶。

關德興主演的黃飛鴻電影，帶有濃厚的廣東民俗生活想像，具體歷史模糊，而時代在清末而非民國，在五十年代中爆紅，説明了當時的觀眾，仍是帶着一份樸素的感情想像家鄉。「黃飛鴻電影」呈現世界，是他們可以理解的，反而，現實的當代的廣東、當代的家鄉，由於是「社會主義」，並不是所有觀眾都放膽認同的。

隨着香港城市大眾文化發展，居民的生活漸漸穩定，他們從古裝武俠片中體會到更廣闊自由的想像空間。因而六十年代初，古裝武俠片猛然成為重要類型。

五十年代中到六十年代中是粵語片的黃金期，但粵語片六十年代末卻迅速減產，甚至停產，直到 1973 年的《七十二家房客》(楚原) 才復甦。因素卻很複雜，首先是製作力量收縮，抗戰前後一代的電影人陸續淡出，例如堅持認真拍片的「中聯」公司亦於 1968 年結束，粵語片雖然在五十年代末已有好一些新公司，例如「嶺光」、「光藝」等加入製作，並出現了新一代的青春派偶像明是如林鳳、謝賢、胡楓、南紅、陳寶珠、蕭芳芳、呂奇等，但始終未能維持；其次是因為本地國語片興起，用大成本、大場面吸引新一代觀眾；此外，也許是免費的無線電視台於 1967 年啟播，使一般中下階層有了日常的娛樂，而粵語片的本地社群主要是中下階層；不過更主要的，也許是東南亞市場萎縮。

無論如何，在粵語片低潮期過後，粵劇電影已式微，而功夫武俠電影卻大放異彩，甚至「黃飛鴻」這形象，也跨越語言，出現了「國語版黃飛鴻」，並前前後後多次出現少年化的處理，直到 1997 年。這背反現象是很值得探討的，涉及電影類型的文化關聯性問題，亦涉及香港文化史上的「香港本土性」或「香港性」問題，明顯看到香港粵語電影文化屬性的變化。

結論：粵語片·港產片·香港電影

由三十年代到今天，粵語電影出現過兩次停產，亦出現過兩個高峰。如果說第一次停產是因為香港淪陷這外在因素，是歷史環境，那麼六十年代末七十年初從減產到停產，則是內在因素，是文化政治了。

這關乎粵語電影的文化屬性與香港社會的辯證。

粵語電影在三十年代崛起，首先呈現了「華南」作為一個文化體相當廣闊的地理分佈。除了地緣上的珠三角、省港澳之外，文化緣上也遠涉南洋、南北美洲的唐人街。粵語電影體現地方文化多於國族認同，而這地方文化，起初並未聚焦於香港，例如戰後「黃飛鴻電影」盛極一時，那時粵語電影裏的中國文化因素主要偏向華南地區，並非當代的華南，而是過去的華南，回憶中的華南。

早期香港粵語電影，其中一個類型聚焦產是粵劇歌唱片，發展至五十年代中出現成熟作品，有一定藝術水平。這是傳統形式在新載體上的成功實踐，是華南文化潛在的主體性建構，因為地方文化有所發展，直接強化其族群成員的文化認同。

五十年代中國內陸批判地方主義，壓抑廣東的發展，所以五十年代初就籌備的「珠江電影製片廠」好事多磨，要遲至 1958 年 5 月才投入生產，並且產量很少，從 1956 年到 1978 年，「珠影」每年的電影產量不足 5 部。因此五、六十年代的香港是粵語創意文化的生產中心，提供各地粵語僑胞的「華南」想像。

粵語片的第一次高峰，正正是廣義的「華南」族群認同的文化地理還在發展的時候。因此，當「華南」的文化地理開始收縮，甚至有突變，自然就會影響粵語片，這是從文化生態去看這問題。

1965 年 8 月，新加坡脫離馬來亞獨立，把華語（普通話）定為官方語言之一，禁止粵語片進口，使粵語片市場頓時受損。這是影響很大的，前後不到一年間，影片生產有強烈落差。「邵氏」的粵語片組即於

1966年結束，著名粵語片演員曹達華1965年主演二十多部電影，1966年只有四部，而1967年到1970年四年之間，他亦合共只演了四部戲。

文化史上，粵語電影常常受到來自外部的壓抑。四九年前國民政府多次禁止粵語電影，四九年後中國內地只是局部開放某些左派電影，到六十年中東南亞禁粵語片，都使其不得不另謀出路。就電影史來看，有從降低成本入手，有引入青春、歌舞、時裝等元素，亦有關德興回港，再以「黃飛鴻」呼喚觀眾，但始終未能改變大勢。

香港社會變化了，以「華南」族群認同為基礎的「粵語片」似乎也得要改變，才能建設當代的觀眾。

當時香港流行文化亦處於變動中。七十年代，本土文化漸漸發展，粵語電影乘着這股浪，得以再出發。它由「粵語片」轉化為「港產片」，與六十年代末開始幾乎全面佔據香港電影市場的國語片較量。當時粵語電影的文化屬性已經是近香港而遠華南，它伴隨着香港文化想像而發展，於是有七十年代末八十年代初「香港電影新浪潮」，亦有八、九十年代另一次粵語電影的高峰，開始探索帶有香港文化特質的「香港電影」。

香港和內地，是空間觀念，它們基本上是相異的，往返其間離變化的是位移；但香港和中國，卻不單止是空間的觀念，而是文化淵緣、歷史軌跡和現實政治，它們同中有異，異中有同，並非非此即彼、黑白分明的。

在香港和中國之間，可以是文化多元互濟、溝通整合，但亦可以是文化隔阻、點面角力。

1 鍾寶賢：〈雙城記——中國電影業在戰前的一場南北角力〉，黃愛玲編：《粵港電影因緣》（香港：香港電影資料館，2005），頁43。

2 過去曾有一種未定論說法，指1909年香港人參與了外國人布拉斯基

(Benjamin Brosky) 拍攝的短片《偷燒鴨》,但近年經香港電影文化前輩羅卡考證,確定香港第一套電影是《莊子試妻》,完成於 1914 年。見羅卡:〈再論香港電影的起源 —— 探研布拉斯基、萬維沙、黎氏兄弟及早期香港電影研究的一些問題〉,黃愛玲編:《中國電影溯源》(香港:香港電影資料館,2011),頁 32 - 50。

3 香港電影資料館:《港產電影一覽 (1914 - 2013)》,www.lcsd.gov.hk/CE/CulturalService/HKFA/form/7-2-1.pdf,(2013 年 10 月 30 日)。

4 由於特殊歷史環境,這五、六十年代香港亦生產了不少廈門語和潮州語電影,供應海外市場。

5 據香港電影資料館:《港產電影一覽 (1914 - 2013)》繪製,下載日期 2013 年 9 月 15 日。

6 關文清:《中國銀壇外史》(香港:廣角鏡出版社,1976),頁 136。

7 據關文清:《中國銀壇外史》,「海外聯華」告吹,跟羅明佑反對在香港拍粵語片有關。

8 李安求、葉世雄編:《歲月如流話香江》(香港:天地圖書,1989),頁 116 - 117。

9 關文清:《中國銀壇外史》(香港:廣角鏡出版社,1976),頁 197 - 198。

10 關文清:《中國銀壇外史》(香港:廣角鏡出版社,1976),頁 202 - 203。

11 容世誠:〈「聲光化電」對近代中國戲曲的影響〉,李少恩、鄭寧恩、戴淑茵編:《香港戲曲的現況與前瞻》(香港:香港中文大學音樂系粵劇研究計劃,2005),頁 369。

12 王建勳:〈從兩個「黃金時代」談粵劇劇團的體制〉,李少恩、鄭寧恩、戴淑茵編:《香港戲曲的現況與前瞻》(香港:香港中文大學音樂系粵劇研究計劃,2005),頁 132 - 135。

13 鍾寶賢:「雙城記 —— 中國電影業在戰前的一場南北角力」,黃愛玲編:《粵港電影因緣》(香港:香港電影資料館,2005) 頁 46。

14 王建勳:〈從兩個「黃金時代」談粵劇劇團的體制〉,李少恩、鄭寧恩、戴淑茵編:《香港戲曲的現況與前瞻》(香港:香港中文大學音樂系粵劇研究計劃,2005),頁 134。

15 香港電影資料館:《港產電影一覽 (1914 - 2013)》。

16 李安求、葉世雄編:《歲月如流話香江》(香港:天地圖書,1989),頁 125 - 126。

17 據香港電影資料館：《港產電影一覽（1914 － 2013）》製作，表中數量是公映數字，實則 1942 年至 1946 年香港未有拍片，不過，從這個表可看到 1947 年是香港電影恢復生產的正式開始。

18 《方方、尹林平致中共中央社會部電》，1947 年 8 月 2 日。轉引自江關生：《中共在香港 - 上卷（1921 － 1949）》（香港：天地圖書，2011），頁 205。

19 江關生：《中共在香港 - 上卷（1921 － 1949）》（香港：天地圖書，2011），頁 207。

20 蔡楚生：〈關於粵語電影〉，《大公報》，1949 年 1 月 28 日。

21 蔡楚生在當年的日記中，記錄了 1949 年上半年「南國」的籌組，華南影人盧敦是常見之名字，盧敦在香港人脈廣濶，並正參與籌備華南影人的聯誼會，似是「橋樑」角色。見蔡楚生：《蔡楚生文集》第三卷日記卷（北京：中國廣播電視出版社，2006），頁 248-278。

22 據有份參與籌組「新聯」的盧敦説，是國家直接斥資辦「新聯」的。

23 何思穎編：〈黃憶〉，《文藝任務 新聯求索》（香港：香港電影資料館，2010），頁 167。

24 這「白開水」理論，我於八十年代訪問盧敦時，已聽他常提及、強調。

25 夏衍：《夏衍電影文集》第一卷（北京：中國電影出版社，2000），頁 252。

26 「鳳凰影業公司」由一批留港左翼南來影人於 1952 年 10 月成立，專拍國語片，前輩上海電影導演朱石麟指導藝術創作；「長城電影製片有限公司」1950 年 1 月改組，為香港左派電影的最初代表。

27 吳楚帆：〈《中聯畫報》創刊詞〉，1955 年 9 月。

28 林年同：「戰後香港電影發展的幾條線索」，林年同編：《戰後香港電影回顧：1946 － 1968》（香港：市政局，1979），頁 10 - 11。

29 余慕雲：「香港粵劇電影發展史話」，《第十一屆香港國際電影節・粵語戲曲片回顧》（香港：香港市政局，1987），頁 18。

30 同上。

31 盧偉力：「香港粵劇電影美學向度初探 —— 論李鐵戲曲電影的情韻」，周仕深、鄭寧恩編：《粵劇國際研討會論文集》（上），（香港：香港中文大學音樂系粵劇研究計劃，2008），頁 205 - 217。

生活空間

香港電視廣告文案中香港口語的某些表象 (1990s-2000s)

曾錦程

香港理工大學設計學院

引言

90年代後期至2000年初期，香港廣告界出現了一些新的景象：在廣告中引用大量幽默手法；這些幽默手法，跟從前的廣告很不一樣。這些廣告引起了很大迴響，部分更被認為太過「出位」，不但被投訴，甚至被禁止播放；但也有不少人認為這段時間的廣告創意其實很高，而且很能夠把握當時香港人的心態，是時代的經典。也許我們會發現，直到近期的廣告，其實也有不少還帶着上世紀幽默廣告的影子，可見其影響力之大是不容置疑。為何這些幽默廣告有這麼大的影響力？也許我們要先從文獻中了解何謂幽默，以及其對廣告或文化上的意義。

文獻探討

幽默的本質

Avner Ziv認為幽默是「泛人類的」(panhuman)(Ziv, 1988)，即不論在甚麼地域，處身甚麼時代的人類，都可以擁有幽默感。那麼何謂幽默？如何定義幽默？歷來學者都有不同解釋。有些學者更說幽默沒有完整的定義(Weinberger and Gulas, 1992)。倘若它並無完整的定義，那何以我們肯定它是泛人類的？我們先就 Freud 對幽默解釋入手。

很多有關幽默的文章也引述 Sigmund Freud 對幽默的解釋：Freud 認為「幽默在人生中是無處不在（pervasive）」（轉引自 Lee and Lam, 2008），它是「情感衝動的自衛與緩衝，是潛意識的衛兵，當個人遭受挫折時，以幽默作為自身防禦的武器，轉移注意力，解除過度緊張的精神狀態」（轉引自李培蘭，2002）。的確，Freud 的幽默解釋，能助我們理解幽默活動與其背後潛藏動機的關係。而且，比起一些以幽默特徵來解釋幽默的做法，Freud 的解釋來得較具普遍意義。但 Freud 解釋是於人的本質上普遍（人的本質上皆具有潛意識，而很多有關自身防禦的需求也會潛藏在這潛意識內）而非幽默這活動的普遍定義。何以這樣說？我們可要設想一些例子來說明：Freud 認為人在挫折時，有保護自身的需求，並以幽默活動作為防禦武器，但這解釋未必適用於在安全和舒適的環境下，如家庭聚會，為何我們也會進行一些幽默活動。若以「潛意識的衛兵」作為解釋家庭聚會中的幽默活動，恐怕說服力不高。因此，若我們要借用 Freud 的幽默理論時，要當心，切忌把「潛意識的衛兵」曲解為幽默的普遍定義。

那麼幽默有普遍定義嗎？李培蘭指出，在現時最廣為人所接受的一套對幽默的定義是「將幽默與否由閱聽人的主觀感受來決定，也就是說，是否使閱聽人感到有趣（funny）或愉悅（entertaining）」（李培蘭，2002）。這樣的說法指出，能使閱聽者感到有趣或愉悅就是幽默，否則就不是幽默。但像這樣逼出一個最具普遍性的定義來解釋幽默本質，卻走向另一種極端。首先，只把有目共睹的成功個案作盤點，並抽取其最基本形式作為定義，這樣來解釋幽默，我們只能「知其然，而不知其所以然」，對於何以幽默得以成立，未能作出解釋，或對於幽默這活動當中意義理解，未能提供較大的幫助。再者，由於未能提供一個較整全的解釋，單從閱聽人的反應作定義，這樣的定義其實存在缺憾：如當發放訊息者本身並不打算發放幽默訊息，但卻令閱聽者聯想起一些可笑的回憶，因而發笑，這樣還算是幽默嗎？若定義的目標是為找出普遍定理，從而把事情的界線釐清，這樣我們會發現李培蘭的解釋未能成功地把所有疑似幽默現象清楚地界定。

在近代，卻有一些學者對何謂幽默作出另一番解說。Marguerite Wells 提出幽默「其實是被文化所制約着，若當幽默與這法則決裂，就不能再被視為幽默」[1]（轉引自 Liao Chao-chih, 2001, p7）。這即是說文化是幽默活動的必要條件，理解幽默是不能把它從它背景抽離閱讀；反之，要把幽默與它的背後文化脈絡作一拼來閱讀，才能理解這幽默活動的整體機制。Wells 簡短而清晰的指引，有助對幽默的研究。一方面，它可以解釋何以學者一直以來覺得幽默難以有一個明確的定義；而另一方面，又可解釋何以一些笑話，我們覺得可笑，但在另一個時空下的人可能覺得不可笑。如 Irina Six（2005）的研究中，提出有關美國當時非常流行的笑料（gag），不單在俄羅斯不被受落，而且更帶來很多反效果。這表示幽默成功與否，與文化差異及不同價值取向，有着重大關係（Hatzithomas, 2009），這例子正好支持 Wells 的論點。

換言之，一種抽離時空和文化脈絡的幽默解釋是無力的；反之，解釋幽默必須要把它帶回到文化脈絡中作一併地閱讀，只有經過捕捉當中蘊含的文化意義，才可能見到幽默的本質。

廣告和社會大眾文化之間有複雜而緊密的互動

李培蘭（2002）提出「廣告和社會大眾文化之間有複雜而緊密的互動」。廣告一方面是「反映社會潮流的文化產物」，另一方面，則「不斷的透過媒體的傳播影響文化，改變了文化的意義」，「形塑了現今社會」。因此，廣告與流行文化之間有着「緊密的互動」關係。因此，李培蘭認為廣告內容和方式，是「反映了特定時空下的文化特徵」，而且它是「意義的文化指標」。（李培蘭，2002）

Grant McCracken（1986）也同樣認為任何「廣告皆與其同時的社會

文化脈絡息息相關」。McCracken 的重點，在於文化元素如何演化為廣告中商品的符號。他説「每個廣告皆掌握了其所處的文化框架中某些元素，作為據點。廣告挪用了這些文化元素，以及其涵蓋的意義方向及系統，以視覺設計及語言修辭策略創造並重組，使商品變成符號，由此也將這些文化元素轉移成為商品的意義及價值的界定或解釋。」他更提出「廣告與大眾慾望」的關係，他説「商品牽涉或背負了某些社會上共同支持嘉許的『意義』，由此而使受眾感到被推銷的商品乃是『大眾慾望的對象』」。（McCracken, 2002）

廣告是文化一個重要載體，也是社會中部分文化元素符號化後的結果。廣告與文化有着緊扣關係，若我們從廣告分析，尤其是解構它與大眾文化脈絡之間的關聯性，多少可助我們見到這文化的側面。另一方面，若我們想理解幽默的本質，從幽默廣告這個載體出發，因應它與文化緊扣的關係，更能助我們具體地捕捉幽默的涵意。

幽默廣告的效力

李培蘭（2002）就幽默對廣告效果的研究中，嘗試把三十個研究個案作綜合，並表列出七項幽默對廣告效力的討論結果，當中包括（1）「注意」、（2）「認知 / 理解」、（3）「記憶」、（4）「喜好度」、（5）「來源可信度」、（6）「説服」、（7）「購買意願」。李培蘭的研究發現，幽默只有對（1）「注意」和（4）「喜好度」效果是一面倒的正面（對於（7）「購買意願」結果也是正面，但有些學者提醒這項的前提是要考慮到訊息的曝光次數、受眾立場、訊息長短等因素）。

Marc Weinberger and Charles Gulas（1992），也有就幽默對廣告效力作出類似的研究。Weinberger and Gulas 就二十年前 Sternthal and Graig（1973）對幽默廣告效力的研究報告，進行一個檢討，他們嘗試綜合這二十年間三十個市場研究的結果，來檢視 Sternthal and Graig 對於（1）「幽默與注意力」（2）「幽默與理解力」（3）「幽默與説服力」（4）「幽默與可靠性」(5)「幽默與喜愛度」,這五點關於幽默對廣告的效力討論是否成立。最後結果,與李培蘭研究結果大致相同,當中只有(1)「幽默與注意力」及(5)「幽默與喜愛度」的研究結果是正面的。

然而,只能概括地得知幽默在廣告中的主要效力,實在未能滿足把研究工作作為市場策略指導的目標,所以必須要另找出可能達至廣告成功的關鍵。因此,有些學者意圖把不同類型的幽默廣告分類,進而找出不同類型的幽默廣告,與不同類型社會之間可能存在的契合:有的把幽默廣告按內容作分類,如McGhee(1972)把幽默廣告分為「挑釁性型」(aggressive)、「色性型」(sexual)和「無厘頭型」(nonsense);有的則按技巧作分類,如Kelly and Solomon(1975)把幽默廣告分為「俏皮話」(a pun)、「心照不宣」(an understatement)、「笑話」(a joke)、「滑稽笑話」(something ludicrous)、「諷刺」(satire)、「冷嘲」(irony)和「幽默動機」(humorous intent),但這些分類法都過於強調表面形式,並未能幫助本研究把幽默廣告帶回文化脈絡,對文化符號作深入理解。

直至S. P. Speck(1991)引入「幽默訊息分類法」(humorous message taxonomy),幽默廣告的研究才更為立體。廣告是訊息傳達,是廣告人在高度意識下精心設計出來;幽默廣告形式如何、訊息又如何發放,都是有賴意向與手法相配合,讓訊息得以被觀眾所閱讀。Speck把廣告手法分為三類:「失諧—解惑」(incongruity-resolution);「順勢喚起」(arousal-safety)和「輕蔑式幽默」(humorous disparagement)。現在試作簡單的說明:

「失諧—解惑」是以「引入另一個不同的視點,讓結集起來成就兩套明顯不同的刺點[2]」(Lee and Lim, 2008),而這些刺點並非在觀眾的預期中,因此引起觀眾發笑(Hatzithomas, Boutsouki and Zotos, 2009);也有學者認為只是「失諧」,不足以帶來幽默,必須配以「解惑」,才有一種「問題解決的歷程」而覺得可笑(李培蘭,2002)。

至於「順勢喚起」,是以「人對事物的好奇或不合理所產生的壓抑情感需要獲得釋放，釋放後可獲得愉悦」(李培蘭，2002)，李培蘭指它是「溫暖」的，並且是一種「移情作用」(李培蘭，2002)。

「輕蔑式幽默」則是指對「他人（unaffiliated）表現出來的笨拙、醜陋會產生一種比較的優越感和勝利感」(李培蘭，2002)，因為比他人優越而覺得可笑。也有學者更詳細地解釋當中的三角關係：「説笑者」(joke-teller)、「笑話聽眾」(joke-hearer) 及「受害者」(victim)（即被笑的對象），當「説笑者」攻擊（即取笑）「受害者」，這「受害者」不論是否在場，「笑話聽眾」都在幽默中都得到獎賞，因此「笑話聽眾」其實是「説笑話者」的「共犯」(accomplice)，但「笑眾」的參與攻擊卻能得到赦免 (Hatzithomas, Boutsouki and Zotos, 2009)。

Speck 的「幽默訊息分類法」廣泛地被其他學者引入作研究。當中 Yih H. Lee & Elison A. C. Lim (2008)，也借用他的「幽默訊息分類法」討論有關幽默廣告的成效，並試圖延伸為一個跨文化的研究。Lee and Lim 更套用 Hofstede(1983) 的個體主義—集體主義的理論 (individualism-collectivism)，以此理論辨認出個別研究對象的個體或集體傾向，並找出不同傾向的對象應配以哪類幽默訊息才會有較佳效果。其實 Lee and Lim 側重處理 Speck 與 Hofstede 這兩理論層面的對話，而未能完全發揮實證研究的意義。翻譯幽默廣告，總是困難重重，Lee and Lim 怕因而導致研究對象沒法理解廣告內容，因此，盡可能挑選文化背景接近和沒有語言差距的研究對象，以迴避翻譯上的困難；並且放棄對「幽默訊息分類法」中最能反映因文化差異的「輕蔑式幽默」作研究。因此，此研究結果可能只反映個別人士在個體或集體上傾向，而在於文化上，卻是沒太大代表性；簡單來説，即是削弱了其研究作為對跨文化研究的意義。其實，Lee and Lim 文章開端引用過 Linda Francis(2004) 的理論。Francis 提出幽默是「in-group 現象」(Lee and Lim, 2008, p71)；翻譯 in-group 實在有點困難，in-group 不只是進入羣組的意思，還包含很多心照不宣的約定，例如，希望享有特權而招來主動參與、提高入會的門檻來強化「會籍」的優越感、因這「會籍」的優越感可排斥非我族類……筆者只好選用「會員制現象」作為翻譯。Francis 提出只有「成員得以鑑賞幽默，而非成員就不能」（Lee and Lim, 2008, p71），這助我們把握幽默活動的精髓——幽默總是只讓具有相同文化背景的「成員」閱讀，也就是「會員制現象」中成為會員所享有的「特權」和「優越感」。若按 Francis 理論思考幽默廣告，廣告中不可能被翻譯的部分，正正是「會員制現象」中「會員」可享有特權的特徵。即是說，若以實證方式對幽默廣告作研究，文化差異性帶來的張力，或廣告中的特殊性，應該是研究人員重點辨識的部分，而非作為迴避的部分。

至於 Hatzithomas, Boutsouki and Zotos（2009）也把 Speck 的理論作跨文化的研究，以希臘和美國的電視廣告作比較，從廣告的特徵來分析兩地文化的不同，再引用 Hall（1976）的 High/Low Context Theory，比較兩地的文化脈絡性。Hatzithomas 的假設和結論，只偏重指出希臘在於文化脈絡性較美國為高，至於幽默廣告如何呈現兩地文化之獨特性，則沒作更深入探討。

Speck 的理論對幽默廣告手法的分類，具一定的前瞻性。然而，研究幽默廣告與文化的關係，單單分析其手法或意圖是不夠的，我們還需要一些具有更後設意味的分析，就是要對文化素材的分析。例如我們要知道何謂「幽默訊息分類法」中的「失諧」，就得要事先知道在這文化土壤上，有甚麼不同視點或不同價值，再把他們湊在一起，才可能製造張力；另外要製造出「輕蔑式幽默」，就得要先知道在這文化土壤上，哪些是可被輕蔑的他者，或 Francis 所指的「非會員」，才可能正確地指出目標，引來發笑，等等。Nevo（2001）也認為文化偏好可能影響特定的內容和對「失諧解惑」的知覺，和「對驚奇等元素的解讀方式。每一個文化對於甚麼是適當的幽默有自己的價值、規範、不成文規定，而會對幽默的內容、目標、形式有決定性的影響」（轉引自李培蘭，2002）。可見得，只有回到文化的層面，辨識文化之獨特性，才有可能閱讀出幽默廣告的意義。

除了 Francis 提示我們幽默其實是一種「會員制現象」，Edward T. Hall（1976）的「高密度 / 低密度文化脈絡理論」（High/Low Context Culture Theory）更有助我們對「會員制現象」的內部機制，作伸延閱讀。Hall 從（1）「社羣導向性」（2）「承諾」（3）「責任」（4）「對質」（5）「溝通」（6）「應對新環境」六個方向來指出不同社羣有着不同密度的文化脈絡。在一些高密度文化脈絡社羣，「人與人之間相互投入，構成等級制度，個體內在感受被自我控制，而信息卻廣泛交流，簡短信息卻包含深遠意義」（Kim, Pan and Park, 1998）。對於「社羣導向性」這點，Hall 指高密度文化脈絡下，很重視把「圈內人」（insider）與「圈外人」（outsider）區別，這正是 Francis 所指的「會員制現象」。尤其 Hall 所指高密度文化脈絡下的「溝通」模式，正好配合我們的討論幽默廣告這個高度重視「會員制度」的活動內容，並分析當中的文化素材。（至於「承諾」、「責任」、「對質」、「應對新環境」等討論部分，並未適用於幽默廣告分析。）

Hall 指出高密度文化脈絡下，人的關係性被重視，「社會等級」（social hierarchy）和「準則」（norm）在這脈絡下廣泛流傳，訊息傳達方面如「用字」、「句子」和「句法」，若單獨去看，其包含信息是很少，必須要回到脈絡中才能解讀。相對於低密度文化脈絡，高密度文化脈絡的訊息是較為「經濟」（economical）、「快速」（fast）、「有效率」（efficient）和「令人滿意的」（satisfying）（Kim, Pan and Park, 1998）。

Francis 與 Hall 對幽默與文化脈絡的理解，有助我們把握幽默與文化之間的緊密關係。用幽默廣告推銷產品，其成效有很多學者還有所保留；但在文化研究上，幽默廣告，則很能夠幫助我們把握文化的某個面向。至於香港這個小小的地方，它在文化上的特殊性又是甚麼？又何以從幽默廣告的表象中發掘出來？或我們應從何入手，來理解香港式幽默？

從周星馳電視電影中的突破，看港式幽默的特殊表象

理解香港式幽默，實在不可能不提周星馳。周星馳的電視或電影，在香港幽默文化上佔有重要地位，開創了很多言語的笑料，變成廣泛流傳的金句，影響力之大，不單只是香港的近代喜劇，更深入不同文化層面。本研究要探討的幽默廣告，正正是深受周星馳電影的影響。為何周星馳的電視或電影會這麼討好香港人？當中成功的因素又是甚麼？若要理解周星馳的成功因素，我們可先看一下別人如何把他與其他喜劇明星作比較。

曾有人揚言鄭中基是周星馳第二，或甚至認為鄭中基可以取代周星馳的地位。如陳濱也曾比較二人的幽默元素：

「先說表情，周星馳的面部搞笑功夫其實是最差的，他剛入行的時候就被人評為"表情呆板"，所幸的是他一張大嘴往往能作出滑稽的"癡呆狀"而引人發笑。而鄭中基雖然其貌不揚，眼睛尺碼與星爺相比甚遠，但是他的眼、鼻、嘴、眉都能作出極其誇張的表情。再說肢體，搞笑離不開肢體語言，不僅要求醒時要入神，搞怪時也能出神。《喜馬拉雅星》中大量的瑜伽動作要求演員有非常多的誇張動作。……相比星爺注重形體而不注重肢體的喜劇，鄭中基說，自己的這一優勢更能博人一笑。」（陳濱，《大紀元》，2005）

對於陳濱來說，肢體動作應該最能令人發笑，既然周星馳在表情及肢體動作上不及鄭中基，陳濱因此就認為鄭中基比周星馳較優勝。可是，直到現在，我們似乎未見鄭中基取代了周星馳的地位；再者，周星馳成功要素，幽默所在，並非在於他的肢體語言，而是在於他言語的運用，這點似乎是陳濱所不明白的。肢體的語言（body language）其實相對與言語（verbal language）是較為普及世界，及較容易被跨地域文化解讀；但在 Francis 的理論底下，我們明白到其實幽默並不等同於滑

稽，幽默強調的是「會員制現象」，它的對象是「會員」，而非「世界人」，更何況「去世界化」正正就是它真正的本意；只讓那些少眾的「會員」能夠欣賞，才是幽默最矜貴、最討人喜歡之處。

Linda Lai（2001）曾對周星馳電影作分析，當中言語幽默的用語分析相當恰當。她認為周星馳最具感染力部分，是他開創了不少廣東口語。這些口語「不單把廣東話從普通話中區分出來，甚至把香港的廣東人從非香港居住的香港人，如流散在星加坡、馬來西亞、廣東省、加拿大等等香港人也區分出來」[3]。Lai 更指出這些周星馳式口語，是「不能被寫下的語言，或這些口語甚至於不能被翻譯」[4]；不易理解又不能記錄，能完整理解這些口語，就只可能是那些「跟貼着當下平民大眾日常生活」[5]的香港永久居民才可享有的「特權」（privilege），只有這些香港人才會以「最新近的知識」（up-to-date knowledge）來閱讀這些當代語言及了解其運作模式。換言之，除了「地域性」，Lai 的說明令我們明白「時間性」也很重要，這是周星馳式口語的重要特徵。Lai 的研究，一方面助我們了解周星馳如何以自創的口語作為他的幽默策略；另一方面 90 年代後期香港出現大批幽默廣告，當中呈現了不少口語的表象，Lai 的研究實在有助我們對這些表象作出深入的探討。

SUNDAY 廣告的玩味

在 90 年代後期至 2000 年初，香港電視廣告也同樣出現了一個新突破，當時出現以 SUNDAY 流動電話網絡為首的一批創新的幽默廣告；這些廣告不單被大眾受落，而且廣告中的幽默手法，直到現在還是影響着香港廣告的手法。當時香港流動電話網絡一時間由三個增加至七個，SUNDAY 是當中最遲在市場推出，而且是財力最弱和經營經驗最淺的公司。為求使這新產品能打入市場，SUNDAY 希望用廣告吸引用客，因此很強調廣告的創新性，及廣告對大眾的吸引力。果然，SUNDAY

廣告在廣告界成為了一個神話。根據當時其中一位創作人林永強所言，SUNDAY 在短短幾年間製作了近百支的電視廣告及數以百計的平面廣告，不單只為當時廣告公司「天高廣告」(BBDO) 帶來龐大的收益，更為該公司帶來國際及本地廣告獎項約有兩三百個之多。可是，由於 SUNDAY 的經營最終未能持續，在「市場學的角度來說，SUNDAY 卻常被評為失敗案例」(林永強，《小強廣告 100 招》，2009 年)。然而，廣告中的嶄新思維，實在能成功地吸引大眾，加上這批廣告在各層面的影響力又是無可置疑，作為研究 90 年代後期至 2000 年初的香港文化，SUNDAY 廣告的案例，實在具有高度研究價值。

其實 SUNDAY 廣告，並不是全部採用幽默內容，例如 1999 年 2 月 1 日以《SUNDAY 獨立日》為主題，對在同年 3 月 1 日實施可攜流動電話號碼作宣傳；其後也有《達爾文進化論》對公司的進步觀念作宣傳。雖然 SUNDAY 早期的廣告也有一定程度創新，尤其《SUNDAY 獨立日》令人印象深刻，但最顯現出其獨立個性以及道出其如何開創廣告與文化先河的，應該要數一批帶有香港幽默特色的廣告。現在分析一下當中的玩味：

諧音玩味

最普通就是「諧音玩味」，所謂「諧音玩味」就是拿一些與廣東話的同音字或近音字作互換；互換之後，新字中的元素，與本來文字並列，組合成新詞語，令意思曖昧、意境矛盾混亂。如《月費計劃任轉 !(毒龍鑽篇)》(2002)（見圖一），以「轉」與「鑽」同音作互換；《國際漫遊》(見圖二）的廣告中，以老人家慢動作游泳的「慢」來替代了漫遊的「漫」字。《豪傑三子桃源結義—機不可失》(2001)，以英文「gay」字與「機」字同音作互換，片中三位男性主角動作帶同性戀意味，片中有具宣傳意味讀白「我地豪傑三子雖然不能同一分鐘生，但願能同一分鐘……」接續結尾「毫三子，一分鐘」字幕等等。但這樣，只能突顯出廣東話與普通話之間的分別，但未能把「住在香港的香港人」從其他地方居住的廣東人（或香港人）中突顯出來。

圖一《月費計劃任轉！(毒龍鑽篇)》

圖二《國際漫遊》

集體回憶的符號玩味

另一種是「玩集體回憶」。《儲值卡比武篇》（2001）（見圖三）和《儲值卡鬥快滾落山》（2000）（見圖四），帶有在香港 60、70 年代膾炙人口的日本劇集的影子，前者為《盲俠座頭市》、後者為《超人》。又如《毫七子一分鐘》(2000)(見圖五),具有香港舊日兒時玩味,取笑日本人的名字:日本人的名字,在香港人的印象中是多出一個「子」字。至於「鐘」,則與香港人常用的名字「宗 / 中」同音。「毫七子,一分鐘」,用它來作語言小玩意,只有在香港長大的香港人才能明白。《夜班的士司機撞鬼 —— 平到你驚》(見圖六),「紅衣女鬼」與「夜班的士司機」作為鬼故事的絶配,當中的符號意義,只有土生土長的香港人才能把它完整地閱讀出來。至於《太空奶》(2000)(見圖七)運用符號更為明顯:屋邨男孩文化水平低、見識少,對電影一知半解,但對色情電影又滿是幻想;故事描寫他們為了要看電影「太空奶」,如何用他們有限的勞動力來「賺錢」,但最後卻又是一場誤會。此類幽默中,滿載「舊香港」的符號。還有《扮竹葉青廣告》(1999)(見圖八),當中以 70 年代播放率很高的竹葉青廣告作背景,最後一句「你 cheap 我都 cheap」更能反映出對市井文化的偏好。至於《增值儲值卡豬欄鐵鉤版》(2002)(見圖九),豬欄本身就是一個滿載市井或江湖文化符號的地方,當中對白借用了很多本土黑社會或江湖術語:「做嘢」、「着數」、「廉記」。香港電影自 80 年代《英雄本色》起,很多以描繪黑社會或江湖生活為題材(直到現在也有這現象),當中創作了很多「講數」場景,和引入很多江湖述語,若非貼近香港大眾娛樂,不容易作出會心微笑。

圖三《儲值卡比武篇》

圖四《儲值卡鬥快滾落山》

圖五《毫七子一分鐘》

圖六《夜班的士司機撞鬼—平到你驚》

圖七《太空奶》

圖八《扮竹葉青廣告》

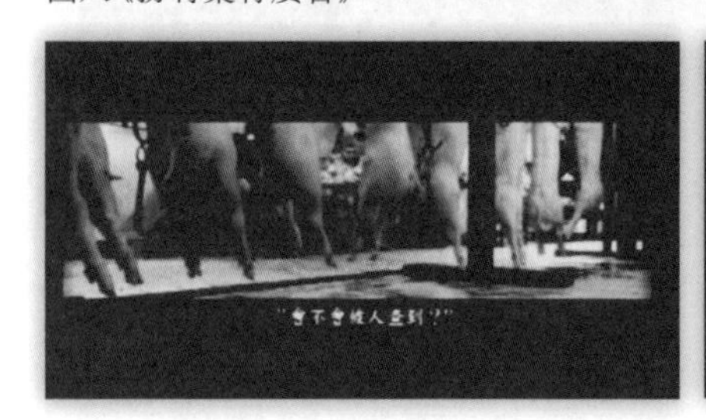

圖九《增值儲值卡豬欄鐵鈎版》

這類 SUNDAY 廣告把握着香港人的集體回憶；所謂集體回憶其實是香港人對「舊香港」普羅大眾文化的留戀。Linda Lai 認為這類文化在香港享有特權，它「享有用作解釋何謂社羣的特權」(privileged hermeneutic community)(Lai, 2001)；因此，能解讀這些廣告，不單單顯現出香港人的身份，更顯現出他 / 她是香港長大的香港人身份，共同擁有這種對「舊香港」普羅大眾文化的留戀。能閱讀這些廣告，已經相當接近 Lai 或 Francis 所指的「圈內人」(insider)，但 Lai 對時間上的要求是「無時無刻」，單單是「舊香港」或「集體回憶」未能滿足於緊貼社會脈搏。再者，雖然這些文化符號只有「在香港居住的香港人」才特別有感覺和充分掌握，但這些幽默是以畫面來表達，並沒有構成翻譯上很大的困難。我們可以想像這些廣告若翻譯成英文，外國人看了也未至於「一頭霧水」，只有理解程度上的不同而已。至於「會員制」這類遊戲，入會門檻越高，所帶出的優越感就會越高；「不能翻譯、不能書寫及記載」的廣告口語(Lai, 2001)，給予「圈內人」(即香港人)的滿足正正就會越高。SUNDAY 也有另一批廣告，表現出其創意力、獨特個性及對文化的衝擊。

反修辭法的玩味

受周星馳文化的影響，其中《誰的 SUNDAY —— 十個 SUNDAY 用戶九個靚仔》(1999)，當中談及的「靚仔」，其實是呼應周星馳主演，李力持導演的賀歲電影《行運一條龍》(1998) 中的名句 ——「我告訴你，溝女的方法只有兩個字 —— 靚仔」。《月費減至 $88 的街頭訪問記者打人》(1999) 廣告中，採用當年香港流行的街頭報導方式。片段的呈現手法可說是「無厘頭」—— 最後一個被訪者 (即 SUNDAY 代表) 以官腔回答，彆扭、陳腔濫調，因此受到暴力對待。比此廣告還早在熒幕上出現，以周星馳、張柏芝演，李力持導 (1999 年 2 月) 的《喜劇之王》，也有相似的場境：當中柳飄飄 (張柏芝飾) 與尹天仇 (周星馳飾) 在社區中心的對話，尹天仇說話總滿是文化人的矯揉造作，但柳飄飄就總是以直接而粗俗說話作回應，最後更還引來柳飄飄對尹天仇的毒打。這一類廣告，捉緊了周星馳式文化意義，並且理解到他的獨特個性和他的香港玩味。SUNDAY 廣告就這樣，引用這種香港言語玩味作為幽默廣告策略，發展出一套具創意幽默廣告文化。現在我們以「盲喻」、「語義平面化」、「去符號化，顛覆文明價值」三個方向，作為對這些言語玩味一些較詳細解讀：

「盲喻」

借用李天命在《思考藝術》中對語言理解力的闡述，他認為世界上有所謂「盲喻」的人；「盲喻」對李天命來說，就好像是「文盲」一樣。在文明語言中，比喻是具有相當重要的功能的，但「盲喻」的人就缺乏理解和閱讀比喻的能力 (李天命，1998)。以 2000 年的《上網》廣告為例，(見圖十)，該廣告以教人「上網」為題材，但卻變成打網球「上網」的動作指導。其實「上網」是香港人自互聯網開始在香港通行後常用的「口頭禪」，意思是接通互聯網。當中的「網」字，是借英文的 Internet，意指這種人與人之間新溝通方法，就如魚網一樣，緊密地連繫，並廣泛地覆蓋。「盲喻」的人，就見不到「網」字當中的比喻意味，直指向真實具象世界中那個可以用來捕魚或打網球的「網」。又如另一例子《108蚊針足1030分鐘》(2000)（見圖十一），廣東話中「蚊」是用作港幣量詞（元）與英文Money的前半部發音相近，也同時與昆蟲「蚊子」的「蚊」字相同；在日常用語中，我們會說「10蚊」、「100蚊」……「10萬蚊」……，但一旦到了「100萬」，我們就不會再加「蚊」字作為量詞。因此，在日常運用中，「蚊」也具有比喻的色彩，暗喻錢的價值其實只不過是微不足道。回到廣告，所謂「盲喻」的人就把「108蚊」誤以為是指「108隻蚊子」，因此隨即把另一香港口話「斟」字（即交談），連隨誤會成同音字「針」，構成出詼諧景象。再舉另一例子：《一個招牌掟落街會砸中幾多個SUNDAY用戶》，這個「盲喻」風格更為明顯。這個香港人日常用語，「一個招牌跌落街會砸中多少個『甚麼樣的人』」，用來比喻某些人在香港人口中佔着較高比率，但廣告中的科學家真的把招牌「掟」落街來作實驗，完全沒有察覺它只不過是比喻而已，並沒有科學的根據或統計學上的合法性。SUNDAY這類廣告手法，不單只出現在其電視廣告，也常出現在其平面廣告（見圖十二、十三）。《爭崩頭》(2000)和《滾水淥腳走去出！》(2000)，前者「爭崩頭」是比喻受歡迎程度，而後者「滾水淥腳」是找緊時間的意思，但在「盲喻」的手法下，比喻的婉轉性消失了，取而代之是直接的具像。在文明跟前，這些具像就變得如此瘋狂和野蠻。

圖十《上網》

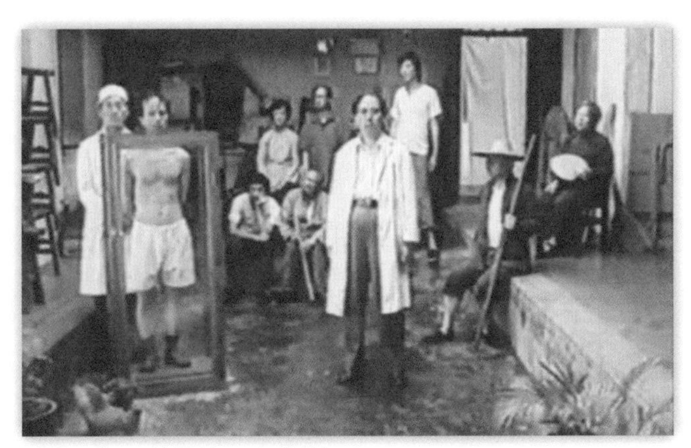

圖十一《108 蚊針足 1030 分鐘》

圖十二《爭崩頭 》(2000)

圖十三《滾水淥腳走去出！》(2000)

「盲喻」的人總是看不見比喻，在他們跟前只有個別具體實存的東西；他們活在當今社會，就好像未開發的人在文明人當前一樣可笑。然而，在 SUNDAY 廣告中出現的現象，並不一定由高知識水平恥笑低知識水平。《108 蚊》廣告中固然有可笑的外省人，但在《上網》廣告中，恥笑對象是一些不懂香港口語的西方人士，而《招牌》廣告中，不只是西方人士，更是代表着高知識水平的科學家，因為不能閱讀出香港口語中比喻部分，而成為在香港人眼中的「文化盲」。

語義平面化

在語言學中，Saussure 對語義系統，有很詳細的解釋。要解釋何謂語義，Saussure 提出「雙軸理論」。「雙軸理論」（double axes theory）包含兩個向度，一個有關「橫組合（聯想）關係」與一個「縱類聚關係」名為（syntagmatic and paradigmatic relations）。關子尹（2008）對 Saussure 理論的解釋，橫軸是「涉及言語如何於實際的交談中依循時間的線軸而產生的問題，也即如何串詞成句的問題」。這些字串構成「在場」（in presentia）；在場固然重要，它們構成「語鍊」（word chain），在眾多語詞中選取了成為字串以「符合當前的語境」。但是，不被選取語詞，其「不在場」也非常重要。關子尹認為「這些可以講，但結果沒有講出來的語詞雖然『不在場』（in absentia），卻與講出來的那一個詞形成一『縱類聚』的關聯，從而參與釐定和豐富了該詞的涵意」。我們可以試舉一個例子：當我們說「他過於保守」，「保守」這詞是「在場」（in presentia）語詞，與它相關的詞其實很多，如「含蓄」、「內斂」、「慢條斯理」、「心思細密」等詞，這些詞最終成為了「不在場」（in absentia）；這些詞雖不在場，但它們的角色卻以一種潛藏身份來幫助釐定和豐富了該詞的意涵（見表一）。

表一

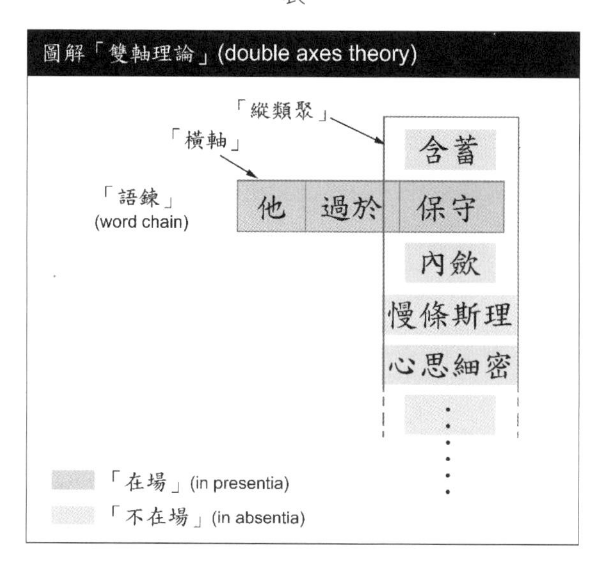

但有些 SUNDAY 廣告，則刻意地取消了部分「不在場」詞及其潛藏身份，令一些詞的語義變得平面化。我們細讀一下 SUNDAY 在 2001 年有一批儲值卡廣告：《儲值卡電椅篇》、《儲值卡食麵送牛眼篇》、《儲值卡買鞋送蟑螂篇》（見圖十四、十五、十六）就是用了這種手法。當中的「送」，其本來意思不單單指「數量上的增加」，更包含「着數」、「好處」、「本少利大令人愉悦」等意思，雖然這些詞表面上是「不在場」，但若我們完全徹底取消它們，「送」這詞就只能被解讀為「數量上的增加」。因此，如坐電椅，送多 200 分鐘好像已符合「數量上的增加」，但實際上不是一種「好處」或「着數」；《食麵送牛眼》、《買鞋送蟑螂》手法也相同，因為「牛眼」、「蟑螂」不會是令人覺得「愉悦」的東西；若指它們是「送」的禮品，這只符合最表層「數量上的增加」這條件。廣告刻意取消部分「不在場」語詞對「送」這個字的涵意的立體功能，令詞變得平面化（見表二），這樣就好像一個「鄉下佬」衝擊文明語言。我們要留意，在「盲喻」中，我們取笑的對象很明顯是一些不能理解香港

口語的人，但這類「語義平面化」中，卻出現「雙重」並且「重疊着」的可笑對象：一方面文化水平低，不懂「不在場」詞的重要性，固然可笑；另一方面他們的漫不經意，就好像純真的孩童往往令大人啞口無聲一樣，直筆刺穿文明的面紗。這種直接而又平實的語言，帶有革命意味，對文明世界的矯揉造作、陳腔濫調帶來不少衝擊。

表二

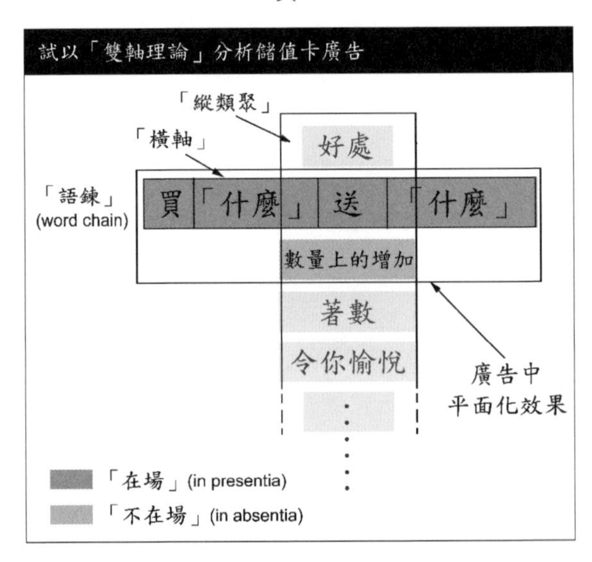

圖十四《儲值卡電椅篇》　圖十五《儲值卡食麵送牛眼篇》圖十六《儲值卡買鞋送蟑螂》

去符號化，顛覆文明價值

除了利用「語義平面化」針對文明世界的矯揉造作，SUNDAY 也有一些廣告更直接顛覆文明價值。其中一個例子在前文略有提及，就是《月費減至 $88 的街頭訪問記者打人》(1999) 這個廣告。廣告中，訪問者到處問人月費減至 $88，應該用甚麼方法向市民推介，其中 SUNDAY 的職員以官腔回答：「顧客為先，一向是我們公司的方針……」，回答者好像回答得很得體，很「有文化」，但彆扭、陳腔濫調，因此換來記者粗言穢語辱罵及暴力對待。這個職員言語間滿是符號，如「顧客為先」，這語句當中可包含很多意思但同時也很空洞：是對顧客尊重所以把顧客意見放在大前提嗎？還是指沒有實際指涉的東西？訪問者因而以暴力回應，對這些空洞又僵化的文明語句作最實在的強烈一擊，抗拒文明的陳腐，並且打退符號化語句，令文明人頓時回到現實世界，把文明的造作瓦解。文明一向是人所追求的價值，但在廣告中被取笑的對象卻是這些彆扭、陳腔濫調的文明人。正如 Hatzithomas 所指，我們作為「笑話聽眾」其實與「說笑話者」是有着「共犯」關係 (accomplice) (Hatzithomas, Boutsouki and Zotos, 2009)；我們恥笑這個文明人，意味着我們參與這強烈一擊，把一向以來文明的價值擊倒。顛覆文明價值，也同樣令 SUNDAY 廣告突圍而出。

當 McCracken 討論文化元素如何成為了廣告中的商品符號，一些港式幽默廣告卻是以語言「去符號化」成為它們的廣告策略，並以這「低俗性」言語成為了 1990 年代後期至 2000 年初的廣告新符號。我們就是用這些比拼低俗、抗拒文明的言語來確認我們作為「香港人」的會員身份，正如《扮竹葉青廣告》最後的一句：「你 cheap，我都 cheap ！」這，就是此一年代的幽默言語策略。

總結

回想我們的上一輩，當他 / 她們作自我介紹時，儘管他 / 她們是香港出生，他 / 她也多數回答「我是客家人」，「我是潮州人」，「我是福建人」等；他 / 她們的自我身份認同，還停留在他 / 她們的祖籍之上。事實上，在 60、70 年代的學生手冊上，我們還是要填寫籍貫一欄。1968 年理察・休斯形容當時香港生活的情況，說香港這地方只不過是「借來的時間空間」，可見得當時在香港居住的人對作為「香港人」的身份認同感不大。但是，當經歷了幾十年的時代變遷，面對着不能再迴避的 97 回歸事實，「香港人」自我身份的認同，卻起了不少變化。97 前後，香港廣泛地討論何謂「本土」文化；這個不只是社會文化的議題，同時也反映香港人開始關注自身作為「香港人」這一個身份。從幽默廣告的分析，我們會發現香港人在上一個世紀，已經很自覺地用言語作為策略，向別人顯示自身作為「香港人」的身份。這種自我身份的認同感，可從周星馳 / 李力持式港式幽默開始，到 90 年代後期到 2000 年初的幽默廣告再進一步發展，甚至直到現代 21 世紀還相當盛行。有一條代表香港文化的街道，也差點兒用了「諧音」來取名，可見得「諧音玩味」，「低俗比拼」，這種「你 cheap，我都 cheap ！」的文化策略活動，已經到了一個很爛的年代。我們還打算這樣下去嗎？我們的語文能力，不可能只作不斷自我矮化。其實，過度的單一化和平面化，也是一種文明的霸權。香港中文大學哲學系教授劉國英，曾揚言全世界唯有香港是用廣東話教授哲學。這其實顯示了廣東話作為思想語言是有一定的能力，可以用來表達高文化的思想，因此，廣東話並不是只有低俗的一面。近年香港人又再次提出要「捍衛廣東話」，我們若真是要捍衛廣東話，當然要了解它的獨特性，萬萬不能以為單單一些通俗的口語，就能代表着全盤廣東話文化。反之，我們必須了解廣東話的多層次和多面向，這才能稱得上是「捍衛廣東話」和「捍衛本土文化」。

1 原文："humor is culturally determined and when humor has broken its rules, it is not recognized as humor"。

2 原文："typically involves using a second, different perspective to integrate and make sense of two sets of apparently different stimuli"。

3 原文："it distinguishes not only Cantonese from Mandarin speakers, but also Cantonese speakers in Hong Kong from those who live in places like Singapore, Malaysia, Canton, Canada, and so on — part of the Cantonese diaspora"。

4 原文："not a written language, and neither, like most local slangs, is it translatable"。

5 原文："partake of everyday life and popular culture in the territory now"。

參考文獻

1 李天命著，戎子由、梁沛霖編：《李天命的思考藝術：終定本》（香港：明報出版社，1998），頁 188-204。

2 李培蘭：《幽默廣告機制與形式分類之初探 —— 以 1997~2001 年時報廣告獎平面類作品為例》（台灣：國立政治大學廣告研究所，2003）（台灣國立政治大學廣告研究所碩士論 http://nccur.lib.nccu.edu.tw/handle/140.119/33110）

3 林永強：《小強廣告 100 招》（北京：中信出版社，2009）。

4 陳冠中：《中國天朝主義與香港》（香港：OXFORD，2012）。

5 陳濱：〈鄭中基叫板周星馳 指其表情呆板缺乏肢體語言〉，大紀元網站，2005 年 1 月 2 日，http://www.epochtimes.com/b5/5/2/1/n799989.htm。

6 關子尹：〈語言系統的結構、功能與成長〉：《語默無常－尋找定向中的哲學反思》（香港：牛津大學出版社，2008），頁 137-165。

7 Yih H. Lee & Elison A. C. Lim, "What's Funny and What's Not － The Moderating Role of Cultural Orientation in Ad Humor", *Journal of Advertising*, vol. 37, no. 2（2008）: 71-84.

8 Linda Chiu-han Lai, "Film and Enigmatization: Nostalgia, Nonsense, and Remembering", *At full speed Hong Kong cinema in a borderless world*, ed. Yau C.M. Esther（Minneapolis: University of Minnesota Press, 2001）: 231-250.

9 Chao-chih Liao, Taiwanese Perceptions of Humor, a Sociolinguistic Perspective,（Taipei, Crane Publishing Co., Ltd., 2001）: 7.

10 Linda Francis, "Laughter, the Best Mediation: Humor as Emotional Management in Interaction," *Symbolic Interaction*, 17（2）（1994）: 147–163.

11 Sigmund Freud, "Humor," *International Journal of Psychoanalysis*, 9（1）（1928）: 1–6.

12 Edward T. Hall, *Beyond Culture*（New York: Anchor Press, 1976）.

13 Hatzithomas Leonidas & Zotos Yorgos, "Humor and Cultural Values in Print Advertising: A Cross-Cultural Study", *International Marketing Review*, vol. 28, no. 1（2011）: 57-80.

14 Hatzithomas Leonidas, Boutsouki Christina & Zotos Yorgos, "The Effects of

Culture and Product Type on the Use of Humor in Greek TV Advertising: An Application of Speck's Humorous Message Taxonomy", *Journal of Current Issues & Research in Advertising*, vol 31, no.1 (2009): 43-61.

15 Donghoon Kim, Yigang Pan & Heung S. Park, "High- versus low-context culture: a comparison of Chinese, Korean, and American cultures". *Psychology and Marketing*, 15(6) (1998): 507–521.

16 Grant McCracken, "Culture and Consumption: A Theoretical Account of the Structure and Movement of the Cultural Meaning of Consumer Goods", *Journal of Consumer Research*, vol. 13, issue 1 (1986): 71-84.

17 Irina A. Six, "What language sell: western advertising in Russia", The Journal of Language for International Business, vol. 16, no. 2 (2005): 75-85.

18 S. P. Speck, "The humorous message taxonomy: a framework for the study of humorous ads", Journal of Current Issues and Research in Advertising, vol. 13, no 1, (1991): 1-44.

19 Marc G. Weinberger and Charles S. Gulas, "The Impact of Humor in Advertising: A Review," *Journal of Advertising*, 21(4) (1992): 35-60.

20 Avner Ziv, *National styles of Humor*, (Westport, CT: Greenwood Press, 1988).

新奧爾良，新界

張展鴻
香港中文大學人類學系

看到這標題，大家先別誤會，本文不是要介紹在新界吃到新奧爾良的「窮人三文治」，也不是要介紹香港的爵士樂俱樂部。標題的靈感其實來自德國新浪潮導演——雲溫達斯一九八四年的公路愛情片《巴黎，德州》，也代表了我剛踏上了遊走在新奧爾良和南路易斯安那州的文化之旅。過去十年間，我一直注意香港新界濕地的糧食生產、農業發展、文化保育和環境政策的相關發展，而且希望人類學的研究方法可以為了解濕地發展及其文化多樣化作出一些補充。在機緣巧合下，我開始了個人的旅程，遊走在美中歐等濕地之間。在此，我希望把我發現的香港濕地和密西西比河下游河盆相似之處跟大家分享。有趣的是，我對它們的共通點及其微妙的關係是在我置身於新奧爾良做田野調查的時候，才能意識到。所以，我想表達的除了兩地在發展上的特點之外，就是要告訴香港讀者：要了解外面的世界，可以先從了解自己的文化入手。

沿海濕地是海洋和內陸的交融區，凸顯兩個生態環境的共存和相互交流；加上，濕地包含了豐富的自然和文化資源，而其經歷的社會變遷更是代表了當下文化保育和環境管理的重要議題。很多人認為研究濕地是生物學家和地理學家的專利，而人類學家感興趣的是生活在高地和密林中的部落羣體。這是一個過時的看法，因為一方面濕地研究已經發展成跨學科的研究領域，而另一方面人類學的當下研究更多關注現代城市和全球化的相關問題。在沿海濕地地區，我們看到許多生活方式的轉變，例如新移民大量湧入、漁村在沼澤地形成、漁民棄漁後的生活等等，都和當地人的海岸資源管理有關。儘管新界北部和路易斯安那州南部天各一方，歷史發展也完全不同，但當你了解過元朗濕地的文化，再去了解南路易斯安那州的土地利用和海岸資源管理，便會發現很多平衡關係都是在文化多樣性的環境下衍生出來。

二零一一年夏天，我來到位於美國南方的路易斯安那州南部進行田野調查。整個研究是要比較美國、日本和中國內地養殖路易斯安那州本土淡水甲殼動物的各種生產模式，今次調查是其中一部分。這種甲殼動物便是淡水螯蝦或稱為小龍蝦，英文叫 crawfish 或 crayfish，是從古法語的 écrevisse 一字而來。這次參觀新奧爾良，就是要大致認識一下小龍蝦的生產和養殖概況。在路易斯安那州，小龍蝦食用的由來最久。除了地道的卡珍料理，其他路易斯安那小龍蝦菜式向來也大受當地人歡迎。我想，假如要比較日本和中國水產養殖法，也許路易斯安那州的小龍蝦養殖情況可以作為模範案例以作參考，而這正是美國南部旅程的動因。

第一次到美國進行研究，碰壁之處自是不少。最麻煩的是我沒開車，加上出發前跟當地研究者的聯絡功夫也做得不夠。儘管如此，當我身處當地的田野間，我便發現以前做過的新界西北濕地的保育研究，原來對我這次密西西比河下游河盆的研究起了很大的作用。除此之外，我也想以「飲食文化」（foodways）這一概念，展示與濕地有關的社會文化是何其重要。在我們的社會，「飲食文化」是表示我們文化身份的重要指標，也讓我們更了解各種社會關係、家庭氏族、階級與消費、性別意涵、文化象徵意義等等。如今，飲食文化是社會文化人類學中一個很熱門的研究領域，許多學者會研究我們的「口味」是怎樣由社會和文化構成。當中，人類學的學者和研究員，尤其熱衷於研究在現代化與全球化的時代，傳統飲食文化的產生如何反映它作為人類文化一部分的意義。因此，假如我們想知道在傳統文化背景下，食物的生產模式和飲食文化如何轉變，我們就不應忽視一些主要農業和農產品的革新，從而全面地認識當中的玄機。

新界研究

回到我們的新界，除了以氏族為本的單姓村落，一些傳統的聚落羣和居所會根據氏族南來的時間先後而分布於不同地區，有些地方更是集合本地、客家和蜑家（水上人）一同聚居。當我們以這段始於宋朝的南中國海岸移民史為藍本，也許就會較容易明白路易斯安那州的複雜文化，及在當地聚居的歐洲移民、阿卡迪亞人和他們的後裔卡珍人、非洲後裔、越南難民及移民等文化差異。新奧爾良在歷史上還有一個很重要的轉折點，就是美國在一八零三年向法國購得路易斯安那。自此，法國後裔們的生活模式也起了變化。比如我遇到一位六十出頭的男士，他說他的家族七代居住在路易斯安那都是說法語的，而他是改說英語的第一代人。我對此不感驚訝。一些新界原居民的祖先也可追溯至宋代或明代，但自從新界也繼香港島和九龍南部後落入英國人手中，他們的農村生活便起了翻天覆地的變化。

香港，歷史上曾經是中國廣東省新安縣的一部分，在十九世紀中期起由英國管治。一八四二年的《南京條約》，將香港島和一些鄰近小島割讓予英國。一八六零年起，割讓範圍擴展至包括九龍半島。英國人此後繼續擴大殖民範圍，一八九八年簽訂的《展拓香港界址專條》，將一片由九龍半島的界限街北延至廣東深圳邊界、名為「新界」的土地租借予英政府，為期九十九年。雖然香港在地理上十分細小，城市和新界之間卻有相當實在的文化差異。和我有共同背景的人，便能體會到這種差異；正如父母從內地來港，而子女卻是在香港城市出生成長和接受教育，基本上和傳統農村生活完全脫節。正如新界地區特有的農村生活方式，對我來說實在很難明瞭。不過這些新界文化特徵，在我父母出生長大的南中國卻堪稱典型。要是從這角度看，研究新界生活彷彿是一次尋根的旅程。除了在上世紀九十年代，我做了幾年有關屏山和文化遺產的研究之外，過去幾年我比較關心新界西北地區的淡水漁業和濕地保育的關係。

雖然我是香港土生土長，但在八十年代要考進本地大學，談何容易。而我在中學時期對日本電影特別有興趣，加上當時香港年青文化人的推動，電影會特別活躍。也就在這特殊的文化環境下，選擇到日本升學。我的高等教育都在日本完成，我的博士論文也是研究北海道原住民的圖像表達。因此，當我開始了相關的資料搜集，便發現新界本土文化對我來説是一個全新的範疇。初次接觸新界社會文化的課題，乃在我剛從日本返港、在香港中文大學人類學系開始教學事業之時。後來我和中大建築系的一位同事開展了我第一份關於新界的共同研究，探討「屏山文物徑」作為香港第一條文物徑，對原居民的本土社會政治身份建構造成甚麼衝擊（Cheung 1999, 2000, 2003）。要從「宗族為本聚落」的角度了解屏山在新界的地位，便不得不提一九六八年傑克波特的《資本主義與中國農民》一書，這本書是我研究新界的學術基礎（Potter 1968）。從他的書中，我認識到新界經濟作物的轉變（尤其二十世紀六十年代白米的沒落和青菜的崛起），以及農民家庭成員的職業愈趨多元化，均導致了一系列的社會變遷。另外，達斯華於一九七七年提交給夏威夷大學的博士論文：《香港海岸濕地的本土管理 —— 新界天水圍農業地段的濕地變遷個案研究》，令我得知上世紀初一段土地用途和海岸規劃的歷史（Da Silva 1977）。他很細心地觀察這些變遷，包括海岸資源的管理，以及本地稻米農民在鹹淡水區種植紅米的經濟收益低，因而要以養殖水產為出路。其他的既有研究還包括一些早年的大學論文和文章（Fung 1963；Grant 1971）。

香港超過九成的淡水漁場都混養了多種魚類，（如烏頭、大頭魚、銀鯉、鯉魚、鯇魚、非洲鯽魚和生魚等）；傳統的魚塘中，鯇魚和烏頭會在較近水面處生活，因為這是牠們慣常覓食的地方；大頭魚、銀鯉和非洲鯽喜歡在中層浮游；而在水底，則多見較兇惡的鯉魚和生魚。其中生魚會吃其他魚類，本地漁民會利用牠們控制魚塘內非洲鯽的數量，因非洲鯽現今的經濟價值較低。在我看來，香港的漁農自然護理署似乎較傾向引入未必能適應傳統養殖方法的外地品種，而非幫助本地農民進行傳統混養。過去十年，漁護處不斷引入各種非本地魚種，例如丁桂、長吻鮠、寶石魚等，希望增加養魚業的收入。但由於丁桂魚多骨、長吻鮠外貌不佳，影響本地顧客的購買意慾，這個策略不甚成功。漁護署一直嘗試自行孵化澳洲寶石鱸，希望減低進口魚苗的成本。終於，在二零零七年，漁護署成功孵化澳洲寶石鱸魚苗，令本地養魚戶有穩定的魚苗供應之餘，也可節省成本。不過，由於澳洲寶石鱸只能夠獨立養殖，對大多數的從事混養的本地漁戶來說，未能帶來明顯的經濟改變。

除了這些內陸農地外，在上世紀初，大片天水圍的沿岸濕地也被轉化為農地。這些土地經歷了多個階段的變化，包括泥灘、水稻田、蘆葦床、蝦塘、魚塘；到最後，部分剩下的濕地被劃為米埔沼澤自然護理區及香港濕地公園，其餘則是現代化的住宅區（如天水圍的公共屋邨及私人屋苑）及一些碩果僅存、由平均六十歲以上的老漁民維持的魚塘。無疑地，自從米埔濕地於一九七六年被列為保護區，成為候鳥每年從北方西伯利亞飛往南方澳洲度冬的中途棲息站，該處的生態價值便開始受注目。儘管如此，緩衝區內的淡水魚養殖戶依然備受冷落，原因不外乎他們的移民背景，以及初級產業在當代的香港社會已經式微。在眾多社會及政治因素影響下，本地人在濕地上開墾了農地，導致今天我們眼見的海岸「濕地面貌」，已經不是完全天然的景觀（張 2009；Cheung 2011）。

有趣的是，新奧爾良就好比美國的新界，是很多人是為「文化根源」的地方。一方面，新奧爾良是爵士樂的發源地，是早期新移民踏入美國的大門，是南方田園風光的代表，亦是奴隸制及美國內戰結束後產生新世代價值觀的地方，許多美國人因此把新奧爾良當成其故鄉文化的所在地。另一邊廂，大部分美國人其實並不熟悉路易斯安那州的歷史文化。舉例說，當我問住在東岸的美國人有沒有嚐過小龍蝦菜式，他們大都向我投以奇異目光，說對那些「泥蟲子」（非路易斯安那人對小龍蝦的稱呼，在美國北部尤甚）毫無興趣。

我的新奧爾良初體驗

眾多城市中，我為甚麼選擇新奧爾良？因為這裏是路易斯安那州最四通八達的交通樞紐。即是要到附近其他地方，也總得先來這裏走一趟。可是，來到新奧爾良後，每次跟當地人説起此行目的是研究小龍蝦養殖，多數人的反應都一樣：你不僅來錯地方，你還來錯了時候！大部分米農還在忙於收割稻米，你不會看到有人養殖小龍蝦。換句話說，小龍蝦的養殖季節還沒開始。還有，這時剛好是野生海產的終漁期，漁民都趕緊往大海捉蝦、蠔和海魚。我只能在朋友的幫助下，於當地一個海產市場看到一袋袋大麻布袋裝着的小龍蝦，還有一包包經過處理、於當地出產和由中國進口的急凍小龍蝦尾。雖然小龍蝦是我的終極目標，但除了參觀二零零五年卡特里娜風災後成立的公眾海產市場（風災後，為了省卻和批發商交涉的步驟，當地漁民便聚集在一起，直接將漁獲售予民眾），我也不忘到訪法國區以外的「法國市場」。上世紀六十年代起，當地民眾開始光顧超級市場，這個傳統的濕街市便轉型為旅遊點。通過這些見聞，我開始明白新奧爾良海鮮貿易網的歷史變遷。

不過小龍蝦的研究項目還是要做。有人建議我轉往新奧爾良三、四小時車程的拉法葉。拉法葉以包含稻米、大豆、甘蔗和小龍蝦的混合農作聞名，我打算找幾位農民做訪談，問問他們的個人經歷和身處的社會環境，例如他們為甚麼要輪作，以及怎樣輪作集中不同的農作物。經當地一所有關新奧爾良南方飲食文化的博物館館長介紹，我有幸接觸到一些見識廣博、來自伊拉斯鎮的人。於是，我輾轉到了伊拉斯鎮，見過幾位稻米農民，希望從當地人的角度理解小龍蝦對他們有多重要。回程途中，我順道遊覽拉法葉的「米飯之都」克羅利。在其中一間餐館品嚐了名為「小龍蝦節」的套餐，嚐到了幾道不同的小龍蝦菜，有小龍蝦濃湯、秋葵濃湯、炸小龍蝦等等。雖然我嘴里享受，不過這頓菜真是又貴又飽又膩。這趟行程雖短，收穫卻很豐富，能夠和一位農民傾談，也請教過一些對稻米及水產輪作十分熟悉的人。和克羅利的兩位稻米農民談過後，我開始明白他們為甚麼要選擇養殖小龍蝦，而不輪作其他稻米作物。箇中原因有三：天氣、勞工成本和牽涉的税款。由於米價低企、碾米成本高昂，第二作物的產量又較原作物低，農民收割第一造稻米後，便將農地淹滿水，一方面養殖小龍蝦，另一方面又可阻止田裏滋生雜草。對他們來說，稻米是穩定、有計劃的經濟作物，小龍蝦帶來的則是「真正」（而不用交税）的額外經濟收入，因此要種些甚麼，就靠農民的自身經驗來判斷了。

為了解新奧爾良的小龍蝦文化，除了訪問當地人和參觀市場外，我還在互聯網上搜集了一些小龍蝦養殖的基本知識，原來大規模的小龍蝦養殖在一九六零年代後期才開始，之前所有小龍蝦都是野生的，一般可在河口或下水道捕捉。我以為這是和六十年代務農人口大降有關，但當地人卻不以為然，甚至不認為這是原因之一。之後，我又留意到一九六零年代的一些旅遊業發展、一九六四年《原野法》通過，以及一九七零年代米價下跌等數起事件。我向當地民眾詢問小龍蝦菜的起源，還有為甚麼它在路易斯安那如此受歡迎、有多流行，他們總會答「小龍蝦的歷史悠久」、「我們常吃是因為小龍蝦真的很好吃」之類。我當然明白當地人對小龍蝦的獨特情感，畢竟小龍蝦是他們身份認同和歸屬感的來源。不過，身為人類學家的我，更重要的是了解個人喜好的轉變如何跟社會和政治環境扯上關係。眼下，我還在探索小龍蝦的普及跟對上數十年社會生態轉變的絲絲關連。

從香港烏頭到路易斯安那小龍蝦

淡水小龍蝦：與生長在海中的龍蝦不同，小龍蝦的生長環境是淡水。淡水小龍蝦有着酷似海龍蝦的外形，被當成高級菜式。事實上，世界上有超過五百種小龍蝦，在一些國家里，小龍蝦是相當受歡迎的菜式。最出名莫過於美國南部路易斯安那州的卡珍小龍蝦料理，深受工人階層的喜愛。除此之外，很多美國人仍然認為小龍蝦「髒兮兮，帶有泥土味」，不宜食用。不過，小龍蝦在澳洲與瑞典都是作為相當受歡迎的食材。

烏頭：烏頭屬於鯔科，牠們本生於大海，卻比同科的其他魚類更能適應淡水魚塘的環境。在香港，牠們在冬季頗能賣得好價錢，又能跟鯇魚、大頭魚、士鯪魚、非洲鯽等和平共處，多年來也深受傳統混養模式的本地養育户歡迎。以前仍未有人工魚苗出售時，漁民需要自行到岸邊採集烏頭苗。到沿海淺灘捕捉魚苗，再放到元朗的淡水或鹹淡水魚塘飼養，是本地淡水養魚業的一大特色，也傳承了華南地區的一部分文化。

談到香港西北後海的沿海濕地，一定要提基圍蝦和烏頭養殖的演生過程。「基圍」是兩種生境的融合，在鹹淡水中以基堤和水閘圍起，用來捕捉魚蝦的池塘。基圍是建造來引入自上游流下的河水，也能為紅米田引入海水。由於在基圍養蝦無須餵飼蝦苗，因此運營成本很低。一些農民 / 養蝦人說，他們要做的事情不多，最多只是透過開關水閘來控制基圍內的水質。這是一種天然的養殖方式，因此基圍的面積大，內裏的蝦苗濃密度卻很低。基圍的經營是否成功，主要取決於岸邊蝦苗數量的多少。潮漲時，蝦苗隨水流入水位低的基圍，在基圍內飼養約九個月；當蝦苗長大至一定體積，便可收蝦。入夜後，蝦羣會游上水面，這時是收蝦的好時機。潮退（或基圍內的水位較外面高）時，基圍內的水會流走，蝦羣便會被水閘上設的網撈獲。

此外，在傳統淡水混養模式下，捕捉沿岸的烏頭種（烏頭魚苗）是養殖烏頭的重要一環。烏頭種通常在鹹淡水交界的河口出沒。那裏的水營養較豐富，更有從住宅區和村落排出的「有機」水。過去數年，我有機會在新界一些小溪、曾是河道的水溝和淺灘中觀察本地養魚人捕捉烏頭種。在淺灘捕獲的烏頭種體積較大，相反水溝末端捉到的則一般較小。捉烏頭也有技巧，首先要留心水流和冬、春之間的季節與天氣變化。懂看水流十分重要，因為在潮漲時，小魚會在近岸或到下游近海一帶覓食，為漁民製造最好的捕捉機會。而在每年農曆年的臘月起，成熟的烏頭會在近岸水中產卵兩至四個月，養魚人就知道該在甚麼時候捉魚苗，以在接下來的十至十二個月繁殖了。

將類似邏輯套用到我在路易斯安那州的觀察，我得出了以下結論：原來要研究小龍蝦養殖，我們不僅可從社會文化的觀點出發，還有生態因素和那年復一年的季節性變化。認為養殖的小龍蝦可能較受人為因素影響，但密西西比河的野生小龍蝦則較依賴自然循環。

小龍蝦已經從一種自養自食的作物變成了經濟作物。首先，我們要知道小龍蝦的自然繁殖週期。在夏季，雌性小龍蝦會挖一個狀似煙囪的洞穴，並匿藏在約三米深的潮濕地底。雌性小龍蝦會在這洞穴裏產卵五百至八百顆，待環境變得濕涼，幼蝦便會被帶出洞穴，開始在稻米裏成長。幼蝦會在稻米的葉子及莖部覓食。要明白小龍蝦在自然環境下的繁殖循環，我們可以看看密西西比河下游河盆的特性。上游河盆的融冰為河流帶來高流量，水量充足的下游河盆在春季便成了小龍蝦的培育場。夏季水位下降，是野生小龍蝦的最佳收成期。野生小龍蝦的捕捉週期，正好填補了養在稻米田的人工養殖小龍蝦的收成空檔。來自河口和河流的野生小龍蝦佔路易斯安那州小龍蝦的一半產量，其重要性不言而喻。捕捉野生小龍蝦和人工養殖小龍蝦所用的人手也不同。負責捕捉野生小龍蝦的是季節性人手，當稻米田沒有養蝦，他們才會來幫忙，與捕蝦船一同出動。也許我該花點時間替他們打打兼職了，了解和體驗真實的小龍蝦作業。

回到「未來」

我們如何理解香港的西北區沿岸濕地環境和食物生產的關係？如果上環南北行的乾貨進出口貿易代表了香港全球化的一面，那麼沿海濕地則代表了珠江三角洲原生態生活文化的一面（Cheung 2011；張 2012）。雖然這篇文章是我到新奧爾良實地考察後的個人反思，但在新奧爾良及路易斯安那州南部，我開啟了全新的研究領域，並把自己在香港的研究所得，和我此行的研究目的和遇到的挑戰聯繫起來。具體來説，我更着重於研究沿海地區環境與社會文化變遷之間的互動，特別是在三角洲和河盆區域。三角洲地區和河盆大致上都可以稱為濕地。它們都有共通點，就是集合了兩組生態及環境特徵，而且相互影響；由於資源豐富，這些地區的社會文化變遷一般都很頻繁。另外，在濕地地區，我們看到許多生活方式的轉變，例如新移民大量湧入、漁村在沼澤地形成、漁民棄漁後的生活等等，都和當地人的海岸資源管理有關。這些轉變並不限於較大的三角洲地區，在新界的後海內灣等小環境中也可輕易找到。因此，儘管新界和新奧爾良天各一方，歷史發展也完全不同，但當你了解過元朗濕地的文化，再去了解南路易斯安那州的土地利用和海岸資源管理，便會容易得多。我寫這篇文章，是希望大家更關注自己周圍的地貌，這會讓我們更明白不同地貌跟其外在社會環境的關係。除了小龍蝦，我們也可從社會文化的視角研究非洲鯽、塘蝨、短吻鱷等的養殖，以及野生蝦、蠔、魚等的捕撈情況，從而了解海岸資源管理這一課題。

大山圍捕漁

法國市場現在是新奥爾良市的一個旅遊景點

法國區

新奧爾良的海鮮市場

經歷過颶風卡崔娜之後
的海鮮市場

參考文獻

1. 張展鴻 2009.《漁翁移山：香港本土漁業民俗誌》。香港：上書局出版社。
   ——— 2012.《上環印記》。香港：野外動向出版。
2. Sidney C. H. Cheung, “The Meanings of a Heritage Trail in Hong Kong”, *Annals of Tourism Research* 26, no.3（1999）: 570-588.
   ——— “Martyrs, Mystery and Memory Behind a Communal Hall”, *Traditional Dwellings and Settlements Review* 11, no.2（2000）: 29-39.
   ——— “Remembering through Space: The Politics of Heritage in Hong Kong”, *International Journal of Heritage Studies* 9, no.1（2003）: 7-26.
   ——— “The Politics of Wetlandscape: Fishery Heritage and Natural Conservation in Hong Kong”, *International Journal of Heritage Studies* 17, no.1（2011）: 36-45.
3. Armando M. Da Silva, *Native Management of Coastal Wetlands in Hong Kong: A Case Study of Wetland Change at Tin Shui Wai Agricultural Lot, New Territories*（Unpublished doctoral dissertation, University of Hawaii, Hawaii, 1977）.
4. Emily Wai Yung Fung, *Pond fish Culture in the New Territories of Hong Kong*（Unpublished BA thesis. Department of Geography and Geology, University of Hong Kong, 1963）.
5. C. J. Grant, “Fish Farming in Hong Kong”, *The Changing Face of Hong Kong.*, ed. D. J. Dwyer（Hong Kong: Hong Kong Branch of the Royal Asiatic Society, 1971）, 36-46.
6. Jack M. Potter, *Capitalism and the Chinese Peasant: Social and Economic Change in a Hong Kong Village*（California: University of California Press, 1968）.

城市空間與廣東文化

李慧瑩
香港中文大學地理與資源管理學系、環境政策與資源管理研究中心
鄧永成
香港浸會大學地理系

引言

在急速的城市化進程下，香港經歷了滄海桑田般的變化。隨着香港躋身國際舞台成為世界城市，現代化及消費主義的抬頭衝擊着昔日社區所凝聚的廣東文化。香港戰後的城市空間主要是勞動密集型主導的生產性空間，廣東文化為空間注入了內容，構建出富廣東色彩的生活空間如前舖後居、唐樓、露天市集及路邊排檔等。隨着香港邁向國際金融中心的地位，空間被賦予新內容，土地需要有效地利用以達至利潤最大化。正如列斐伏爾（1991）指出，商品化的資本主義顯著地改變了人們的生活模式及空間的利用。[1]

從八十年代開始，城市空間不斷地再造，政府及城市專家因應發展目標為土地加入新註釋，為了有助資本主義的發展及易於管理，城市土地被視作可技術性地量度（如面積大小、地積比率、樓面面積及樓宇高度等）的容器，沒有文化內容，更忽視社會關係對空間的塑造。在增加城市土地的同時，廣東文化於空間的意義亦被重新定位。廣東文化再造隨處可見，例如灣仔利東街的喜帖街文化被重整於姻緣主題式商場內，在沒有完全地取代下，卻被重整於世界城市的發展框架內，強調實用性及利潤化，有着質性的變化及再造。

空間的生產與再造是一個政治的過程。廣東文化與城市空間的關係密不可分，我們必須將廣東文化重置於空間生產的框架下才能全面地理解廣東文化之演替。因此，本文將以列斐伏爾的空間生產理論為研究框架，透過對香港城市空間生產過程的研究，探討資本主義社會關係如何重新定義空間關係，及生產具資本主義特色的城市空間，挑戰文化消失於城市發展的主流思想，強調廣東文化如何在資本主義城市化帶動的空間重組中被再造，注入新註釋。本文首先透過文獻回顧，提出列斐伏爾空間生產的理論框架來填補廣東文化研究的缺漏，重新審視香港城市發展軌跡下的空間生產如何再造廣東文化，在資本主義社會中呈現出另類形態。

廣東文化與空間關係

文化累積與蘊釀正好反映了不同社羣在不同時間及地理空間下的生活。一直以來，學者們對地域文化研究深感興趣。在現有的文獻中，不乏對廣東文化之研究。廣東作為中國南大門，對外開放帶領着廣東走過不一樣的發展道路，形成了獨特而多元的地域文化，難怪吸引了不少學者醉心研究。回顧歷年來有關廣東文化之研究，大致可分為三個主要方向。第一，不少研究側重於探討廣東文化本質與變遷，[2] 由於廣東是改革開放的前沿，大多學者指出長年累月與西方文化交流令廣東文化呈現多元及相容的特質，並且透過海外貿易及引進外資促進發展，不斷吸納西方文化。這塊由中央政策拓造的改革試驗田亦使廣東文化勇於創新及力求多變，而商業文化的務實特質亦漸漸地融合於嶺南傳統文化中。正如張造羣（2011）所指：「廣東文化留給世人的形象可用這樣幾個詞來概括：多元、務實、求新、世俗。」（頁 67）。[3] 第二，近年來學者則傾向研究文化作為產業發展。[4] 隨着廣東不斷發展成中國的經濟強省，文化被視作具經濟價值的產業，近年不斷開發文化旅遊產品，除了發展旅遊景點外（如開平碉樓羣、觀瀾版畫村等），亦注重文化體制改革、投資平台建設、打造文化品牌及注入科技元素（汪振軍，2012，頁38）。[5]這類研究集中分析如何提高廣東文化產業的經濟效益，認為文化產業由消費需求主導，其空間佈局呈現中心城市性（依託高經濟發展水準及現代化工業）及集聚發展性（提高規模經濟效益及降低消費者搜尋成本而聚集於消費者所在地）。（吳喜雁，2011）。[6]第三類研究重點是文化政策與發展前瞻。[7]這類研究主要集中討論如何制定文化產業發展策略以配合廣東省整體的經濟發展。從政策角度分析廣東文化發展，這些研究將文化視作政策工具，凸顯了文化產業的政治功能。雖然學術文獻中不乏廣東文化研究，但大部分屬於描述性的表層分析，尤其是缺乏對城市空間與文化之關係的論述，廣東文化的累積、改造或消失與城市空間的生產和發展是否存在着相互關係？廣東文化如何體現於城市化的空間？從時空角度怎樣分析廣東文化的演變與發展？若要解答這些問題，我們必須將廣東文化發展重置於空間生產的理論框架作重新審視，以補足現有文獻對空間的空白論述之缺漏。列斐伏爾的空間生產理論（1991）正好為本文提供了研究框架。

列斐伏爾（1991）強調「空間」並非只是一個地理名詞或容器，而是某種社會關係下的產物，它具有維持統治者管治權力及影響日常生活的功能。在資本主義的生產關係下，資本家利用生產要素來賺取最大的利潤，勞動力便變成資本循環的工具，被視為機器中其中一個组成部分。於是，人們工作及日常生活的滿足感源自對消費品的追求，資本家操控了他們的生活模式，機械式的工作使日常生活失去了原真性及文化意義。[8]此外，人們盲目的消費行為亦驅使了社會側重於經濟效益及交換價值，人地關係變為可量化的經濟關係，空間商品化導致土地淪為資本家的生財工具，文化價值自然地被摒棄於發展之外。如錢俊希（2013）解讀列斐伏爾的哲學思想時指出：「資本主義生產關係所側重的是貨幣形式的交換價值的實現，而一個平等、公正、充滿人文關懷的社會應當注重的是滿足人真實需要的使用價值。然而，在資本主義生產模式之下，社會關係被資本關係所異化，交換價值淩駕於使用價值之上，城市空間的生產與組織往往以促進消費和資本積累為導向，卻忽視弱勢羣體對於空間的最根本需要」（頁 50）。[9] 列斐伏爾的空間理論正好為本文提供了一個新維度，在資本主義生產關係下，城市空間的生產與利用以促進資本累積為依歸，富廣東文化色彩的空間自然地被資本主義規律「再造」及「異化」，我們必須從空間生產的維度重新解讀城市發展對廣東文化的影響。

從香港城市發展軌跡看城市空間生產

香港本屬廣東沿岸的一部分，1841 年英國人正式佔領了香港島後，殖民地管治改寫了香港的歷史，徹底地改造了城市空間，構建了中西文化交融的社會。

香港開埠初期至戰前城市空間

英國人佔領香港後，旋即宣佈香港為自由港，商人除了可自由進行貨物轉口、加工及儲存外，經自由港進出口貨物更可免徵關稅，這大大促進了轉口貿易發展。香港擁有天然的深水港，亦奠定了香港早期以貿易為主的經濟生產模式。

在貿易導向型的經濟關係之下，城市空間的生產與利用呈現了獨特的形態。對於轉口貿易而言，海旁用地擁有策略性的重要位置。商船進出香港都要靠碼頭起卸貨物，這難怪香港島北岸的海旁地段乃最早拍賣及規劃的地皮。根據政府的「維多利亞城」規劃，沿海地區被劃作碼頭、貨倉及商業用地。隨着貿易蓬勃，港島北岸的城市空間漸漸地形成了「中環的洋商天下（小倫敦）」和「上環的華商世界（小廣州）」，[10] 發展出不同的文化色彩。雖然香港是一個華洋共處的社會，但殖民地政府的管治明顯地是華洋分區而治，因社會地位及文化背景不同，儘量避免華洋雜居，減少衝突與糾紛。作為香港島北岸的中心地帶，中環自然地成為洋人社區及政治中心。首先，政府於中環山坡興建輔政司署、港督府、兵營及其他政府大樓（即政府山），而沿海地段則透過官地拍賣，發展成商廈林立的商業中心區。在首次賣地中，34 幅土地全部被英商及其伙伴（如怡和洋行、太古洋行、香港置地及丹拿洋行等購得，[11] 形成洋商雲集的商業區。其次，英國人為了避免與華人同區聚居，便將鴨巴甸街以東的中環規劃為洋人專區和商業區，禁止華人居住。[12] 於是，中環逐漸地發展成洋人生活區，歐洲式的建築物如聖約翰座堂、香港會所、滙豐銀行、皇后像廣場、港督府和大會堂等，處處皆是，構建了一個富歐洲色彩的殖民地城市空間。

相反地，鴨巴甸以西的上環和西環卻成為了華人聚居的商住區。一直以來，華人商販大多數以市集式經營來謀生，這是延續了富廣東特色的生活街區—— 排檔林立、下舖上居的商住混合社區。與洋人商區不同，當時華人社區人口密度高及樓房密集，有限的城市空間驅使他們靈活地運用街道作為營商空間，商販於街頭販賣貨物形成了熱鬧的市集，跟傳統墟市相若。英國人早期對華人房屋建築並沒有規管，直至 1894 年上環太平山街發生鼠疫後，政府頒佈了公共衛生及建築等條例，限制樓宇密度。1903 年的建築條例規定每屋最高只可四層，深度不可以超過四十呎，屋與屋之間要有後巷以便空氣流通，這奠定了日後唐樓的建築藍圖。而 1938 年住房委員會報告建議全面統一及控制房屋發展，1939 年政府頒佈城市規劃條例，落實規管土地用途及佈局，單一式土地用途地帶對日後的城市空間帶來了深遠影響〔圖一〕。

隨着城市發展，廣東特色的騎樓建築主導了當時華人的商住區，而不少露天市集的商販亦開始於騎樓地舖或騎樓底經營。這些戰前騎樓大多樓高三至五層，為了善用空間，二樓向行人路推出，地下用幾根大柱支撐（俗稱騎樓腳），整條行人路便變成有蓋通道（俗稱騎樓底）。這種具廣東色彩的騎樓主導了戰前的城市空間，再加上廟宇、東華醫院、荷李活道文武廟及貨倉林立的上環海旁，堪稱為「小廣州」的華人社區。

〔圖一〕 城市化與空間變化（戰前）

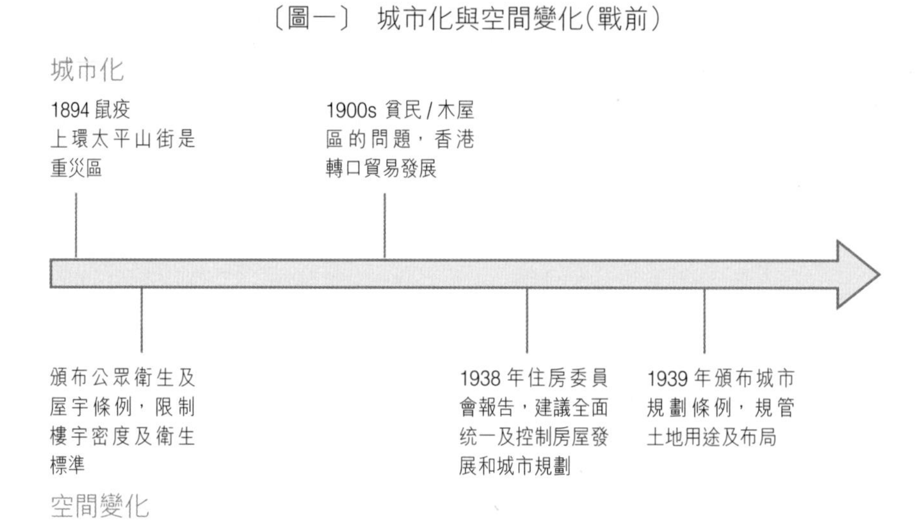

工業化與戰後城市空間

戰後香港工業起飛，國共內戰使不少工業家紛紛帶同資金及技術逃來香港，製造業在香港開始萌芽，城市空間亦出現了變化〔圖二〕。勞動密集型的工業發展主導了城市發展，多層式工業大廈紛紛落成，早期細小混合式的商貿空間被改造成具規模的生產型空間。香港七十年代經濟起飛，空間發展側重於土地功能與生產價值，生活空間結合經濟生產，前舖後居、騎樓底攤檔及樓梯舖常見於內城區如灣仔、深水埗及油麻地等。與此同時，大規模開發工業、商業及房屋用地亦改變了城市面貌，尤其是七十年代的新市鎮計劃及公共房屋發展帶來了單一功能的土地利用佈局。與早期的混合式發展不同，政府進行大塊土地開發作住宅、工業及商業等用地，分隔不同土地利用，樓高三、四十層的標準型房屋到處皆是。在城市規劃主導下，建築風格統一、單一土地用途地帶、功能主導的城市空間逐漸取代富廣東文化色彩的混合型生活小區。

〔圖二〕 城市化與空間變化(戰後)

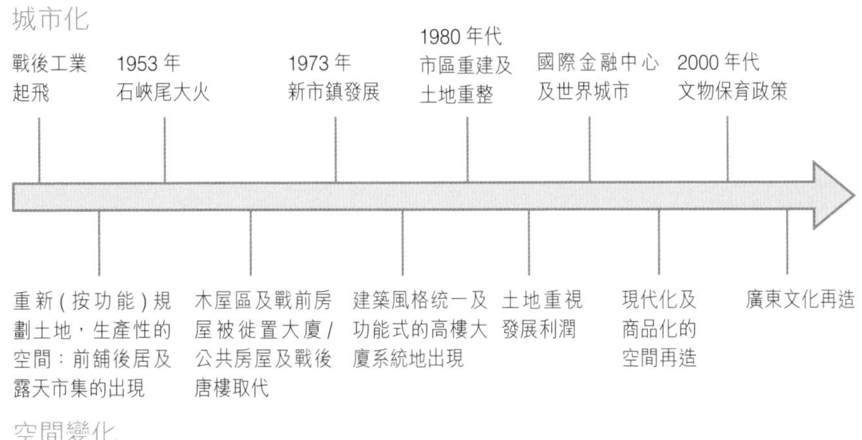

國際金融中心與城市空間的再造

隨着香港發展成為國際金融中心，空間被賦予新內容，肩負起吸引海外投資的重任。自香港回歸以來，打造香港成為亞洲的世界城市成為了政策目標，在1998年施政報告中提及:「紐約和倫敦分別是美洲和歐洲的首要國際都會，而且都是國際金融中心、旅遊名城、跨國公司的總部集中地，以及國際信息和運輸中心。我認為香港將來不但可以成為我國的主要城市之一，更可以成為亞洲首要國際都會，享有類似美洲的紐約和歐洲的倫敦那樣的重要地位。」。這可見香港正朝向國際都會的發展願景，而現代化、國際化及商品化成為了社會的主流思想。在全球化浪潮下，資金、人才及訊息於國際間自由流動，不再受地域限制，各城市正不斷提高自己的綜合經濟力以求跨國企業落户及海外資金垂青，空間生產自然地着重於效益及利潤最大化。

從八十年代開始，城市空間不斷地改造，政府及城市專家透過城市規劃制定了城市發展藍圖，一方面不斷填海來增加土地供應，新填海土地如中環及灣仔海旁地段便規劃作商業中心區的延展部分，用來興建甲級寫字樓，商貿中心及五星級酒店等配套設施以促進香港作為國際金融中心的地位。另一方面，政府亦積極推行市區重建改造內城區，以求破舊立新。在金融業主導的商業型社會，土地變成了生財工具，必須盡量利用地塊（最高地積比率、最大樓面面積及最高樓宇高度）來發揮土地的最大發展潛力，再加上人們的工作及生活以置業為依歸，助長了房地產市場的蓬勃發展，樓價地價穩步上揚。明顯地，廣東文化所建構的城市空間與這種側重經濟價值的主流思想並不相符，戰後唐樓、前舖後居、樓梯舖、路邊排檔及露天市集等變成了阻礙城市發展的絆腳石。市區重建局以解決市區老化問題為重任於八、九十年代開展推土式的市區重建，把一些內城區如深水埗、灣仔、中西區及九龍城等劃定為重建的目標區，重整空間，雖然保存具歷史、文化及建築價值的建築物乃其目標之一，但文物保育於空間的意義亦被重新定位。在空間再造的過程中，人地關係變成了數字化的經濟關係，廣東文化沒有被完全取替或消失，反而被重整於資本主義生產關係下，強調文化的商品化。

廣東文化之再造——以灣仔內城區為例

灣仔是香港最早發展的地區之一。英國人佔領香港後建立了維多利亞城，將港島北岸劃分成「四環九約」，而灣仔便屬於下環的部分，是當時主要的華人社區。自開埠以來，華人便聚居於灣仔。其後，填海計劃發展了皇后大道東與莊士敦道一帶的灣仔老區，一幢幢戰後唐樓密集地興建於南北走向的街道上，上居下舖的商住混合發展塑造了獨特的城市形態。本文將以利東街重建發展、和昌大押活化計劃及灣仔街市露天市集為例，說明廣東文化在城市發展中如何被再造。

利東街重建發展

灣仔的利東街又名「喜帖街」，以印製喜帖、利是封及月曆等聞名，街道兩旁佈滿了各式各樣的印刷工場及商舖，是區內的特色街道之一。無論在建築特色或經濟模式上，利東街都富有廣東文化色彩。在樓宇方面，利東街的舊式唐樓建於五、六十年代，樓高約六層。由於街道呈南北走向，唐樓又天台相連，天台彷如一條長長的空中走廊，成為了居民的生活空間。[13] 而一排排建築風格統一的戰後唐樓反映了濃厚的廣東民房色彩。此外，廣東人一向懂得靈活運用空間，狹窄樓梯底亦可用來營商，利東街的樓梯舖更與成行成市的印刷店互相暉映，它們不但跟唐樓地舖和諧地共存，而且與居民的日常生活融為一體，是城市有機體的一部分。這些樓梯舖租金便宜，適合經營小本生意，在勞動密集型的工業社會時代，這種善用空間的經營模式正好反映了生產性空間的規律。而利東街的「上居下舖」及「前店後廠」更進一步反映了務實型的廣東文化特色。在經營模式方面，印刷業主要依賴機器生產，為了減低生產成本，利東街的小型印刷店大多將工場設於店舖後方，前店作零售用途，後廠則從事生產，生產與零售在同一地點，善用寸金尺土的空間。[14] 這種於廣東普遍盛行的「前店後廠」商業模式為灣仔打造了印刷業一條街，聚集效益令印製各類產品的商舖集中於此，如安碧月曆有限公司、志成燙金公司及全發印務公司等，店舖之間不存在惡性競爭，反而建立了互相合作的生產網絡，互通資訊。

另一方面，利東街「上居下舖」的商住混合發展模式是灣仔老區的空間特色〔圖三〕。據悉，不少地舖及樓梯舖的商户都是住在利東街或附近一帶，他們是商户亦是街坊。這樣地，不但方便工作，而且易於照顧家人。由於利東街的唐樓大多數是一梯兩伙，鄰舍間非常稔熟。一家有事，大家互相幫忙。這種居民的社區網絡已經與地舖間的商業網絡，甚至是整個舊區的商貿活動共存，街坊的日常生活及活動都圍繞在近在咫尺的地方。這種「上居下舖」、唐樓地舖、樓梯舖及商住混合的密集式發展構建了一個既富廣東文化色彩又具本地特色的社區。

在都市化及國際化的巨輪下，毗鄰商業中心區的灣仔順理成章地成為發展的焦點。為了配合國際大都會的發展願景，城市空間被再造，喜帖街「前店後廠」的小本經營及戰後唐樓的商住混合街區所建構的廣東式城市空間被認為沒有地盡其用去發揮土地最大的經濟潛力，並窒礙了香港作為國際金融中心的城市形象。在資本主義的商業社會裏，利東街自然地成為重建的目標。市區重建局於 2009 年與信和置業有限公司及合和實業有限公司合作發展利東街的重建項目，由大發展商的領導下，

〔圖三〕 昔日的利東街

富廣東特式的利東街變成房地產發展項目。昔日以唐樓地舖為主的喜帖街道文化被重整於以婚嫁為主題的商場「囪園」內，雖然商場面積較大，而部分空地亦會有婚嫁特色的裝飾佈置，但內向型的主題式商場始終不能取代地舖及樓梯舖所營造的街道文化。此外，街道兩旁的戰後唐樓亦重建為現代化高樓大廈「囍匯」，平民社區變成豪宅〔圖四〕。從利東街重建項目可見，以「上居下舖」、唐樓地舖、樓梯舖及戰後唐樓為主的平民化社區，在經濟效益及利潤最大化的空間生產原則下，廣東文化被再造及商品化，重整於主題式商場及會所式高樓大廈的商住發展項目，刺激市民的消費意慾，配合香港作為國際大都會的城市形象。

〔圖四〕 囍滙

〔圖五〕　灣仔舊區的露天市集

舊灣仔街市大樓、露天市集與和昌大押

舊灣仔街市與太原街及交加街一帶的露天市集一向是街坊的聚腳點。這裏不但為居民提供日常生活所需，而且為小本生意人製造了營商環境。一直以來，排檔文化是灣仔舊區特色之一〔圖五〕。源自於廣東，這種街頭販賣形式既能靈活地利用街道空間作商業用途，打造特色街區；亦為基層市民提供了賴以維生的空間。例如太原街與交加街一帶的露天市集聚集了不少路邊攤檔售賣廉價的蔬菜水果、海味雜貨、衣服鞋襪、傳統小食、玩具工藝、家庭及日常用品等，吸引了無數區內及區外人士來購物。[15] 一方面，小檔主無須付昂貴舖租便可經營小本生意，

養活家人；另一方面，基層市民亦可方便地滿足生活所需。經過長年累月的發展，這些露天市集已成為城市的一部分，與居民的日常生活緊扣在一起，凝聚了濃厚的本土文化。隨著香港發展成為國際金融中心，效益、功能主導及利潤最大化成為了城市空間生產的原則，露天市集自然地被視作違反這些空間利用的原則。於是，政府為了規管道路及排檔，以安全及衛生為由，要求他們搬往室內繼續經營，這樣並不符合露天市集以街道為基礎的自然發展規律，亦顯示了政府只理性地追求空間的利用與發展，忘卻了露天市集與居民所建立的社會鄰里及依賴共存的關係，不重視生活文化為空間賦予內容及意義。

現在不少文物活化項目雖然保育了建築物，但其文化色彩卻被重整於資本主義生產關係下，強調文化的商品化，位於灣仔莊士敦道的和昌大押便是一個好例子。歷史悠久的和昌大押屬於戰前唐樓，樓高四層，二樓向行人路推出，由幾根石柱的騎樓腳支撐，其騎樓露台盡顯了廣東的建築特色。和昌大押原為當舖，毗鄰的數幢唐樓主要是香港余氏宗親會會址、平價服裝店、雀仔舖、美容院、百貨及文具店等，以服務街坊為主〔圖六〕。它們屹立於莊士敦道，見證着社區的變遷。今天，在房地產主導的香港，寸金尺土，尤其是灣仔區的黄金地段，發展潛力甚高。於是，和昌大押及船街 18 號地盤便成為了市區重建的目標地點。船街地盤的舊樓被重建為現代化住宅嘉薈軒，而和昌大押及毗鄰的唐樓則保留下來，復修後打造成高級餐廳及時尚生活品牌店，是市建局與嘉華國際集團有限公司合作的商住項目〔圖七〕。根據市建局的資料，其建築概念是把戰前唐樓融入現代建築中，一方面保存其唐樓舊貌，另一方面為古跡注入經濟價值，打造成時尚品牌店。[16] 這種市建局評為平衡商業發展與文物保育的方法，其實是把廣東文化（如唐樓、上居下舖及平民生活區）再造，使其合乎資本主義社會的空間生產原則 —— 經濟效益及利潤最大化，文物保育於空間的意義亦被重新定位。隨着香港的經濟發展，這些活化例子處處皆是，舊灣仔街市亦是一個例子。舊灣仔街市屬包浩斯式建築，樓高兩層，室內佈滿魚檔、菜檔、肉檔及雞檔等，它與街道兩旁的小販攤檔互相依存，是街坊每天買菜做飯必到的地方。可是，數年前街市大樓上卻被興建了樓高 46 層的尚翹峰第二期，街市則改作商場〔圖八〕。文物保育似乎已被淪為地產項目，廣東文化如何在急速的城市化下傳承呢？

〔圖六〕　和昌大押舊貌（相片提供：Edward Ng）

（左）〔圖七〕　活化後的和昌大押

（右）〔圖八〕　舊灣仔街市和尚翹峰

結論

當人們在讚歎香港作為國際大都會所取得的經濟成就時，我們的城市空間正在不斷地改造，變得商品化，那些具廣東文化色彩的「上居下舖」、露天市集及唐樓建築自然地被資本主義規律「再造」及「異化」，弱勢社羣的空間需要得不到適當的照顧。如包亞明（2006）所言，「如何在國際資本與行政力量的牽制中，保存城市空間的歷史性與地方性的生活傳統，如何積極地保護自發性的城市生活形態，其實是生活在全球城市化浪潮中的人們共同面臨的難題。」[17] 故此，城市規劃不單是注重空間的理性組織與功能，更重要是保存城市空間長年累月所積聚的生活經驗與文化，以免被完全地再造及重置於資本主義的發展框架下。

1 Lefebvre Henri, *The Production of Space* (Oxford: Blackwell Publishers, 1991).

2 相關研究頗多，例如：李宗桂：〈時代精神與廣東文化的變遷〉，《中國文化產業評論》，2011 年第 1 期，頁 69-930。袁潤澄：〈重塑廣東文化新形象〉，《開放時代》，1993 年第 4 期，頁 53-56。張造羣：〈提升廣東文化形象增強廣東文化實力〉，《廣東省社會主義學院學報》，2011 年總第 42 期第 1 期，頁 65-70。等。

3 張造羣：〈提升廣東文化形象增強廣東文化實力〉，《廣東省社會主義學院學報》，2011 年總第 42 期第 1 期，頁 65-70。

4 這類研究頗多，例如：汪振軍：〈廣東文化產業崛起的啟示〉，《新聞界》，2012 年第 4 期，頁 37-40。吳喜雁：〈試析廣東文化產業佈局戰略〉，《廣東行政學院學報》，2011 年第 23 卷第 4 期，頁 79-82。柯錫奎：

〈廣東文化產業集羣發展戰略研究〉,《中國文化產業評論》,2010 年第 1 期,頁 253-267。等。

5 汪振軍:〈廣東文化產業崛起的啟示〉,《新聞界》,2012 年第 4 期,頁 37-40。

6 吳喜雁:〈試析廣東文化產業佈局戰略〉,《廣東行政學院學報》,2011 年第 23 卷第 4 期,頁 79-82。

7 這類研究頗多,例如:程潮、張金蘭:〈廣東文化強省建設與嶺南特色文化的開發〉,《廣東省社會主義學院學報》,2010 年第 2 期,頁 50-55。陳忠暖、陳漢欣、馮越、賈春迎、劉曉琦:〈新世紀以來廣東文化產業的發展與演變——與國內文化大省的比較〉,《經濟地理》,2012 年第 32 卷第 1 期,頁 76-84。等。

8 不少國內外學者曾對列斐伏爾的空間生產理論作出研究,包括吳寧:〈列斐伏爾對空間政治學的反思〉,《理論學刊》,2008 年第 5 期,頁 67-71。

吳寧:〈列斐伏爾論現代社會的異化〉,《湖南文理學院學報》,2007 年第 32 卷第 1 期,頁 81-87。仰海峰:〈列斐伏爾日常生活批判理論的邏輯轉變〉,《學術月刊》,2009 年第 41 卷 8 月號,頁 59-67。劉懷玉:〈為日常生活批判再辯護〉,《江蘇行政學院學報》,2005 年第 5 期,頁 16-21。Elden, Stuart, *Understanding Henri Lefebvre: Theory and the Possible* (London New York: Continuum, 2004). Elden, S., Lebas, E. and Kofman, E., *Henri Lefebvre: Key Writings* (New York London: Continuum, 2003).

9 錢俊希:〈後結構主義語境下的社會理論:米歇爾・福柯與亨利・列斐伏爾〉,《人文地理》,2013 年第 2 期,頁 45-51。

10 鍾寶賢著:《商城故事——銅鑼灣百年變遷》,(香港:中華書局,2009),頁 2-34。

11 馮邦彥:《香港地產業百年》,(上海:東方出版中心,2007),頁 29。

12 有關鴨巴甸街的歷史資料,可參考〈越過鴨巴甸街〉錄像資料,百年基石,香港地產史話,2008 年 5 月 10 日。

13 周綺薇、杜立基、李維怡編:《黃幡翻飛——看我們的利東街》,(香港:影行者有限公司,2007),頁 8。

14 周綺薇、杜立基、李維怡編:《黃幡翻飛處——看我們的利東街》,(香港:影行者有限公司,2007),頁 13-17。

15 周綺薇、杜立基、李維怡編：《黃幡翻飛處——看我們的利東街》，（香港：影行者有限公司，2007），頁 26-27。

16 市區重建局：〈市區更新：灣仔區，網上教材〉，http://webacademy.urec.org.hk/tc/index/Default.aspx#4

17 包亞明：〈城市空間與消費的征服〉，《理想空間》，2006 年第 18 輯，頁 18-20。

傳統、認同與資源

香港開埠初至晚清時期港粵藝術活動事件

李世莊

香港浸會大學視覺藝術院

香港藝術之發展，跟廣東地區的政治、文化、經濟狀況息息相關，開埠初期，它名義上雖屬大英帝國殖民管治，但主要的藝術文化活動，很大程度上是廣東地區的假借和伸延，其中與廣州地區關係尤為密切。過往討論香港早期藝術發展之文章不多，十九世紀末以至廿世紀初的研究幾乎真空，為此筆者大膽試就一些零碎的歷史文獻和記錄，勾勒香港開埠初期至辛亥革命之前，港粵兩地間的藝術活動交流，無非想進一步証明兩者互為依賴的關係，以及香港早期藝術發展的多重角色。

廣州外銷畫市場南移香港

廣州是中國外銷藝術的主要生產及集散地，早於十六世紀中期，明朝政府雖在廣東沿海一帶實施海禁，限制對外貿易，但陶瓷走私出境的情況已非常普遍。及後荷蘭東印度公司的迅速崛起，更助長了中國陶瓷藝術大量出口，至十八、九世紀歐美商人紛紛來華通商後，廣州十三行的設立，外銷藝術市場的發展可謂如日方中。十九世紀中期廣州十三行的同文街、靖遠街乃係外地遊客必到朝聖之地，該處經營字畫、瓷器、古玩的店舖林立，生意滔滔，算得上是中國早期最活躍的藝術市場，而其時（甚至乎今天）大多數洋人對中國藝術的認識，莫不出於從此處的購藏。

據一些由西方人在十九世紀編寫的中國旅遊指南所示，到中國廣州做生意，除了要搵信譽昭著的行商如浩官（Houqua）外，寫肖像畫就必需幫襯技藝精湛的畫家林呱（Lamqua）。美國傳教士衛三畏（Samuel Wells Williams 1812-1884）精通中國事物，他執筆的《中國商業指南》就非常推舉林呱畫室的作品：

> 廣州、黃埔和香港有很多店舖複製地圖及航海圖，有的更提供肖像寫真服務。林呱曾跟隨錢納利學習透視技巧，是眾多本地畫家中最出色的一位。他的畫室有大量複製的肖像、風景油畫，價錢每幅由三元至一百元不等，有的圖畫和版畫複製得很精確，也有的中國風景畫寫得不錯。[1]

究竟 Lamqua 是何許人？過往中國美術史研究，似乎從來無提過此人及其作品？據《南海縣志》的紀錄，他的中文原名應是關作霖，廣東南海人，「林呱」之名號，不過是外國人對他的昵稱，也是其畫室通用的名字。[2] 十九世紀廣州有大量的外銷畫家，專為外國遊客服務，林呱是眾多外銷畫家中最著名的一位，其弟庭呱（Tingqua）關聯昌亦為職業畫家，擅長製作水粉畫，兩兄弟的畫室分別設於同文街，深受外地顧客青睞。

1830 至 1840 年間，林呱活躍於廣州及澳門，有說他在兩地都設有畫室，西方遊客無人不識，爭相會到他的畫室作肖像畫，譬如當時出版的《中國事物》（*The Chinese Repository*），就轉載了一部私人刊物，作者提及到林呱的繪畫水平很高：

> 我無走進每間店舖逐一細看，但我估計在十三行附近，大概有三十多間這類畫店，而我到過的，都發現有很多種題材的圖畫。這些動物畫、靜物、花鳥魚蟲等水平不俗，至於林呱先生有些肖像和袖珍畫，都做得很好。[3]

美國旅客奧士文・蒂法利（Osmond Tiffany）在 1840 年代曾到廣州旅遊，在其稍後出版的遊記裏，也對林呱的畫室作詳盡介紹：

> 林呱是廣州畫師中的名家，馳名中國，實在是一位優秀的畫家。他以歐洲式風格寫肖像，設色極為絕妙，寫實技巧無可比擬。所以，如果你樣貌不揚就肯定遭殃，因為林呱絕不以畫筆來奉承顧客。我可以重複許多關於林呱直率性格的故事，但相信有很多已刊登過了。[4]

1842 年五口通商以前，廣州是中國唯一通商口岸，基本上壟斷了整個外銷藝術貿易市場，不過隨着上海、福州、廈門和寧波正式開放給外商之後，廣州在外銷藝術生意上的特權迅即瓦解。廣州的外銷畫市場是否因此被別的商口瓜分，抑或市場開放反而令外銷畫更趨發達，實在很難一概而論，有待進一步的考究，不過我可以斷言政治及商業環境的變化，令到不少外銷畫家在經營策略上有所調節，其中著名如林呱的也不例外，要因時制宜作出改變。滿清政府在第一次鴉片戰爭敗陣後，將香港島永久割讓給英國，自 1841 年維多利亞城的誕生後，很多原先駐居廣州十三行的外商，相繼撤離，把辦事處搬到英國最新的殖民地香港，當中便包括了寶順（Dent & Co.）、渣甸（Jardine, Matheson & Co.）及旗昌（Russell & Co.）三大洋行。外銷藝術是依附商業活動而生，廣州商業的興衰，中外關係的波動，都會直接影響那些靠賺西方人錢維生的外銷畫家，因為外商一旦撤退，這些畫家就等於失去了最大的班主。故此，外商由廣州移居香港後，也引發了外銷畫家遷舖的情況，而林呱似乎是最早一個洞悉香港的商機，於開埠三年後率先把畫店搬到香港。

林呱畫店喬遷一事，《香港郵報》也有廣告啟示：

> 肖像畫家林呱之畫室，已由澳門喬遷至香港，設於皇后大道二號奧斯瓦德大樓，誠蒙各界長期惠顧，今後服務定更殷勤細心。[5]

林呱香港畫店的廣告最早於 1845 年 9 月 16 日見報，之後連續刊登了一整年，顯示了 1845 至 1846 年間，林呱全身投入在港的業務。香港藝術館藏有一幅林呱的自畫像油畫〔圖 1〕，據畫框上題字顯示，該自畫像是在咸豐四年，他五十二歲時所作，以此推算，即林呱在 1853 年仍活躍於外銷畫市場，此時離開他由廣州遷到香港亦近八年多了。林呱香港畫店的生意，跟在廣州時期應該相差不遠，以他個人的名氣和畫技，在港依然是最受外國顧客歡迎，不少高官貴人都希望可以邀請他寫肖像，以茲紀念。[6] 至於林呱的胞弟庭呱有否隨兄般移居香港，因為沒有相關記錄佐証，今天依然是個謎，不過林呱香港畫室開張後，不少廣州外銷畫家相繼來港，就現時所知，1846 年便至少有 Hon-sing 及順呱（Sunqua）兩間畫室在港營業，[7] 其中後者早在廣州已有店舖，是著名的外銷畫店之一。我估計順呱香港的畫店，至少到 1857 年尚在營業，同年出版的《倫敦新聞畫報》（*The Illustrated London News*），一幅由英國漫畫家查爾斯・沃格曼（Charles Wirgman 1832-1891）繪製的插圖，就見當時香港街景的描寫，背景正正是順呱畫店外貌。[8]〔圖 2〕

廣州外銷畫家南下香港開業，無非是順應時勢，不過當中有的仍不忘其廣州根源，一般除了沿用在廣州時的店號外，在宣傳時也刻意強調其祖籍。如廣同畫樓的畫店嘜頭是這樣印製的：

CANTON
PORTRAIT PAINTER
AND
PHOTOGRAPHER ON IVORY, CHINA WARE,
AND CANVAS LIFE SIZE
QUEEN'S ROAD, NO.62, UP-STAIRS
OPPOSITE CHARTERED BANK OF INDIA, AUSTRALIA & CHINA
HONG KONG

「廣同」一名，乃係 Canton 一字的音譯，大概暗示了畫店前身應在廣州，又或畫師都是來自當地，而它最早應於 1859 年在香港出現，因為據嘜頭所示位處它對面的渣打銀行，是在該年在港開業的。廣同畫樓在港只經營十年左右，1872 年同一地址已易手為建生畫店；五年後即 1877 年則再變為錦昌畫店。

自 1860 年代起，香港的外銷畫店數量明顯增加，皇后大道和威靈頓街一帶盡是經營油畫和攝影的店舖，相信當中很多是來自廣州的畫師所有，業務維持比較耐的有文興、麗生、怡興、仁昌等，都是以出售油畫、水粉畫、代客複製肖像，以至到十九世紀後期兼營攝影服務為主。〔圖 3〕此時外銷畫的發展已進入比較沉滯的狀態，各畫店間的風格與分野愈來愈小，或者說個人色彩已變得模糊，像林呱般藝術水平高的肖像畫家已很罕有；再加上攝影術的逐漸普及，很多畫店都專門以複製、放大肖像相片成油畫作招徠，多於提供富藝術趣味的現場寫真服務，追求個人風格者自然買少見小。自十八世紀末起外銷畫便在廣州大行其道，時移世易，誰又料到在一個世紀後，它竟然輾轉到了香港開枝散葉，並且成為了香港開埠初最主要的商業藝術活動。

廣東書畫家到港鬻書賣畫

外銷畫市場針對的顧客是西方人，為投其所好，畫店製作的繪畫自然是以西方媒介、技巧為主，傳統中國字畫既非外國人熟悉的東西，故此很少在外銷畫市場作大規模生產。雖然如此，這並不意味早期香港沒有生產和銷售中國藝術的活動。香港開埠不久，除了有大量外商抵達，也有不少華商由內地移居島上，尤其是 1850 年代太平天國運動興起之後，廣東地區的居民都紛紛逃難到港，單是維多利亞城的人口已在短時間內劇增，由 1850 年代的二萬多人跳升至 1860 年代的七萬多人，當中自然包括了一些家境富裕的商人。[9] 廣東商人收藏藝術之風氣，由來已久，著名的十三行總商潘正煒（1791-1850），便是清末廣東五大收藏家之一，其家族聽颿樓所藏，對中國藝術和文物的研究便有深遠影響。[10] 居港的華商，總不乏附庸風雅之人，他們往往成為職業書畫家們最大的客源，而早期在港的中國書畫買賣，主要是靠廣東一帶的職業畫家專程到港兜售作品，專設門市的情況尚未普及。一般書畫家過港鬻畫，都靠登報啟示，暫知最早一位來港賣畫者，為順德人梁樂生，其好友簡應科於 1886 年曾在本地中文報章以題為「妙到毫巔」的廣告作推介：

> 啟者同邑吾友梁君樂生胸懷〔灑〕落襟抱沖和詠歌自適之餘輒游心於八體六書或〔寄興〕夫五山十水而丹青一道尤所素擅偶然搦管即能幻煙雲於紙上垂秋露於毫端無論山水人物花卉翎毛皆別具化機遠超凡俗其見珍於賞鑑家久矣邇者來遊港地暫息文旌求畫者日多殊覺應接不暇君本高雅之士原不沾沾於筆潤然竟日伸紙染翰未免徒勞茲敬告大方想深知此道中人必不譏余為多事而梁君亦勿哂之[11]

梁樂生之名，並未見於任何廣東書畫傳記，我只能假設他是一位名不經傳的職業畫家而已，他在港逗留多久，賣了多少字畫，真箇不得而知，不過我相信他在港的生意也不算太壞，否則他絕不會在十年之後，於 1896 年再度故地重遊，繼續在港推銷其作品。[12] 廣東書畫家短暫來港鬻畫，大概是廣東書畫早年流入香港的直接途徑之一，因為類似的登報賣畫、潤例之事，在二十世紀初陸續增多，單是 1900 至 1901 年間的《華字日報》，至少已出現了四則廣東書畫家的廣告和潤格，當中包括了服疇草堂、倪澹軒、水仙館及石菖蒲館：

> 服疇草堂主人蔡心儂先生工於墨竹風枝露葉一意以板橋為宗而書法之精尤覺罕匹近日求者紛集弟等故為訂約世有同好者幸勿交臂失之也[13]

倪澹軒花卉翎毛山水潤畫格 南海伍懿莊都轉畫名滿海外然不輕為人作茲同人代擬潤筆例但都轉以義取而求者得慰渴慕焉[14]

水仙館畫法 啟者王禧 靄先生寫生妙手畫法傳神凡山水花卉翎毛走獸各款俱能揮毫自在為妙為肖洵超筆也茲來港暫寓太平山保良局隔鄰廣福慈航內故特佈達諸君欲求畫或現買或定寫者取價格外相宜[15]

石菖蒲館書畫 花卉翎潤筆虫毛草……筆金先送畫件請交威靈頓街聚珍畫樓代收 庚子年四月初四日 樵山山樵關熙臣訂[16]

上述的蔡心儂、伍懿莊、王禧靄和關熙臣，自然以伍的名氣最大，也是暫時唯一有文獻可考的一位。伍懿莊（1864-1928），廣東南海人，為行商伍浩官之族人，李健兒《廣東現代畫人傳》指他「好考古金石篆刻，少從名師居古泉習畫，多識文人畫客，時出家藏名跡，互相觀摩，復從古泉歲時作文酒之會，所居顏曰萬松園，有花石亭台之美，巨公貴人所常至。」[17] 可惜，伍懿莊晚年家道中落，惟有以鬻畫為生，而在港代理其作品訂購的，是任職《華字日報》的潘飛聲（1857-1934）。潘亦為廣東番禺人，先祖乃係行商潘啟官、潘正煒，家學淵博，以詩詞見稱，好書畫，中文大學文物館現藏有一幅伍懿莊為潘飛聲而作之肖像《潘飛聲獨立圖》〔圖 4〕，足見二人交情非淺。伍懿莊乃隔山老人居廉（1828-1904）之學生，擅寫花卉、魚蟲，高劍父（1879-1951）年輕時曾以同門師弟身份，再拜他門下學畫，所以說伍在粵港也有相當名氣。然而，跟其他畫家的潤格比較，伍懿莊的收費卻不算昂貴，如同是作堂幅大金榜，關熙臣叫價三十元，而伍不過是廿元便有交易，這大抵是代為擬價的潘飛聲等，過份低估了其作品之市場價值。至於關熙臣，本名蔚熙，又作曦臣，南海人，亦算是當時有名的職業畫家，擅寫花鳥、人物〔圖 5〕，跟潘達微的老師吳郇笙認識，作品現散見於各地的美術館或拍賣行。[18]

1902 年的本地報章，繼續錄得數則書畫家之廣告，其中有幾位書法家來港，如擅寫草書的麗林道人，據説是原居上海，[19] 而另一位書家陸希放的生平事跡則不詳，但肯定他是來自廣州，以鬻書為生，在港的啟示亦都是由潘飛聲安排：

> 陸希放先生書法雄渾於北朝碑版浸淫最深現由省到港寓中環結志街三十二號陸麟甫館內專接寫名印扇聯屏帳招牌扁額條幅中堂各欵先生筆潤從廉求書者到面議可也 [20]

五年後，一位名為黃梅的肖像畫家亦來港，不過他似乎沒有登報宣傳，而翌年六月他再度來港，《華字日報》始有廣告介紹：

> 韓江寫真名手也先年曾挾筆來遊香海為人寫照惟妙惟肖久為眾目共賞今夏重來住合興行內踵門求寫真者紛至沓來一經妙筆不逼真均為歎為得來未曾有 [21]

黃梅，號東閣，廣告所示他是祖籍潮州，既以惟肖惟妙的寫照作賣點，所擅長的應是西洋風格的肖像畫，很可能是外銷畫家一類的寫真，或是專門臨摹相片。二十世紀初期，畫炭相的行業在粵港地區逐漸流行，畫家都是精於以炭筆複製肖像照片，甚或有些可以不需見到肖像容貌，單憑客人口述形容，便可繪製該人之肖像，即所謂追相。在攝影還未完全普及的年代，風格逼真的肖像畫服務，不論藝術內涵如何，依然有其捧場客。

當時來港的廣東書畫家中，以名氣和影響而言，不得不提傅壽宜(1873-1945)。傅別號菩禪本為漳州人，客籍番禺，年幼時隨家人在星加坡、菲律賓等地從商，約於 1906 年返回中國。他曾隨清末畫人吳郇笙習畫，與潘達微（1880-1929）同門，擅寫花鳥樹石〔圖 6〕，據鄭春霆《嶺南近代畫人傳略》所載，傅加入同盟會，在港組織琳瑯幻影話劇社，宣傳革命，不過只公演兩次，即遭香港政府解散，以防觸動清廷的神經。[22] 傅壽宜於何時首次踏足香港，我沒有確實資料，不過報載他在 1908 年過港，為三江水災賣畫賑災：

> 傅君壽宜號蒲仙閩漳人工書善畫素以花鳥樹石著名現來港寓上環大碼路門牌二百三十一號復興隆洋貨店三樓登門求畫者門限幾穿今因三江水災傅君慨然立願以畫相助賑以拯哀鴻自本月初壹日起至月底止凡求畫者照潤例只收回顏色費二成餘八成盡充義賑至寫字筆潤概行送往捐所並於本月十二日至十八日止由上午十二點至晚上九點在賣物助賑水災現場內肩任義務俱以行草書及隨意水墨樹石勸捐助賑隨求隨寫所得筆潤概作賑款同人因感傅君熱心特擬潤例有心公益者屆期請到會場購買或攜紙到其寓處或德輔道中昌隆棧三樓同興盛大道中隆興洋行代接可也 [23]

1910 年代傅壽宜經常穿梭粵港滬三地，他在 1914 年間，又在港設立了一所名為利商美術公司，但究竟經營哪一類美術，則無從稽考。及後他應潘達微之邀，轉任南洋兄弟煙草公司美術部，三十年代初又在灣仔洛克道設畫室四喜樓，以賣畫授徒為生，此時的他，基本上經已是以香港為家了。

從上述廣東書畫家來港作短暫逗留，鬻書賣畫的實例，可以設想香港在開埠半個世紀後，藝術市場漸漸成型，成為廣東地區職業畫家的一條新出路。然而，辛亥革命以前由粵來港長期定居的書畫家人數始終不多，就我所知，較著名的只有關蕙農（1878-1956），於 1911 年之前，已在香港文裕堂書坊工作，負責繪製五彩石印畫，閒時亦會在筲箕灣街頭，替人寫扇面賺外快。關蕙農祖籍廣東南海，乃外銷畫家林呱的後人，亦曾師事居廉，與伍懿莊份屬同窗，自 1920 年代起他專注月份牌畫製作，後來更成為月份牌畫王，過往已有不少專著談及此，不贅。[24]

藝術、商業與革命之聯繫

香港開埠以來，一直以經濟商業掛帥，是故清末廣東書畫家來港，主要是鬻書賣畫賺錢，屬無可厚非的事。然而，隨着晚清辛亥革命之聲日益高漲，香港在角色上也有所突破，慢慢演變成革命活動的重要基地，這連帶一些藝術活動，也不時滲透了政治色彩，於是藝術、商業和政治並治一爐，令此期間製作的藝術作品和活動別具探討價值。譬如由潘達微主編，1905 年起在廣州出版的《時事畫報》，便是一份鼓吹革命的美術雜誌，行銷粵港以至南洋等地，辛亥革命前夕一度遭勒令停刊，於是報社在 1909 年移師香港。同年一月至二月間，報社更在香港皇后大道舉辦了藝術展覽會，展品包括書畫、刺繡、瓷器等，據說在展出兩三天後，即被搶購一空，展覽被逼在年初一那天提早閉會。[25]〔圖 7〕按理賣出展品籌得的錢，最後應該是捐作革命活動之用，因為《時事畫報》成立的最終目的，便是推動革命事業，而部分展品如瓷器便是由高劍父所製，有說高當時在廣州河南設立了造廣彩的工廠，表面上是生產瓷器，實則是在燒窰處配製彈藥，作革命活動使用。廿世紀初香港的賑災藝術義賣會輒常出現，不過以藝術作手段，政治為目標的，相信《時事畫報》是先驅。

同年 9 月，本地報章刊登了一則頗耐人尋味的廣告，單看內容，基本上無法知道葫蘆裏賣的是甚麼藥：

香港嶺南工業研究社開設勸業陳列所
定期八月初十日開場陳列所中各品俱改良精選鬥異爭
奇非尋常一家展覽可比有意研究實業者屆時務請到場參觀

指教幸甚

己酉年八月初三日

本所在中環德輔道二十五號二樓[26]

究竟勸業陳列所做的是甚麼生意，與工業有何關係？晚清時期，兩江總督兼南洋通商大臣端方（1861-1911）建議清廷舉辦一個性質與歐美博覽會相近的展覽會，以振興工業，經兩年籌備，終在1910年6月5日在南京開幕，名為「南洋勸業會」或「江寧賽會」。驟眼看香港跟此勸業會沒有任何直接關係，不過值得一提的是翌年三月一位名為鄧秬薌的三水畫師到港鬻畫，據廣告透露他曾替兩江總督張人駿（1846-1927）寫肖像油畫，並在南京的江寧賽會展出。而最引人注目的，是鄧秬薌在報上啟示，被冠稱為「南洋勸業會金牌優獎油畫師」，推薦人是當時的廣東水師提督果勇巴圖爾魯李準（1871-1936），[27] 這顯示了鄧與清廷官僚頗有交往，否則如何可勞駕水師提督作代言人。

話說回來，香港嶺南工業研究社的勸業陳列所較南洋勸業會更早出現，不過其內容似乎又與博覽會無實則關係。香港報章有報導指，研究社由廣州聘得畫家何劍士（1877-1915）、傅壽宜、馮潤芝（1851-1937）、尹笛雲（1860-1932）及鄭侶泉（1918卒），來港駐守陳列所，應各界所需即席揮毫。[28] 省城畫家來港賣畫並非新鮮事，一般而言書畫家都是在商行、洋行臨時掛單，暫借地方交收作品潤金，像香港嶺南工業研究社專門開設一辦公室的極不尋常。況且，傳統國畫技藝與工業改良雖非完全風馬牛不及，但單憑各名家作即席寫製，又如何對實業的發展有明顯的幫助呢？再者，這些畫家與潘達微、高劍父過往甚從，關係密切，何劍士與鄭侶泉乃著名漫畫家，尤其何的政治稽畫，諷刺時弊，為宣傳革命起很大作用，至於馮、尹二人皆《時事畫報》之骨幹成員，而傅壽宜早前已提過是同盟會成員。《時事畫報》在廣州犯禁被封查，報社成員轉移陣地，來港避禍，也是順理成章的事。如果以上的推斷屬實，那麼我有理由相信香港嶺南工業研究社，不過是以藝術作幌子，表面上是經營書畫買賣，背後其實是革命成員在港之聯絡辦事處。

香港嶺南工業研究社的運作如何，最終維持多久，我沒有進一步資料，但約半年後，即 1910 年的二月初，廣州美術展覽會便在港舉行，我估計研究社的成員是有份參與安排的。據展覽會的啟示，展場設於皇后大道中七十七號，每日開放時間為朝十晚十，下午五至七時休息，參展者包括了早前《時事畫報》展覽的繽華習藝院及廣東博物商會，[29] 前者為潘達微等開辦教授字畫、刺繡之學校，後者則為潘與高劍父、陳樹人（1884-1948）、伍懿莊的彩瓷工場，兩者皆是以美術支援革命，改進社會的藝術組織。正如前述，展覽會中的展品全部公開發售，籌集的資金，大概都是捐獻作革命活動之用。事實上，此時的革命籌備工作，已進行得如火如荼，離廣州三二九起義，亦不過是一年左右而已。

結語

清朝覆亡，社會劇變，香港雖身處海隅一角，歸英國殖民統治，但也絕不能置身事外。1911 年以後的十年，香港人口激增四成，社會問題接踵而來 [30]，就藝術文化的發展，就見不少廣州書畫家相繼南下香港定居，當中有職業畫家、晚清遺老、又或是積極參與革命的潘達微，以及後來在港成立的國畫研究會香港分會的成員如鄧爾雅（1883-1954）、黃般若（1901-1968）等，這些事跡，都已見諸不少學者專家的文章。至此，香港的藝術發展，跟廣東文化的關係愈見緊密，漸漸進入了互為溶化的階段。

〔圖 1〕林呱：《自畫像》，1853 年。香港藝術館藏。〔http://hkmasvr.lcsd.gov.hk/HKMACS_DATA/web/Object.nsf/00000000000000000000000000000000/de45469ace72ec6948257068000c4067?OpenDocument〕

〔圖 2〕沃格曼：《香港的轎夫》，1857 年。圖中背景清晰可見順呱在香港的畫店，門牌是寫上了 SUNQUA / PORTRAIT PAINTER，以肖像畫家自居。

〔圖 3〕William Pryor Floyd, *The Victoria Photographic Gallery*, c. late 1860s-1870s, gelatin silver print, 24 × 19 cm. 照片所見，1870 年代中環皇后大道中一帶，已開設了不少同時提供攝影及外銷畫的畫店。

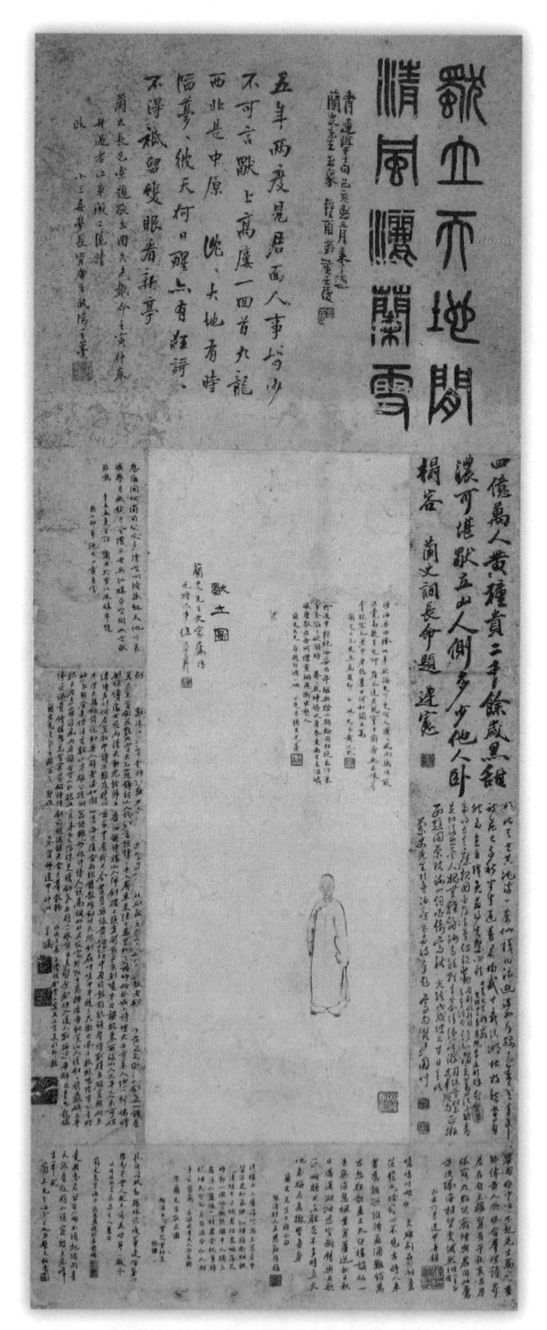

〔圖 4〕伍懿莊：《潘飛聲獨立圖》，1896 年。中文大學文物館藏。

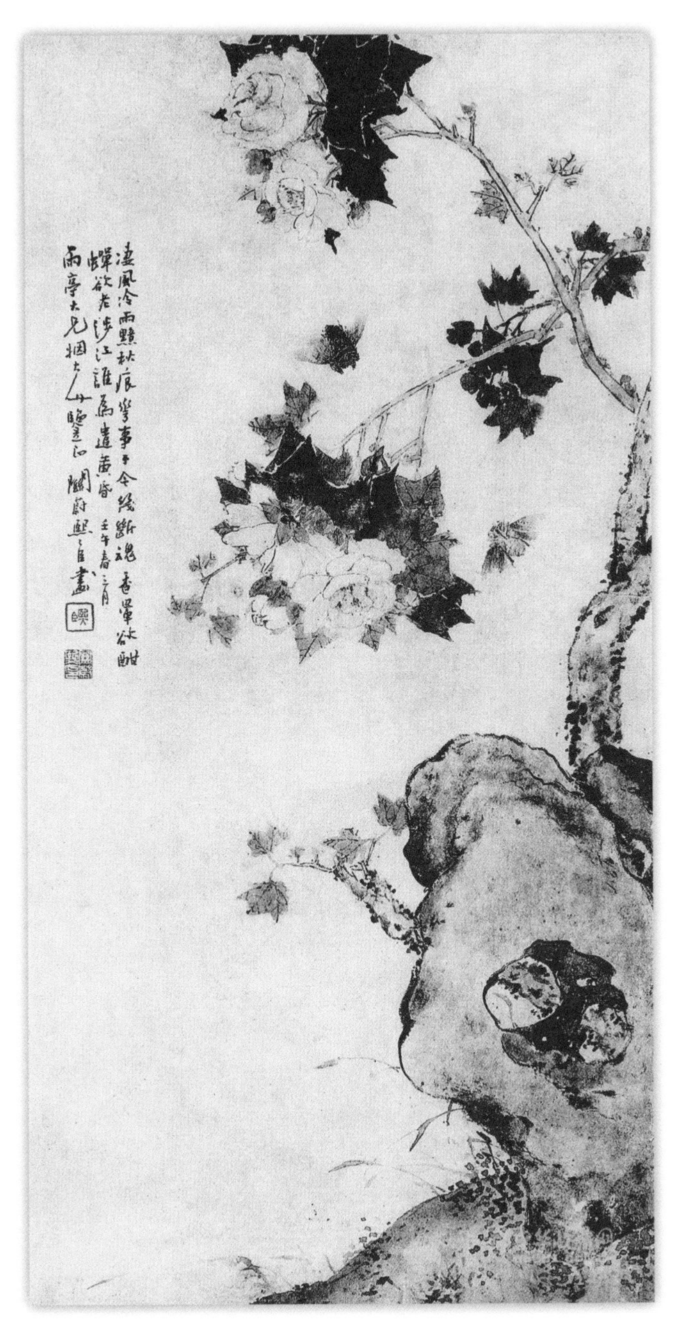

〔圖 5〕關熙臣：《淒風冷雨黯秋痕》，1882 年。墨彩紙本，74×37 cm。

〔圖 6〕傅壽宜：《梅妻鶴子圖》，1907 年。

〔圖 7〕《時事畫報》刊登 1909 年在香港舉行之藝術展覽會時事畫。

1 *The Chinese Commercial Guide, containing treaties, tariffs, regulations, tablets, etc. useful in the trade to China & Eastern Asia*, 5th edition (Hong Kong: A. Shortrede & Co., 1863), 132.

2 林呱的身份問題，可參考拙作〈關於晚清外銷畫畫家林呱身份的一些問題〉，黎健強及李世莊編：《左右》，1999 年第 2 期，頁 127-150 。

3 《The Chinese Repository》，第 IV 期，1835 年 10 月，第 6 號，頁 291 。

4 Osmond Tiffany, Jr., *The Canton Chinese or the American's Sojourn in the Celestial Empire* (Boston and Cambridge: James Munroe & Co., 1849) , 85。引文中譯見拙作〈關於晚清外銷畫畫家林呱身份的一些問題〉，頁 136 – 137 。

5 *The Hong Kong Register*, 16 September, 1845.

6 德己立將軍去信廣東鹽運使趙長齡，詢問林呱及其兒子關賢寫肖像一事，可見〈關於晚清外銷畫畫家林呱身份的一些問題〉，此處不贅。

7 *The Hongkong Almanck and Directory for 1846* (Hong Kong: The Office of China Mail, 1846), 35.

8 *The Illustrated London News*, 29 August, 212.

9 丁新豹編：《香港歷史散步》（香港：商務印書館有限公司，2008 年），頁 221。

10 潘正煒家族的後人，部分於二十世紀初已來港定居，而潘氏及聽颿樓之收藏，可參考莊申：《從白紙到白銀：清末廣東書畫創作與收藏史》（台北：東大圖書股份有限公司，1997 年）。

11 《華字日報》，1886 年 1 月 21 日。

12 《華字日報》，1896 年 1 月 21 日。

13 《華字日報》，1901 年 4 月 22 日。

14 同上。

15 《華字日報》，1901 年 1 月 2 日。

16 《華字日報》，1900 年 7 月 17 日。

17 李健兒：《廣東現代畫人傳》（香港：出版社缺，1941 年），頁 2 – 3 。

18 關熙臣尚存的畫作，可見於廣州美術館、番禺文化館、北京徐悲鴻紀念館、澳門藝術博物館等地。

19 《華字日報》，1902 年 1 月 13 日。

20 《華字日報》，1902 年 6 月 21 日。

21 《華字日報》，1908 年 6 月 24 日。

22 鄭春霆：《嶺南近代畫人傳略》（香港：廣雅社，1987 年），頁 198 。

23 《華字日報》，1908 年 7 月 10 日。

24 關蕙農之生平事跡及月份牌畫發展，可見拙作〈月份牌畫師與本地藝壇的往來〉，黎健強編：《形彩風流》（香港：三聯書店，2002 年），24－27 頁；及〈20 世紀初粵港月份牌畫的發展〉，《廣東與二十世紀中國美術：國際美術研討會論文集》（湖南美術出版社，2006 年），頁 159－172。

25 《時事畫報》，1909 年第 1 期，缺頁數。

26 《華字日報》，1909 年 9 月 18 日。

27 《華字日報》，1911 年 3 月 29 日。報中啟示下款署作「果勇巴圖爾魯李謹啟」，筆者推斷應屬李準，因他於光緒廿九年（1903），曾獲清廷賞賜果勇巴圖爾魯的名號。

28 《華字日報》，1909 年 9 月 18 日。

29 《華字日報》，1910 年 1 月 31 日。

30 高添強：《香港今昔》（新版）（香港：三聯書店，2005 年），頁 128。

傳統、認同與資源：香港非物質文化遺產的創造

廖迪生

香港科技大學人文學部

香港土地面積只有1,104平方公里，但人口達到七百萬。有些居民的祖先在數百年前已經來到香港，但也有很多是剛來不久的新移民。香港位處南中國的邊陲，大部分今日香港居民的祖先，基本上是在不同時候來到香港，他們來自不同的地方、操不同的方言、有不同的風俗習慣。他們前來香港，也同時帶來了他們家鄉的傳統，讓香港成為一個擁有多元文化的城市。但一直以來，很多香港地方傳統都不被重視，更往往被視之為落後的象徵，與現代化的香港格格不入。

當「非物質文化遺產」這個名詞在2006年被介紹到香港的時候，大多數人對這個名詞的感覺是陌生的，亦不太理解這個名詞的意義。[1]「遺產」這個名詞讓很多人覺得不舒服，因為遺產是前人留下來的東西，使人聯想到死亡。但這個名詞不能修改，因為它是聯合國教育、科學及文化組織（簡稱「聯合國教科文組織」）所訂定的《保護非物質文化遺產公約》（簡稱《公約》）中文版的官方名稱。[2]在別無他選的情況下，大家只能接受「遺產」一詞，但在這個名詞沒有一個共識的時候，大家都會揣測名詞的意義，又或嘗試將自己的看法，加之於名詞之上，賦予名詞新的意義。在這個名詞創造的過程中，令人聯想到資源的出現，當地方項目成為「遺產」之後，大家便期待相關資源的來臨。

地方社會如何將地方事物連繫到這個新名詞上，使之成為香港的

「非物質文化遺產」項目呢？而哪些項目可以成為香港的非物質文化遺產呢？不同的人會有不同看法，因為在眾多的風俗技藝傳統中，無論選取哪些具代表性的項目，都是主觀的決定，所以在這個選取的過程中，如何凝聚共識，將那些東西選定為香港的非物質文化遺產，是要經過一個協商互動的過程。

作為參與《保護非物質文化遺產公約》的地方，香港政府的責任是按《公約》的要求，展開保育的工作。另一方面，香港政府也參與向北京申報屬於香港的項目，希望把香港項目置於國家級名單之上。於是在這個參與過程中，「非物質文化遺產」便由一個大家都不認識的概念，演變到今日香港擁有6個國家級的項目，及一張「香港非物質文化遺產建議清單」。但大家正在期待的是：究竟非物質文化遺產的保育措施能為地方帶來那些資源？

香港科技大學華南研究中心一直有參與在香港非物質文化遺產的調查研究工作，當中包括初期的基礎背景研究及剛完成的「非物質文化遺產」普查工作，[3] 這篇文章可以說是我們經驗的總結，從參與者的角度出發，討論分析「非物質文化遺產」的創造過程。

國家政策與行為

香港要對「非物質文化遺產」項目進行保育，是因為中國參加了《保護非物質文化遺產公約》。在中國，保護非物質文化遺產是一項國家政策，由政府主導。香港是在「一國兩制」的框架下，開展香港非物質文化遺產的保育工作。

聯合國教科文組織於2003年提出《保護非物質文化遺產公約》，中國便積極地準備參與，保護非物質文化遺產成為一項國家政策，當《公約》在2006年開始實施時，中國也同時宣佈了《第一批國家級非物質文化遺產名錄》，[4] 北京亦分別於2008年及2011年，宣佈了第二批及第三批《國家級非物質文化遺產名錄》。[5] 三批國家級名錄，加上兩個中間增補的擴展名錄，現在國家級名錄的項目總數有 1,219 項。

在中國內地，國家級名錄屬最高的一級，之下設省、市、縣名錄，形成了一個四級的非物質文化遺產名錄體系。在這個體系中，地方項目要逐級申報、逐級認可，才能得到國家級的最高榮譽稱號。中國除了名錄之外，還有傳承人的安排，2008 年提出《國家級非物質文化遺產專案代表性傳承人認定與管理暫行辦法》，[6] 建立傳承人機制，培養後繼人才。2011 年《非物質文化遺產法》[7] 的頒佈，進一步完善了非物質文化遺產的保育工作。從 2006 至 2013 的短短 5 年內，各級名錄的設立，加上《非物質文化遺產法》的實施，大致建立了整個保育非物質文化遺產的體系。

聯合國教科文組織推行的《保護非物質文化遺產公約》，中國是參與國，是全球性保護非物質文化遺產組織的一元；中國可以將自己的項目申報成為聯合國教科文組織的《人類非物質文化遺產代表作名錄》[8] 的項目，將中國項目變成為世界項目。

香港的起步點

在「一國兩制」的架構下，香港要申報國家級名錄，並不需要跟從省、市、縣體系，而是可以直接向北京提出。所以，相對於地方縣市來説，香港有一個相對優先的安排，並不需要層層申報。香港雖然沒有參加 2006 年的《第一批國家級非物質文化遺產名錄》的申報，名單之上卻有香港的粵劇及涼茶兩個項目。[9] 這是由於這兩個項目是以粵港澳三地聯合的方式申報，而成功被列入國家級非物質文化遺產名錄內。

2006 年，香港政府在康樂文化事務署屬下的香港文化博物館成立「非物質文化遺產組」，專門處理與非物質文化遺產有關的事務。[10] 但對很多人來説，他們還是不太清楚何謂「非物質文化遺產」及政府如何進行保育。要了解這個全新的概念，首先要參考的是《公約》的內容，另外的一個方向，就是參考當時中國政策施行的情況。

由於香港與廣東在歷史與文化上有着非常密切的關係，所以政府提出首先以廣東省的《保護非物質文化遺產名錄》作為參考對照，研究如果在香港建立類似的名錄及進行保育非物質文化遺產時，可能要面對的問題。政府委托香港科技大學華南研究中心進行這個前期研究，及後，政府基於華南研究中心的建議，[11] 開展全港「非物質文化遺產」項目的普查工作，為香港設立一張非物質文化遺產的清單。

2009 年，是香港非物質文化遺產開展歷程中的一個重要時刻，香港首次獨立將 4 個項目，包括「長洲太平清醮」、「大澳端午龍舟遊涌」、「香港潮人盂蘭勝會」及「大坑舞火龍」，向北京申報成為《第三批國家級非物質文化遺產名錄》[12]。同年，粵劇進一步成為世界級的項目，獲列入聯合國教科文組織的《人類非物質文化遺產代表作名錄》。同一年，香港開展了「非物質文化遺產」的全港普查工作，目的是找出香港現存非物質文化遺產項目的情況，亦同時在這基礎上制定名錄，以便進行確認、研究、保育及傳承之工作。也就是這個過程，創造了「非物質文化遺產」這個名詞及相關的項目。

2011 年，香港申報的四個項目被確認為國家級非物質文化遺產名錄上的項目。這樣，連同粵劇及涼茶，香港便有了 6 個國家級項目。在 2012 年，經香港政府申報，大坑舞火龍傳承人亦成為了「國家級非物質文化遺產項目代表性傳承人」。

調查研究

制定清單是《公約》的要求，但香港並沒有這方面的經驗，如何制定呢？一個很自然的方向，就是以《公約》內容作為指導性原則，考慮項目的選取。我們首先進行文獻研究工作，從以香港研究為重點的學術刊物及關注民間文化的流行刊物中，選取有潛質的項目，編制一張有二百多個項目的「草擬清單」，作為調查研究的依據。在整個編制「草擬清單」及田野研究工作的過程中，工作小組定期將成果向由專家及學者組成的「非物質文化遺產諮詢委員會」匯報，並需要獲得委員會通過報告。

「草擬清單」上的項目，是來自研究文獻及雜誌文章，這些項目都曾經在香港社會存在。但在今天，項目是否仍然存在，我們還是要通過主動調查才可證實。由於很多民間智慧，如技藝知識及活動組織方法，都是以口述方式存在，沒有文獻記錄，我們需要到現場收集資料，記錄內容。我們以「參與觀察」（Participant Observation）的實地田野研究方法進行研究，[13]強調研究人員要走到社區裏，參與在活動中，觀察及記錄項目的實際活動過程；與活動的組織及參與者進行口述歷史訪問，了解活動的歷史沿革、內容形式及相關的傳説故事等。更重要的是要找出活動的組織者，因為他們的主動性是延續傳統的重要因素。

但當工作小組開始工作的時候，馬上便遇到一個問題，就是有些項目是按每年的週期進行的，例如宗族的點燈儀式及春秋二祭、慶祝不同神明生日的神誕活動、農曆七月的盂蘭勝會等。這些社區性的定期活動，都在某些固定時間舉行，於是不同的社區都會在同一個時間舉行活動，調查研究人員的調配，至為重要，因為錯過了的話，便要等待下一個週期的活動，才可以有機會進行研究。很多社區的太平清醮更是以五或十年為期，調查機會，不容錯過。研究太平清醮活動儀式的另一個挑戰是時間，一個太平清醮的儀式活動會分別在年初至年底不同時間舉行，需要安排研究人員進行長時間的研究工作。

表演及手工技藝等活動，大都沒有週期性的規限，對於訪問的安排，可以比較靈活，關鍵是如何尋找傳承人。不同的從業會員組織給予我們很大的幫助，但很多式微行業，則要嘗試透過不同的網絡及方式，才能聯絡傳承人。由於一般手工技藝項目與商業活動有密切關係，我們便到傳統商舖地區進行逐街逐舖的實地考察，訪尋傳統工藝技術的傳承人。對大多數式微行業的傳承人來說，他們都非常願意接受訪問，因為他們很希望他們的技藝能夠得到保存。但若果項目依然有商業價值的話，受訪者接受訪問時都比較謹慎，因生產內容與程序都被視之為商業秘密而不願意透露。另一個讓他們擔心的地方，是由於現時食物生產及工業安全都有嚴緊的法例監管，他們害怕在訪問的過程中會曝露他們的缺點，繼而會影響到他們的業務運作。

我們在進行調查記錄及訪問的同時，也不時發現新的項目。以「太平清醮」為例，那是一個大規模的社區性和週期性活動。活動裏面有很多不同的傳統元素同時存在，例如蓋搭臨時戲棚的技術、喃嘸儀式體系、粵劇神功戲、木偶戲、參加慶祝儀式的龍、醒獅及麒麟舞、祭拜時採用的家鄉特色祭品、在儀式場地售賣的特色食品，以及組織太平清醮的地方知識體系等等，都有可能被界定為非物質文化遺產項目，所以最後的建議清單內容，有別於原來的「草擬清單」。

全港性的調查研究工作，本來設計是將香港分為兩個地區，由不同團隊負責，結果是由香港科技大學華南研究中心全權負責，經過三年多的調查，對 700 多個本地非物質文化遺產個案進行了廣泛的研究和實地考察後，在 2013 年初完成整個調查，並經「香港非物質文化遺產諮詢委員會」審訂通過，提出了「香港非物質文化遺產建議清單」，清單共收錄了 209 個主項目，主及次項目共 477 個，於 2013 年 7 月開始為期 4 個月的全港公眾諮詢活動。首份「非物質文化遺產清單」於 2014 年 6 月公佈，收錄了 210 個主項目（主及次項目合共 480 個）。[14]

《公約》的界定

《公約》提出「非物質文化遺產」包含 5 大類別：(1) 口頭傳統和表現形式，包括作為非物質文化遺產媒介的語言；(2) 表演藝術；(3) 社會實踐、儀式、節慶活動；(4) 有關自然界和宇宙的知識和實踐；及

(5) 傳統手工藝。[15] 但這5個類別所包含的範圍非常廣泛，若以一個寬鬆的界定，可以包括了我們生活上的每一個細節。任何一個生活習慣，在一些人眼中，都可以成為非物質文化遺產項目。但在運作上，不可能把我們生活上的所有傳統，都放在建議清單上；而一張無窮無盡的名單也沒有意義。所以，《公約》也對「非物質文化遺產」作出了界定：

> 是指被各社區、羣體，有時是個人，視為其文化遺產組成部分的各種社會實踐、觀念表述、表現形式、知識、技能以及相關的工具、實物、手工藝品和文化場所。這種非物質文化遺產世代相傳，在各社區和羣體適應周圍環境以及與自然和歷史的互動中，被不斷地再創造，為這些社區和羣體提供認同感和持續感，從而增強對文化多樣性和人類創造力的尊重。在本公約中，只考慮符合現有的國際人權文件，各社區、羣體和個人之間相互尊重的需要和順應可持續發展的非物質文化遺產。[16]

《公約》沒有提供實在的例子，但指出非物質文化遺產項目是人類的實踐及表演的產物，人類本身就是非物質文化遺產的載體，知識與技術都是存在於人的思維裏。當非物質文化遺產能為「社區和羣體提供認同感和持續感」的時候，非物質文化遺產項目便增加了一個認同的意義。人們繼續維持該項目，並將之傳承到下一代，延續的不單是知識技藝，還有的是他們的身份認同。因此，世代相傳及為社區和羣體提供認同感和持續感，便成為考慮非物質文化遺產項目清單的兩個最基本元素。

由制定草擬清單，到進行調查研究，都是「非物質文化遺產」調查小組的主動工作。但是，認同感和持續感是主觀的感覺，縱然調查小組非常重視社區認同因素並曾作了全面的文獻研究，普查工作還是會有遺漏的可能；所以在進行普查的時候，也同時設立公眾申報的機制，讓人們主動申報他們認為重要的傳統。這個自下而上的申報方式，讓地方認同感發揮作用，讓非物質文化遺產的保育工作有更廣泛的公眾參與。在建議清單提出後，進行了為期 4 個月的公眾諮詢，這也是一個確認認同的設計，創造機會讓市民把自己重視的傳統項目申報，表達地方社會的認同。

地方歷史與社會組織

人類是非物質文化遺產的載體，非物質文化遺產項目的分佈，與人羣的歷史過程有着非常密切的關係。香港人口的組成與移動的歷史，是了解非物質文化遺產的形成與分佈的重要背景。

香港是珠江三角洲的一部分，我們要將香港置於珠江三角洲的歷史社會文化脈絡中去了解，才能明白構成香港現況的背景。在漫長的歷史過程中，香港與其他珠江三角洲的地方一樣，形成了不同形態的地方社會組織。新界的西北面及北面平原地帶，有充足的水源，曾經是理想的稻米耕作地帶，歷史上遠離王朝政治中心，地方社會要負責自己的社會運作，農田水利，地方治安等；這種環境有利於大型宗族組織的發展。[17] 宗族成員以崇拜一個共同祖先的方法，將一個父系組織的後代團結起來，開發土地、從事農業生產、為成員提供教育、設立自衛隊保衛宗族成員的生命和財產。他們也透過不同的週期儀式活動，維繫成員。這些大宗族有數百年的歷史，主導着地方社會政治經濟。

但香港的數百條鄉村中，能夠形成大宗族的並不多。很多不同姓氏的相鄰鄉村組成以「約」為單位的聯盟，保衛自身的利益，甚或與大宗族對抗。[18] 由於鄉約鄉村成員有不同姓氏，不能以一個祖先代表，於是神明便成為維繫地方社會的象徵符號。[19] 每年舉行一次的神誕活動，或數年舉行一次的太平清醮，便成為團結成員鄉村的週期性儀式活動。

在香港眾多的鄉村中，有些是細小的單姓村，他們會有小型的宗族組織，有自己的小祠堂；也有不少鄉村是由幾個姓氏的大家庭組成，他們便以村中神廳所供奉的神明，作為鄉村的集體符號。[20] 這些不同形態的地方社會組織，都會維持相類似的宗族或神誕儀式活動，但這些項目所包含的社會象徵意義便有所不同。

珠江三角洲水路縱橫，不同的地方，都有歷史悠久的水上居民社羣，[21] 香港的離島及海灣，也有不少水上居民聚落，[22] 水上居民多以捕魚為生，自稱為漁民。他們住在船上或棚屋區，長期受到歧視，到了1960 年代，他們才漸漸得到教育的機會。水上居民可以利用自己的漁船，沿着南中國海沿岸及珠江三角洲的水路網絡，在不同地方作業。他們的親屬也分佈在香港、澳門及珠江口沿岸的不同海灣。由於水上居民的流動性，他們的文化有一個比較廣闊的分佈範圍。地方週年神誕活動讓分佈在不同地方的漁民每年有聚首的機會，而漁民的婚禮活動，更是男女雙方親屬聚會的重要時刻。

香港的漁民按所操語言，基本上可分成兩個羣體。在本地及珠江三角洲水域生活了好幾個世代的漁民，所操的是與廣府話接近的「漁民話」，由汕尾一帶遷移到香港的漁民則操海陸豐話（或稱鶴佬話），自稱為鶴佬漁民。[23] 香港不同的港灣都有本地漁民，而鶴佬漁民的生活及作業範圍主要集中在香港的東面水域，鶴佬漁民的風俗習慣與操「漁民話」的本地漁民有很多不一樣的地方。

殖民地時代

香港位於南中國沿海的中間點，在以風帆船運輸的年代，季風貿易讓香港成為一個貨物與人口流動的港口，鄰近地區的人口和文化傳統，隨着商業運輸活動進入香港。香港島及部分九龍半島在 1842 年開始成為英國的殖民地之後，由於政治制度的不同，令香港成為一個有別於鄰近中國地區的小城市。香港開埠之時，華人在上環及石塘咀一帶聚居發展，很多與傳統商貿活動有關的行業，都在該地區發展及延續到今天。雖然香港島及九龍市區經歷急速的都市化，但仍保留了不少傳統社區活動，例如大坑及薄扶林村的舞火龍、潮州公和堂及三角碼頭的盂蘭勝會，筲箕灣的譚公誕，石澳及茶果嶺的天后誕，石澳與衙前圍村的太平清醮等。

1898年，英國租借新界，以之作為香港島及九龍半島的緩衝區，以免中國內地的亂局影響到英國在香港的利益。基於新界居民初期反抗，英國政府於是讓新界居民維持他們的風俗習慣。[24]這一個政策，為新界居民保留地方傳統創造了有利條件。由於新界作為一個緩衝區，發展建設都變得比較緩慢，也是這個原因，讓新界居民可以比較全面地保留了多樣化的風俗習慣。

新界北部的鄉村與其北面的深圳，本來同屬一個經濟生態地帶，深圳就曾經是新界北部鄉村的主要墟市；[25]新界的一些大宗族，在深圳及東莞都有分支。雖然英國在1898年開始管治新界，但新界與深圳的差異，到1949年之後才慢慢出現。1950年，中國政府關閉中港邊界，加上東西方冷戰，香港與中國內地的交流停頓。與此同時，中國內地開始的一連串政治運動，基本上破壞了深圳的地方傳統，兩地政治社會情勢不同，讓兩地社會朝着不同的歷史路線發展，今天的深圳河兩側，延續着不一樣的地方社會文化。

在1980年代初，中國改革開放後，很多地方社會慢慢地將傳統復興，但在30年的停頓之後，再形成的社會文化體系與從前的已不一樣，加入了不少創新元素。[26]香港也成為一個將傳統風俗習慣傳回國內的橋頭堡，以廣東及香港為例，縱然今天兩地有着同一個名稱的「非物質文化遺產」項目，但其項目內容及意義卻存在差異而有所不同。

百多年來，香港成為了一個可以容許中國傳統風俗習慣延續下去的地方，雖然這些傳統在香港沒有被中斷，但英國殖民統治的環境卻影響着傳統風俗習慣的延續方式，[27]也同時讓地方發展出一些新的、有別於中國傳統的風俗習慣。在英國管治期間，香港一直與外面世界保持連繫，西方的文化也同時影響着香港文化的構成。

移民與本土化

二次大戰、國共內戰、1950 至 1970 年代中國的政治運動、1960 年代的印尼排華等，都製造了很多苦難，很多人要離鄉別井。香港亦成為一個避難所，有些人以香港作為一個踏腳石，前往其他地方，但也有很多人最終在香港定居下來。這些移民也同時把他們的地方風俗習慣帶來，在香港延續他們祖先的傳統，形成了香港社會多元文化的背景。

進入香港的中國移民，[28] 很多是來自廣東及南中國沿海。基本上，這些移民來自不同的地方、操不同的方言、有不同的風俗習慣。他們來到香港時，大都身無分文，只有住在山邊的木屋區，從事低下階層的工作。在缺乏社區設施的情況下，廟宇神誕、盂蘭勝會及傳統民間宗教活動，便成為這些邊緣羣體的主要社區活動。

這些初到香港的移民，常常被主流社會排斥，因此他們只有團結鄉里，在陌生的環境中互相扶持，故鄉的傳統便成為凝聚同鄉的焦點。語言是一個重要的資訊載體，來自同一地區的移民自然會以家鄉的語言來溝通，族羣認同成為一項非常重要的文化資源。族羣組織為移民提供了一個合作的界面，成為聯絡、合作幫忙、建立認同的平台。福建移民在北角形成了他們的社區；海陸豐移民則集中在大埔及東九龍等地。[29] 族羣成員也會合作抗拒外人，從而壟斷一些行業及社會活動，例如潮州人在食米貿易上擔當着重要的角色；潮州人及海陸豐人社區在 1960 及 1970 年代，組織推動盂蘭勝會，自成體系。

但我們要理解，這些本土化後的風俗習慣已經離開了移民的故鄉，香港成為了一個傳承移民原居地文化的一個地方。族羣在香港延續自己的傳統，最主要的目的是凝聚族羣成員，幫助大家適應香港的生活。當這些風俗習慣本土化以後，他們的社會脈絡及其背後所承載的社會文化意義已有別於他們本來在家鄉的意義。

相隨着族羣傳統風俗的發展，潮劇及海陸豐的正字戲及白字戲就曾經非常流行，這是因為潮州及海陸豐社羣宗教活動的需要。但欣賞這些傳統戲曲的移民已經到了六、七十歲的年紀，而香港今天也沒有潮劇及海陸豐劇種的傳承人，偶有演出的時候，演員都是來自潮汕或海陸豐地區。很多移民的下一代，基本上已經放棄了父母的方言，也沒有興趣延續父母故鄉的風俗習慣，維持傳統成為年長一輩的工作。在香港出生的一代，有着與父母輩不一樣的成長歷史，在他們身上，族羣身份界線漸趨模糊。

都市化的歷程

英國管治香港之後，人口及工商業發展集中於香港島及九龍市區，與工商業有關的行業，都在市區發展起來，慢慢形成了都市居民的生活方式，促成對一些飲食及消費品的追求，使茶樓酒館、舞台化的演藝事業、珠寶首飾業及象牙、骨、木等雕刻業的傳統得到發展。[30] 但一些需要空間，或在生產過程中會產生氣味的行業，例如生產豆豉或醬油的醬園，製作豆腐或涼果的工場等，便只能在市區邊緣地方發展。在都市不斷的擴展過程中，這些行業也只有不斷向外遷移，到 1970 年代，很多都要遷往新界發展。

在同一個時期，新界也面對很大的轉變。新界農業生產開始面對廉價的輸入農產品的競爭，傳統農業經濟萎縮，改變了傳統社會的經濟基礎。加上由於香港人口大增，食水需求緊迫，政府要興建大型水塘，為市民提供食水，但由於水塘的引水道網絡伸展到新界的各個集水區，截去了地方水源，農田因缺乏水源而失收。另一方面，香港工業發展迅速，都市提供大量就業機會，農村年青人口大量外移；同時也有不少年青人跑到歐美國家謀生，[31] 鄉村地方都只剩下年長的居民。

在 1960 及 1970 年代來到香港的移民，有部分在新界定居，接手新界的農田耕作，但他們沒有繼續原居民的稻米耕作，因為輸入的食米價格低廉，種稻米難以維生。他們改種蔬菜，供應市區的居民。有些有資本的移民，便發展禽畜養殖業。但無論是蔬菜種植及禽畜養殖業，在 1980 年代中國改革開放後，都難以抵抗中國內地的低廉產品，加上香港開始實施嚴格的環境保護法規，禽畜養殖業的成本大大增加。過去十年，政府為了要減低禽流感的傳播風險而回收家禽養殖場牌照，令行業進一步式微。

香港經濟活動的轉型，加上全球化的產品競爭，社會上對一些傳統行業的需求大大減少。曾經供應香港大部分漁獲的漁業日趨式微，近年禁止拖網漁船作業後，漁業進一步萎縮。漁民放棄捕魚，他們所掌握的不同的捕魚方法，以及對海洋及天氣的傳統知識和口訣，都隨着漁業式微而慢慢消失。與漁業相關連的行業，如造船工業及漁具製造業等，也因為缺乏顧客而不能生存。

在缺乏就業的情況下，很多傳統行業如陶瓷工藝，藤器編織等，因缺乏傳承而在香港消失，但有趣的是有些傳統行業卻能夠透過產業遷移中國內地而存在。1980 年代中國實行改革開放，容許外資在內地設廠生產，由於中國內地工資相對低廉，生產成本低，讓香港的工廠轉到內地生產。在港商設廠的初期，例如首飾製造業，便需要聘請香港技師回國內指導工作，因而讓一個少數目的技師，傳承技藝。

傳統社會的人際關係比較密切，神誕、節日慶典及太平清醮等大規模社區性活動有着維繫社羣的作用。籌辦這些社區性的活動都需要社區成員的參與，出錢出力。社區成員的積極參與，也是社區凝聚力的表現。當經濟比較富裕的時候，參與的人會比較踴躍積極，但當經濟低迷之時，社區成員便會感到吃力，人手和經濟是延續活動的重要因素。

現在，認識傳統風俗習慣的一代已屆高齡，對他們來說，要維持傳統風俗習慣，在經濟及人力上都感到吃力。在城市工作居住的年青一代與傳統風俗習慣疏離，對維護祖先傳統的興趣比較冷淡。反而那些移民及落籍外國的鄉民，卻有興趣回來支持故鄉的活動。這些在 1960 及 1970 年代離開香港的年青人，在外國定居，結婚生子，但他們對家鄉念念不忘，很多人在退休之後，都會返回新界家鄉居住，或在大型宗教慶典之時，回來參加活動。今天新界很多大型的地區性宗教活動，如太平清醮、廟宇神誕等，都有賴海外華僑的金錢支持及他們身體力行的參與。這個全球化的回饋歷程，經過數十年才得以完成。

懷舊與身份認同

1997 年，香港回歸中國之後，主權改變，香港由一個殖民地變成為中國的一個特別行政區，「香港」的意義變得與從前不一樣，大家對自己是甚麼人有着不同的理解，由於一個人的身份認同，是由很多不同的歷史、社會及文化因素構成，甚麼是「香港人」也變得模糊。但近年來，中國政府似乎非常重視香港人的身份認同態度，香港人的身份認同成為不同政治力量角力的範疇，形成了強調認同政治的後 97 時代。

當大家對現狀有所不滿時，很自然會緬懷過去，選擇回憶過去的「美好」事物來對比今天的不滿，讓舊日的傳統變成為流行的事物。今日香港市區環境，缺乏鄰里關係及社羣組織，對社區的認同不是建構於實際的人與人的社區活動中。在缺乏傳統風俗習慣的都市社會裏，邊緣社羣的社區性非物質文化遺產項目，如長洲太平清醮的搶包山、元朗十八鄉的天后誕巡遊、大澳棚屋、盤菜、粵劇神功戲等，便漸漸成為都市居民可以選擇及追尋認同的對象。[32] 因為傳統的風俗習慣有着長久的歷史，可以成為有歷史根據的象徵符號。對缺乏地方文化的都市居民來說，這些傳統活動，成為他們用來建立認同的符號。大家從中追尋、塑造新的香港身份認同。

對邊緣社羣來說，社區成員對自己社區的認同，是地方社會運作的重要因素，成員在社區認同的前題下互相幫忙。當成員參與自己社區的活動時，與其他社區成員直接互動，建立人際網絡，這些非物質文化遺產是他們建立認同的基礎。對非物質文化遺產的維護，長遠來說可以是對邊緣地位的確認，為香港社會保留認同的基礎。

全球化脈絡中的國家與地方體系

《保護非物質文化遺產公約》指出項目要世代相傳，但也認為項目會在所處環境中被再創造。很多歷史悠久的地方傳統風俗習慣並不是單獨的存在，在一個地域範圍內，不同的羣體都可以傳承着相類似的風俗習慣。由於社羣成員之間會有經濟或宗教的交往、婚姻的交換，大家相互學習及採用對方的傳統元素，在歷史過程中，前來定居的移民會延續自己家鄉的風俗，進一步發展成為在地傳統。所以傳統風俗習慣的流播是很自然的現象，但學習與借用並不是一成不變的，地方社會會就自己的情況而將內容修改變動，項目內容在地區之間的差異也因而出現。有趣的是，差異往往會發展成為地方特性，成為建立地方認同的焦點。例如香港很多社區都會慶祝天后誕，但各個地方的慶祝時間及方式都會有所不同。又例如飄色活動，雖然源自珠江三角洲地區，但長洲的飄色活動，卻因加入了很多地方元素，而能自成一體，成為長洲社區的認同標誌。香港現在傳承着不同的武術傳統，這些武術都源於中國內地不同的地方，在不同的時候傳來，相信在數百年前，地方鄉村組織已經聘請武術師傅教授年青村民武術，組織更練團，保衛鄉村。在二次大戰後的數十年間，大批武術師傅移居香港，他們開班授徒，建立不同門派。個別師傅修改武術套路內容，形成新的支派，香港武術的傳承可以說是百花齊放。香港武術的發展並不局限在武術技藝方面，武術團體與神誕活動，粵劇神功戲的表演元素以及後來的功夫電影，都有密切關係。在香港「武術」只是書面用語，大家都稱之為「功夫」，經過長時間的傳承，「功夫」亦已成為香港的在地傳統。

在香港高度的都市化發展過程中，主要經濟活動只集中於維多利亞港兩岸，其他地方經濟缺乏發展，新界原鄉村及新移民社區都變成了邊緣地帶。邊緣社區的年青人都跑到市區工作，維持傳統風俗習慣的工作都集中在年長的社區成員身上，邊緣地區的經濟社會文化不斷萎縮，要這些退休人士籌募經費，只有愈來愈吃力。另一方面，在經濟全球化的過程中，很多傳統技藝產品都被大規模生產的工業產品所取代，傳承人不能營生，技藝因缺乏傳承人而失傳。

《保護非物質文化遺產公約》似乎可以為這些危機帶來希望，當非物質文化遺產項目的地位得到確認時，地方人士會覺得這是對他們的傳統、對主辦及參與羣體的肯定。當然，地方人士也在期盼資源的投入，減輕他們的經濟壓力。在這個非物質文化遺產體系建立的初期，大家都不知道體系的結構，資源分配的方式，但邊緣羣體都希望藉著非物質文化遺產的保育，確認項目與社羣的地位。

非物質文化遺產這個名詞在香港出現，以及保育工作的開展，中國及香港政府在整個過程中，扮演着主導的角色，而非物質文化遺產的保育工作也慢慢發展成為香港回歸後，認同政治的一部分。在這個認同政治的遊戲中，政府創造各級名錄、投入資源，邊緣社會希望得到資源和關注，不其然成為國家認同政治的一元。

在非物質文化遺產體系發展過程中，大家都非常關心資源，因為地方社會需要資源及認同來維持項目。為了成為國家級項目，大家都抱有競爭的心態，起源及真偽（Authenticity）成為大家關注的要點。在一張名單上的相類似項目的關係，每每以起源關係來解釋。共同起源論，與塑造國家統一認同有一個密切的隱喻關係。在執行《保護非物質文化遺產公約》的過程中，地方傳統的地位，透過層層的地方及國家名錄被確認，再通過國家申報，而成為世界級名錄的一員。在聯合國教科文組織所訂的《保護非物質文化遺產公約》下，非物質文化遺產體系巧妙地將地方社會傳統有序地按國家行政架構排列，營造大一統的局面，地方社會對世界級名錄的追求，進一步維持國家與文化的一統性。

中國幅員廣大，如何統一認同，一直是古今國家機器所關注的範疇。華琛以歷代天后崇拜為例，指出國家以收編地方神祇進入國家體系的方法，統一地方宗教信仰。[33] 他更強調國家希望將百姓的行為標準化，以達到文化大一統的目標。[34] 但中國的地域文化差異，是眾所周知的，科大衛與劉志偉引用華德英的「認知模型」，[35] 強調歷史過程的重要性，豐富了華琛的討論。他們指出地域文化差異，是由於人們的「自我認知」與對「大一統認知」有不同的距離，也就是這些距離，讓地方在悠長的歷史過程中，發展了自己的特式。[36] 正如上文提到項目傳承過程中每每會出現分岔（Divergence）或趨同（Convergence）的演變過程。起源及真偽並不能解釋當代的羣體認同感和持續感，非物質文化遺產體系的建立及地方的回應，正在延續着歷來國家與老百姓在統一文化範疇上的互動。

大埔大王爺誕，2008，（「香港非物質文化遺產清單」編號：3.2.2），廖迪生攝

接神，大澳端午龍舟遊涌，2012，(「香港非物質文化遺產清單」編號：3.23.1)，廖迪生攝

大澳端午龍舟遊涌，2012，(「香港非物質文化遺產清單」編號：3.23.1)，廖迪生攝

大坑舞火龍，2011，(「香港非物質文化遺產清單」編號：3.32.1)，廖迪生攝

井欄樹村安龍清醮，2011，(「香港非物質文化遺產清單」編號：3.42.3)，廖迪生攝

滘西洪聖誕，2014，(「香港非物質文化遺產清單」編號：3.11.4)，廖迪生攝

花炮，滘西洪聖誕，2014，(「香港非物質文化遺產清單」編號：5.41.3 及 3.11.4)，廖迪生攝

天后出巡，糧船灣天后誕，2014，(「香港非物質文化遺產清單」編號：3.18.10)，廖迪生攝

花牌、戲棚、糧船灣天后誕，2014，(「香港非物質文化遺產清單」編號：5.44、5.87 及 3.18.10)，廖迪生攝

1 參看廖迪生：〈「非物質文化遺產」：新的概念、新的期望〉，載廖迪生編：《非物質文化遺產與東亞地方社會》（香港：香港科技大學華南研究中心、香港文化博物館，2011），頁 5-14。

2 United Nations Educational, Scientific and Cultural Organization（聯合國教育、科學及文化組織），《保護非物質文化遺產公約》，2003，http://unesdoc.unesco.org/images/0013/001325/132540c.pdf。

3 我要感謝香港科技大學華南研究中心同事在全港普查工作中的努力，他們不辭勞苦，很多時候更要不眠不休地跟進儀式活動，進行調查記錄工作，我特別要感謝盧惠玲小姐在調查及統籌工作上的幫助。

4 「國務院關於公佈第一批國家級非物質文化遺產名錄的通知」，國發〔2006〕18 號，2006 年 6 月 2 日，http://www.gov.cn/zwgk/2006-06/02/content_297946.htm。

5 「國務院關於公佈第二批國家級非物質文化遺產名錄和第一批國家級非物質文化遺產擴展項目名錄的通知」，國發〔2008〕19 號，2008 年 6 月 14 日，http://www.gov.cn/zwgk/2008-06/14/content_1016331.htm；「國務院關於公佈第三批國家級非物質文化遺產名錄的通知」，國發〔2011〕14 號，2011 年 6 月 9 日，http://www.gov.cn/zwgk/2011-06/09/content_1880635.htm。

6 有關《國家級非物質文化遺產專案代表性傳承人認定與管理暫行辦法》，參看「文化部：我國非物質文化遺產保護取得矚目的進展」，2008 年 8 月 5 日，http://www.gov.cn/gzdt/2008-08/05/content_1064478.htm。

7 《中華人民共和國非物質文化遺產法》，2011 年 2 月 25 日，http://www.gov.cn/zhengce/2011-02/25/content_2602255.htm。

8 "Representative List of the Intangible Cultural Heritage of Humanity"（人類非物質文化遺產代表作名錄），http://www.unesco.org/culture/ich/index.php?lg=en&pg=00559。

9 「國務院關於公佈第一批國家級非物質文化遺產名錄的通知」，國發〔2006〕18 號，http://www.gov.cn/zwgk/2006-06/02/content_297946.htm。

10 參看鄒興華：〈保護非物質文化遺產：香港經驗〉，載廖迪生編：《非物質文化遺產與東亞地方社會》（香港：香港科技大學華南研究中心、香港文化博物館，2011），頁 107-119。

11 「香港『非物質文化遺產』的初步研究」，2007，http://www.heritagemuseum.gov.hk/chinese/PDF/summary_of_+pilot_study_LegCo_Final_c.pdf。「廣東省人民政府關於批准並公佈廣東省第一批省級非物質文化遺產代表作名錄的通知」，（粵府〔2006〕53 號），2006 年 5 月 10 日，http://www.fsou.com/html/text/lar/168824/16882489.html。

12 有關「大澳端午龍舟遊涌」及「大坑舞火龍」的研究，參看廖廸生：〈「傳統」與「遺產」：香港「非物質文化遺產」意義的創造〉，載廖廸生編：《非物質文化遺產與東亞地方社會》（香港：香港科技大學華南研究中心、香港文化博物館，2011），頁 257-282；廖廸生：〈從「傳統風俗」到「非物質文化遺產」項目：香港大澳端午龍舟遊涌活動的適應與變化〉，載李向玉、鄭煒明、胡柱鵬編：《「中國漁民信俗研究與保護」學術研討會論文集》（澳門：澳門理工學院，2013），頁 31-41。有關「長洲太平清醮」的研究，參看蔡志祥、馬木池：〈非物質文化遺產的承傳與保育：以長洲島的太平清醮為例〉，載廖廸生編：《非物質文化遺產與東亞地方社會》（香港：香港科技大學華南研究中心、香港文化博物館，2011），頁 283-293。

13 參看 Julia G. Crane and Michael V. Angrosino, *Field Projects in Anthropology: A Student Handbook*（Prospect Heights: Waveland Press, 1992）。

14 「香港非物質文化遺產普查建議清單」，2013，http://www.heritagemuseum.gov.hk/downloads/Draft_ICH_Inventory.pdf；「香港首份非物資文化遺產清單」，2014，http://www.heritagemuseum.gov.hk/documents/2199315/2199687/first_ICH_inventory_c.pdf。

15 《保護非物質文化遺產公約》

16 《保護非物質文化遺產公約》

17 參看劉志偉：〈宗族與沙田開發：番禺沙灣何族的個案研究〉，《中國農史》，1992 年第 4 期，頁 34-41；Hugh D. R. Baker, *A Chinese Lineage Village: Sheung Shui*（Stanford: Stanford University Press, 1968）；Maurice Freedman, *Chinese Lineage and Society: Fukien and Kwangtung*（London: Athlone Press, 1971）；Jack M. Potter, "Land and Lineage in Traditional China," in *Family and Kinship in Chinese Society*, ed. Maurice Freedman（Stanford: Stanford University Press, 1970）, 121-138；Rubie S. Watson, "The

Creation of a Chinese Lineage: The Teng of Ha Tsuen, 1669-1751," *Modern Asian Studies*, 16（1982）: 69-100。

18 參看 John Brim, "Village Alliance Temples in Hong Kong," in *Religion and Ritual in Chinese Society*, ed. Arthur P. Wolf（Stanford: Stanford University Press, 1974）, 93-103；廖迪生 :〈由「聯鄉廟宇」到地方文化象徵：香港新界天后誕的地方政治意義〉，載林美容、張珣、蔡相煇編：《媽祖信仰的發展與變遷》（台灣：台灣宗教學會、北港朝天宮，2003），頁79-94。

19 參看廖迪生：《香港天后崇拜》（香港：三聯書店（香港）有限公司，2000）；廖迪生：〈地方認同的塑造：香港天后崇拜的文化詮釋〉，載黎志添編《道教與民間宗教研究論集》（香港：學峰文化事業，1999），頁 118-134。

20 Judith Stauch, "Community and Kinship in Southeastern China: The View from the Multilineage Village of Hong Kong," *Journal of Asian Studies*, 43(1)（1983）: 21-50.

21 參看廖迪生：〈珠江三角洲東涌地區「圍口」生活變遷〉，載何霖、廖迪生編：《從滄海沙田到風情水鄉：珠江三角洲東涌社會生態變遷研究》，（北京市：中國戲劇出版社，2013），頁 1-17。

22 參看廖迪生、張兆和：《大澳》（香港：三聯書店（香港）有限公司，2006）；Eugene N. Anderson, *The Floating World of Castle Peak Bay*（Washington, D.C.: American Anthropological Association, 1970）；Hiroaki Kani, *A General Survey of the Boat People in Hong Kong*（Hong Kong: Southeast Asia Studies Section, New Asia Research Institute, 1967）；Barbara E. Ward, *Through Other Eyes: An Anthropologist's View of Hong Kong*（Hong Kong: Chinese University Press, 1989）。

23 參看廖迪生：〈西貢漁民社會組織與生活〉，載《西貢歷史與風物》（香港：西貢區議會，2003），頁 131-148；廖迪生：〈浮家泛宅：大埔漁民的社會與生活〉，載廖迪生等編：《大埔傳統與文物》（香港：大埔區議會，2008），頁 92-108。

24 參看 Patrick H. Hase, *The Six-Day War of 1899: Hong Kong in the Age of Imperialism*（Hong Kong: Hong Kong University Press, 2008）。

25 參看 David Faure, *The Structure of Chinese Rural Society: Lineage and Village in the Eastern New Territories, Hong Kong*（Hong Kong；New York: Oxford University Press, 1986）, 20 & 104。

26 參看 Helen F. Siu, "Recycling Tradition: Culture, History, and Political Economy in the Chrysanthemum Festivals of South China," *Comparative Studies in Society and History*, 32(4)（1990）：765-94。

27 參看鍾逸傑（陶傑譯）：《石點頭：鍾逸傑回憶錄》（香港：香港大學出版社，2004），頁 47-48。

28 參看 Edvard Hambro, *The Problem of Chinese Refugees in Hong Kong: Report Submitted to the United Nations High Commissioner for Refugees*（Leyden: A. W. Sijthoff, 1955）。

29 參看廖迪生：〈浮家泛宅：大埔漁民的社會與生活〉。

30 參看司徒嫣然：《市影匠心：香港傳統行業與工藝》（香港：香港市政局，1996）。

31 參看 James L. Watson, "Presidential Address: Virtual Kinship, Real Estate, and Diaspora Formation—The Man Lineage Revisited," *Journal of Asian Studies*, 63（4）（2004）: 893–910。

32 參看廖迪生：〈「香港集體記憶」中的大澳〉，載張志坤、陳志雄、胡仕芬編：《澳水漁風：人、情、事》（香港：香港基督教女青年會，2012），頁 15-20。

33 James L. Watson, "Standardizing the Gods: The Promotion of T'ien Hou（'Empress of Heaven'）Along the South China Coast, 960-1960," in *Popular Culture in Late Imperial China*, eds. David Johnson, Andrew J. Nathan, and Evleyn S. Rawski（Berkeley: University of California Press, 1985）292-324.（中譯本：華琛：〈統一諸神：在華南沿岸推動天后信仰（960-1960）〉，載華琛、華若璧編（張婉麗、盛思維譯）：《鄉土香港：新界的政治、性別及禮儀》（香港：中文大學出版社，2011），頁 223-256。）

34 James L. Watson, "The Structure of Chinese Funerary Rites: Elementary Forms, Ritual Sequence, and the Primacy of Performance," in *Death Ritual in Late Imperial and Modern China*, eds. James Watson and Evelyn Rawski（Berkeley: University of California Press, 1988）, 3-19.（中譯本：華琛：〈中國喪葬儀式

的結構：基本形態、儀式次序、動作的首要性〉，《歷史人類學學刊》，2003 年第一卷，第二期，頁 98-144。）

35 Barbara E. Ward, "Varieties of the Conscious Model: The Fishermen of South China," in *The Relevance of Models for Social Anthropology*, ed. Michael Banton (London: Tavistock, 1965), 113-138.

36 科大衛 、劉志偉：〈「標準化」還是「正統化」？：從民間信仰與禮儀看中國文化的大一統〉，《歷史人類學學刊》，2008年第六卷，第一、二期，頁 1-21。

從研究院研究課程收生與資助政策看國際化與大陸化下本土學術窘境*

佘雲楚

香港理工大學應用社會科學系

引言

自從2012年初的D&G事件[1]之後，一種排外性極強並特別針對來自中國大陸的人和事物的民粹本土排外運動正在迅速蔓延。內地人士被標籤化、污名化的手段層出不窮：例如被冠以「蝗蟲」、「強國人」、「支那人」、「港漂」（指漂泊在港的內地人）等極具侮辱性的稱謂。2012年立法會選舉中，也有候選人高舉「反大陸化」的旗幟而當選。2013年七一民陣大遊行，新來港婦女組織在其街站，慘被民粹本土支持者包圍，辱罵達一小時之久，而沒有其他遊行人士助其解圍。2013年9月初更有自稱「超過300名」的市民（包括兩名立法會議員），在本港及台灣報章刊登廣告，指摘內地遊客及持單程證來港的人數太多，拋出「源頭減人、抗融合、拒赤化」的口號，把眾多民生問題歸咎於大陸人及新移民頭上。 事件招至平等機會委員會主席周一嶽醫生公開表態，批評此等說法有歧視新移民之嫌。這股高漲的民粹排外本土意識，其實早已蔓延至大學校園。2013年中，一批網民在面書（facebook）上設立「反對本港大學濫收大陸學生」及「還我香港人讀書權利」等專頁，並在報章刊登廣告，要求政府正視大學內地生數目日增及港人讀書權利受威脅等問題。《蘋果日報》最近更以〈內地生要求普通話授課、城大碩士班爆中港罵戰〉為題，報導香港城市大學一個碩士課程，本地生與內地生為了老師授課語言而發生爭執(《蘋果日報》,2013年10月12日)。一時間「大學濫收大陸學生」、「港漂搶書讀爭工做……」等成為城中熱話甚至報章頭條,大有成為繼「反雙非孕婦來港產子」、「北區小學學位爭奪戰」、「反水貨及光復上水」等運動之後的最新戰線。

冰封三尺,絕非一日之寒。民粹排外本土主義的興起,自有其客觀的社會因素和主觀的政治動員所造成。本文無意深入分析這股民粹本土意識的內容及論點,也不打算詳細討論大學「國際化」之路的各種內涵及其優劣,與及各院校內裏所出現的中港矛盾。事實上,全球化與本土化本就是一對相生相克的孖生兄弟。全球化(更恰當的說法應是「全球主義論述的霸權」)在過去二、三十年的擴展,令全球各地貧富懸殊加劇;更激發各種模式的反全球化(反全球主義)運動。當中有以反資本主義為目標的左翼運動;也有各種右傾的民族/本土主義和原教旨主義運動。無可否認的是,所謂的「中港矛盾」,表面上可能是基於資源不足或分配不均;但更大的根本原因,是政府的施政不當。無論是孕婦牀位和奶粉供應不足、幼稚園和小學學位,以至大學學額都出現供求失衡,根本的成因,其實是政府一連串施政不當而衍生的問題。政府一方面鼓吹國際化和兩地經濟和社會的融合,但又不斷推出引致社會貧富加劇和窒礙社會流動的政策,更漠視國際化和兩地經濟融合所帶來的社會成本和對本地人權益的衝擊。

要有效地解決所謂的「中港矛盾」,絕不在於排除異己、閉關自守;也不單在於配套和設施上作出調節,從而減輕由此引發的負面情緒。更重要的是在政策上,提出一套有理有節的論述,才可以理服人,提升社會的正能量,並鞏固社會秩序的根基。本文將集中分析大學教育資助委員會(下稱「教資會」)對全球化的理解和論述,及其對本港大學和本土學術發展的禍害。由於篇幅所限,本文將聚焦於目前本港大學「研究院研究課程」(research postgraduate programmes,亦即哲學碩士和哲學博士課程)的收生和資助政策,因為這是最能顯示其「國際化」/「大陸化」政策的性質。

教資會的全球化論述與迷思

教資會對研究生的取錄和資助政策，背後源自一套有關「全球主義」的論述。如果說回歸前港英政府的管治哲學可以用「積極不干預」一詞來概括，那回歸後特區政府的管治哲學或可用「全球主義思維霸權下的忠心追隨者」來形容。兩者的分別其實不大。[2] 無論回歸前後，政府的施政一直是以經濟發展和商界利益為首要的考慮；所不同的，是回歸前後，正值是「全球主義思維霸權」當道之時，而特區政府對「全球化」之迷思亦更趨之若鶩，以至回歸後的每一份施政或顧問報告，均活像是有關全球主義的小學習作。

說這些報告對「全球化」論述的水平像小學習作的意思，是因為它們對「全球化」的理解甚為片面及膚淺；不幸的是，政府的決策卻往往建立在這些似是而非的觀點之上。這從教資會於 2010 年 12 月刊登的《大學教育資助委員會報告：展望香港高等教育體系》(下稱「報告書」) 可見端倪。報告書在名為「專上教育的目的」的第一章便開宗名義地指出，香港高等教育的目的，主要是要因應全球化的趨勢，為經濟發展而設：

> 全球一體化，是世界各地在經濟、政治和社會範疇的整合過程。這個趨勢令各地市場的連繫日益緊密，提高資金、人力和知識的流動性，並促使各個區域改變生產、貿易和合作模式，以尋求共同利益。……在全球化的經濟形勢下，必須提供知識密集和高增值的貨品和服務，才能脫穎而出……。上述分析顯然與行政長官在 2009 年 10 月 14 日發表的《施政報告》(“羣策創新天”) 的理念一致。行政長官強調，香港須建立高增值的知識型經濟，發展創新和知識為本的產業，以提升在全球的競爭力。……把資源投放於教育，尤其是專上教育，等於為經濟健全發展作出投資。……有見及此，香港政府亦把教育列為本港六大新優勢產業之一。(第 1.3 至 1.5 段)

報告書在第二章「高等教育的世界趨勢」中，指出一些全球高等教育發展的趨勢，包括透過提高入讀率以提升人口整體技術水平和社會公平，和保障教學和研究育質素；可惜這些工作是要在公共開支比例減少的情況下進行。因此，受資助的院校也要自行籌募經費；而高等教育更要開放予私營界別參與競爭。報告書亦坦白承認，「在全球一體化的過程中……已越來越企業化。……這意味着市場正影響着專上教育的性質」（第2.13段）。再者，「教育樞紐政策基本上把"教育"視為商品，用以交換經濟回報和各種間接附帶利益。我們認為，這並不等同國際化策略，但卻是國際化策略的重要部分」（第4.20段）。[3]

在討論「國際化」的第四章中，報告書認為政府及大學在國際化的領域上多方面已取得不錯的發展，例如在知名的國際大學排名榜上名列前茅、教資會資助修課課程的非本地學生限額增加至總數的20%、容許非本地畢業生留港工作、推行交換生計劃和安排學生到境外工作或學習、本地大學與境外團體進行多項研究合作、以至近期有些院校計劃在內地興建分校等。但報告書覺得「這些都是較為分散的措施」（第4.13段），並建議「院校和政府均須制訂清晰明確的策略，並作出長期承擔」（第4.12段）。

筆者無意否定大學必須與國際接軌，或全盤否定個別國際化措施對香港高等教育的重要性，但若要盲目跟從這些所謂「高等教育的世界趨勢」，則肯定不是港人之福。在未確立高等教育是否應朝國際化或全球化方向發展之前，我們有需要進一步了解所謂「全球化」的本質。「全球化」並非單指一個「自然」產生並不可抗衡的世界潮流；而更是一套源自西方新自由主義（neo-liberalism）、金融資本與及右翼政府/政黨結合而成的龐大政治力量下的產品（Scott 1997）。其重點是把西方資本主義經濟體系的結構性問題，歸咎於工會權力過大和社會福利過於優厚，至令生產力和競爭力下降。改革焦點自然是要大幅削減工會權力和社會福利，經濟方面則着重調低稅率、公營服務私營化（privatisation）和簡化對投資活動的監管(de-regulation)以吸引資金。教育政策方面是要為配合一個所謂「知識型經濟」的發展而作出改革;而高等教育的擴展,更被視為發展「知識型經濟」的不二法門。

與新自由主義並行的是「新管理主義」(new managerialism),即嘗試把私營機構的管理模式移植至公營部門之內。以高等教育的場域來說,其中最主要的是透過引入一連串「國際性」的量化指標,以作為品質管理和衡量院校及個別教職員表現之用(Mok and Chan 2002, Lok et al. 2005)。隨着教資會的指揮棒,本地各大學均以一些全球或地區性的大學排名榜為參考指標,務求能躋身榜上前列位置。這些用以評核各大學的水平或表現的準則(或評分比例)的排名榜雖然不盡相同,但大致上也離不開以下數項核心量化指標:一是該校教職員在以英語為主的國際學術期刊上發表文章的數目多寡及被引述的次數;二是該校教職員所獲取的具競爭性研究經費;三是教職員和學生的「 國際背景 」。這些指標不但與學術水平無必然關係,往往更把學術價值徹底扭曲。不少有識之士早已指出,過度而片面地追求國際化指標所帶來的惡果(Mok and Chan 2002, Lok et al. 2005)。而劉笑敢(2013)亦一語道破這些措施的荒謬之處:

> 事實上,當今世界著名哲學家沒有誰是靠競爭研究經費而寫出優秀著作的。Isaiah Berlin 不是,John Rawls 不是,Donald Davidson 也不是,勞思光、唐君毅、牟宗三都不是。顯然,一項研究成果的學術價值和學術能力並不與所花經費成正比。不花公帑一分錢,卻寫出優秀著作,不但得不到鼓勵,反而要受到懲罰,這是對誰有利的政策?對大學來說,總體來說,研究經費當然愈多愈好,但顯而易見的是:經費充足只是研究成果的必要條件,絕非充分條件。不要經費,少要經費,但做出研究成績更應該獲得獎勵。(劉笑敢,2013)

「全球化」只是富裕階層和金融資本家的美夢；但對一般市民卻是噩夢的開始。愈來愈多人意識到新自由主義、新管理主義、和全球主義的結合，令過往三十年間各國貧富日益懸殊；在扣除通脹後，中、低下階層人士收入不升反跌，而富裕階層則收入和資產暴增。2008 年金融海嘯更加暴露了整個全球資本主義制度的荒謬和不可持續性。所謂「知識型經濟」更與市民期望有大幅落差，即使以美國為首的「知識型經濟」體系來説，絕大部分新增職位只屬低技術服務性行業。在美國，1970 年時每一百個的士司機之中，只有一個持有大學學位，現在已增加到 15 個。擁有大學學歷的消防員，亦由 1970 年的 2% 跳升至現在的 15%（丘亦生，2013）。大量電腦化或自動化，只會令不少工種需要的技術含量下降。很明顯，若在發展「知識型經濟」時不顧及社會公平的情況，而大幅增加學額，只會令學位貶值，從而引發年青畢業生的不滿情緒。這種情況，舉世皆然。在美國，目前已有超過六或的高中畢業生進入大學，在「教育通漲」（educational inflation）的情況下，大學學位的價值自然日趨貶值。不少青年人為了加強自己在職業市場上的競爭力而不惜舉債入讀心儀院校或課程；但畢業後卻發現新增的學歷並不能幫助他們早日還清債項。現今美國的大學生欠債額更達國民總產值（GDP）的一成水平（Collins 2013）。香港方面，青年協會一項調查發現，基於財政壓力，「有三分之二大專生過去一年曾做兼職，每月平均做 34 小時。……另外，分別有 61% 及 56% 的自資課程學生及資助課程學生表示，預計自己 30 歲或以後才能還清款項」（《明報》，2013 年 10 月 25 日）。這些學生畢業後的情況也令人擔憂，因為本地大學畢業生在過去十五年來的平均起薪點亦只是原地踏步。[4]「知識型經濟」這概念部分源自「人力資本理論」（human capital theory），即認為透過教育可提升個人的生產力；所以政府對教育的支出應被視為一項長遠的社會投資（容萬城，2002）。支持這理論的證據是大部分富裕國家對教育的支出都高於貧窮國家，生產力亦然。但即使在個人層面，教育或可提升個別工人在勞動力市場的相對競爭力，也不等於在社會層面上增加教育投資可促進整體經濟發展。批評者更指出這理論往往倒果為因，即富裕國家並不是因為投放大量資源於教育而致富，而是因為他們富裕才可為教育而付出更多。從現實中也有不少例子反證人力資源投資可以促進經濟發展的説法，丘亦生（2013）便指出菲律賓的識字率，過去一直高於台灣，但台灣的人均 GDP 隨時是菲律賓的十倍；而南韓的識字率也低於阿根廷，但一樣可以拋離後者的經濟表現。可見無論「知識型經濟」及「人力資本理論」這些東西，從來都不是甚麼真知灼見，或放諸四海皆準的真理。鄧皓文（2013）在審視本地一些相關數據後，亦得出「所謂 Knowledge Society 或 Information Society 的概念，是一種錯誤的理論」的結論。

「全球化」既然只是富裕階層和金融資本的美夢，這就難怪整份報告書對社會公平的落墨甚少。在報告書提出的 40 項建議中，與社會公平相關的竟然連一項也沒有！其內容涉及社會公平的地方只有兩點。一是在介紹「高等教育的世界趨勢」時，指出 :「首先，幾乎所有地方都致力提高入讀率，讓更多有志提升其知識基礎的人接受教育，特別是大專程度的教育。這個趨勢的成因有二。第一個原因是經濟因素：要在全球競爭中取勝，必須有受過良好教育的工作人口作為基礎，而高等教育“普及化”的目的，就是提升人口整體技術水平。這是“知識型經濟”所包含的概念：要生產高增值產品，就必須增加具備足夠先進技術和知識的人口比例。第二個原因關乎社會公平（這個理念在英國和澳洲的現行公共政策中，彰彰甚明）。讓昔日無機會接受專上或高等教育的社羣有機會升學，以促進社會融合」（第 2.3 段）。這裏雖然提到社會公平這理念在個別西方國家的公共政策中佔有重要地位，但卻沒有建議特區政府應如何在高等教育制度內體現社會公平這理念。

報告書第 4.22 段有間接觸及社會公平的地方 :「相比世界各地的優秀大學，香港政府把修課形式的學士學位課程的非本地學生比例定為

20%，在目前來說是恰當的做法。我們認為這個比例不會嚴重影響本地學生的升學機會。雖然鼓勵內地學生來港就讀十分重要，但院校如要達到真正國際化，便須招收更多不同國籍和文化背景的學生」。報告書是這樣描述非本地學生對院校所帶來的裨益的：

> 首先……學業成績優異的非本地學生更有助提升學生整體學術表現和校譽。目前，全球的大學都爭相招收成績優異的學生；雖然香港的大學的良好聲譽和持續的推廣活動已足以吸引優秀的學生，但我們認為要吸引頂尖的學生入讀，必須給予財政上的獎勵。現時已有一些財政獎勵措施，包括博士研究生獎學金計劃；為數 10 億元的香港特別行政區政府獎學基金，以資助修讀公帑資助全日制學士學位或以上課程的本地和非本地學生；以及可供院校用作發放獎學金予非本地學生的第五輪配對補助金計劃等。我們認為這個吸引非本地生的策略，應得到更高度重視和更多投資。只把非本地學生視為收入來源，而忽略了投資在他們身上可為香港的質素和價值帶來的好處，是十分短視的看法。……另一個好處，就是為香港學生締造多元文化的學習和社交環境。我們……聽到不少關於本港學生和畢業生視野過於狹窄的說法。有種來自僱主的意見認為，香港近年的畢業生對香港以外的世界所知太少（並表現得漠不關心），似未能適應香港必須立足於全球化經濟的新形勢。我們認為，招收非本地學生是解決這個問題的方法之一。學生離鄉別井到海外接受高等教育，反映他們積極進取，對未來有抱負。單憑這一點，我們已可預期國際學生可為香港帶來正面影響。（第 4.23 － 4.25 段）

筆者認為，非本地學生佔 20% 的比例，是否真的「不會嚴重影響本地學生的升學機會」，並不是一個報告書或教資會有資格決定的問題，而應由市民或透過其代表定奪。由於篇幅關係，本文不能深入討論與修課形式的學士學位課程相關的議題，但相信一些基本數字能有助社會大眾思考教資會的做法是否合理。香港在 2013 年有 2.8 萬名文憑試考獲最低入讀大學資格，但在 2012/13 年度只有約 1.6 萬個受資助的學士學位課程一年級的名額；扣除非聯招的 2000 多個名額（包括來自外國和本地國際學校的畢業生，及非本地生），便只餘約 1.4 萬個。換言之，我們仍然每年有為數約 1.3 萬多名本地生，符合入讀本地大學資格但又未能升讀受資助的大學課程。正如《明報》的一篇〈社評〉指出：「若透過公平考試取得的資格，得不到應有回報，會貶損考試的實質意義」（《明報》，2013 年 8 月 10 日）。政府辯説增加非本地學生人數可加強本地生的國際視野，可是騰出寶貴學額給非本地學生，必然減少本地生入讀大學的機會 。在增收非本地學生的同時，政府是否有責任以同等待遇資助本地生前往本地私立院校或海外大學升學呢？畢竟報告書也承認：「增加非本地學生的人數和比例，只是幫助本地學生培養國際視野的方法之一。毫無疑問，要體驗外地的歷史、文化和風土人情的最佳方法，就是親身前往外地生活」（第 4.29 段）。[5] 但若論及社會不公平的嚴重程度，還看香港研究院研究課程！

香港研究院研究課程為誰而設？

筆者在 2013 年 2 月 16 日的香港電台節目「香港家書」中早已提出〈香港研究院研究課程為誰而設？〉這一問題 （佘雲楚，2013 ）。政府盲目信奉「全球主義」和「國際化」，以為大量增加非本地生學額，便可提升本地大學的「國際」地位和本地學生的國際視野。這種思維，直接影響本地生升讀受資助大學課程，以至入住宿舍，和獲得其他資源的機會。這種趨勢，發展最烈的莫過於以公帑資助的香港研究院研究課程的收生和資助模式。

表一：按修課程度及原居地劃分的教資會資助課程的非本地學生人數，1997/98 及2012/13

	1997/98				2012/13			
修課程度	中國內地	其它地區	總計	佔全部學生的百分比	中國內地	其它地區	總計	佔全部學生的百分比
副學位課程	1	3	4	<0.5%	-	1	1	<0.5%
學位課程	7	68	75	<0.5%	6315	2084	8399	11%
研究院修課課程	39	126	165	1%	62	32	94	3%
研究院研究課程	898	212	1111	29%	4586	581	5166	76%
總計	945	409	1355	2%	10963	3698	13661	15%

資料來源：教資會網站 http://cdcf.ugc.edu.hk/

從表一可見回歸十六年來，非本地生在教資會資助課程內人數和比重的轉變。在1997/98年度時，由教資會資助的非本地生總共只有1,355名，只佔全部學生的2%。其中本科生（修讀學士學位課程的學生）有75名，只佔全港少於0.5%的受資助學士課程學額。修讀研究院研究課程（包括哲學碩士和哲學博士）的非本地生比較多，有1,111名，但亦只佔該類課程學額的29%。到2012/13年度時，非本地本科生已升至8,399名，佔整體受資助學士課程學額的11%。同期間非本地研究生的數目和比例，更增至5,166名，亦即佔該類課程學額的76%強。在修讀研究院研究課程的非本地生當中，來自中國內地的研究生所佔的比例，更由1997/98年度的80.8%，升至2012/13年度的88.8%，亦即佔總體研究生的67.4%。這一方面令教資會以「國際化」的理由容許並鼓勵院校多收非本地生不攻自破，大量的大陸生也容易激化前面提到的中港矛盾。在國際化和大陸化的收生政策下，本地研究生已淪為「少數民族」，佔整體研究生的比例不足兩成半。之所以這麼大的分別，是因為政府規定用公帑資助的高等教育院校所取錄的非本地生人數，最多可佔副學位、學士學位、和研究院修課課程核准學額的兩成。[6] 而研究院研究課程則沒有任何配額限制。所以，有志在本地進修的本港大學畢業生，便要面對全中國以至全世界的競爭。這不單對他們不公平，更涉及是否適當運用公帑的問題。須知道以 2011/12 年度的價錢計算，一個學士學位課程的平均學生單位成本為每年港幣 233,000 元，而一個研究院研究課程的平均單位成本則高達每年 516,000 元。在八所教資會資助院校間，更有共識把這款項約三分之一數目，給予每一個修讀研究院研究課程的全日制學生，為期兩年（哲學碩士課程）或三年（哲學博士課程），每月大約 14,000 港元的生活津貼。

亦由於教資會在分配研究院學額予各院校時，並沒有區分哲學碩士和哲學博士課程；但在撥款的時候，院校每收一個博士生可獲三年的撥款，而碩士生則只有兩年的撥款，變相鼓勵院校傾向取錄博士生。除了資源差別之外，另一令越來越多的學系傾向錄取哲學博士生多於碩士生的原因，是博士生的學術水平較高，研究能力亦較強，更能協助論文導師出版研究成果；最終對提升該導師和學系的國際地位的貢獻會較碩士生為大。這一眾因素自然導致院校傾向收取博士生，而減少取錄碩士生，亦間接收窄本地學士課程畢業生進修的門路。因為一般而言，哲學碩士的資歷，正是入讀哲學博士課程的先決條件。2013 年初，香港理工大學曾試圖效法某些院校，計劃取消哲學碩士課程，而只錄取哲學博士生。但由於部分學系反對，才最終作罷；不過這也不能阻止個別學系以哲學博士生為主要錄取對象的趨勢。但若單以「提升香港的研究質素」（第 4.37 段）而言，一名研究生的每年成本的 50 多萬元，若作為年薪，已足夠聘請大約二名已擁有博士資格的非教授職系的全職教學或研究人員（視乎級別及院校）。前者可以減輕教授職系教學人員的教學工作量，令他們釋放更多時間從事研究工作，後者能提供較研究生水平更高和穩定的科研人員；而兩者均可為本地研究畢業生提供就業機會。所以，為「提升香港的研究質素」而以目前資助模式大量取錄非本地研究生，並不成立。

為了令本地大學的研究課程更具吸引力和「競爭性」，教資會轄下的研究資助局（研資局）在2009年更推出「香港博士研究生獎學金計劃」（Hong Kong PhD Fellowship Scheme），旨在吸引世界各地優秀的研究生來港進修。每年百多名獲獎的博士研究生除了可豁免學費外，更可以得到為期三年，每月港幣20,000元的津貼，變相較一般研究生的每月14,000多元津貼（但仍要每年繳交四萬多元學費）高約一倍。在2012/13學年研資局共收到4,785份來自全球106個國家及地區的申請書，經評審後共有185名「精英」獲頒授獎學金（2014/15年度將配額增至逾200名）。這項計劃雖然原則上並不排除本地生申請，但其目的及結果均為非本地生而設，至今已有超過五百名來自四十多個國家 / 地區的學生受惠。

表二：按原居地劃分的教資會資助研究院研究課程的本地及非本地學生人數，2007/08至2009/10

	2007/08	2008/09	2009/10	平均每年升 / 降幅 (%)
本地學生	2646	2420	2249	− 7.8%
中國內地	3036	3324	3830	+ 11%
亞洲其他地區	110	118	146	+ 13.2%
其他地區	79	98	107	+ 14.1%
非本地學生人數總計	3225	3539	4083	+ 11.13%
總計 （本地生＋非本地生）	5871	5959	6322	+ 3.64%
中國內地學生佔總非本地學生人數的百分比	94.14%	93.9%	93.8%	
中國內地學生佔所有研究生人數的百分比	52.5%	55.78%	60.58%	
資料來源：教資會網站 http://cdcf.ugc.edu.hk/				

表三:按原居地劃分的教資會資助研究院研究課程的本地及
非本地學生人數，2010/11 至 2012/13

	2010/11	2011/12	2012/13	平均每年升 / 降幅 (%)
本地學生	2236	1805	1653	－ 14%
中國內地	4041	4298	4586	＋ 6.1%
亞洲其他地區	216	280	335	＋ 19.7%
其他地區	149	188	246	＋ 22.2%
非本地學生人數總計	4406	4767	5166	＋ 7.65%
總計 (本地生＋非本地生)	6462	6572	6819	＋ 2.65%
中國內地學生佔總非本地學生人數的百分比	91.7%	90.16%	88.77%	
中國內地學生佔所有研究生人數的百分比	63.12%	65.4%	67.25%	
資料來源：教資會網站 http://cdcf.ugc.edu.hk/				

表二和表三陳列了分別由 2007/08 至 2009/10 年度及 2010/11 至 2012/13 年度按原居地劃分的教資會資助研究院研究課程的本地及非本地學生人數。前者為「香港博士研究生獎學金計劃」未推出之前三年數字，後者為計劃推出之後三年數字。從兩表的數字可見，來自中國內地的非本地研究生人數在過去六年間均逐年遞增，但在增幅率上確有緩慢之勢，由 2007/08 至 2009/10 年度的 11% 平均每年升幅率減至 2010/11 至 2012/13 年度的 6.1%。而來自亞洲及其他地區的非本地學生人數及增幅率，則在該計劃推出之後更為明顯。在 2012/13 年度，來自中國內地的非本地研究生佔總非本地學生人數的百分比，已由 2007/08 年度高度的 94.14% 降至 90% 以下；但仍佔接近 89% 強。不過，大陸生佔所有研究生人數的百分比卻仍然每年遞增，由 2007/08 年度的 52.5% 加至 2012/13 年度的 67.25%。之所以如此，是本地研究生無論在人數或比例上均出現逐年下降趨勢。在該計劃推出之前三年本地研究生人數已出現

平均每年下降約7.8%；而在該計劃推出之後更倍增至每年下降約14%。

這種向非本地生傾斜的研究院收生政策早已令一些有志進修的本地大學畢業生不滿。一般而言，有志在本地大學進修的畢業生可選擇全日制課程（full-time programme）或兼讀制課程（part-time programme）兩種渠道。但由於教資會對兼讀制課程沒有資助，而學生所繳交的學費又與「成本價」相距甚遠，多數院校已停辦兼讀制研究院課程這項「賠本生意」；而本地生在報讀全日制課程時卻又要面對龐大競爭；其沮喪之情，可以想見。

可是，政府與教資會對「國際化」的迷戀並沒有因為一些反對聲音而動搖。立法會議員黃碧雲曾在2003年4月18日致立法會教育事務委員會主席的信件中，要求政府就研究生的取錄及資助政策解說。教育局於2013年5月10日的答覆中，強調：

> 研究工作是發展高等教育和提升經濟競爭力的重要一環。……先進的高等教育體系如英國和美國，一直以來都吸引大量非本地生修讀研究院研究課程，……以英國為例，研究院研究課程的非本地學生比例為40%-50%，而一些國際頂尖的大學，非本地研究生的比例更高達60%-70%。

另外，教育局認為研究生對本地高等教育的貢獻亦不只於以研究工作來提升學術水平和知識發展。除了研究工作之外，研究生也會「協助教學工作（例如擔任導修課導師及評卷員），作為本科生與教學人員之間的橋樑」等。[7] 並表達支持「教資會資助院校錄取研究生的原則是以學業成績和研究能力為基礎，擇優而取，並非考慮學生的來源地」。即使如此，教育局表示，在「2012/13學年，非本地生（包括內地學生）報讀教資會資助研究課程的申請只有約10%獲院校取錄，而本地學生的申請約有25%獲院校取錄」，所以本地生的入學機會仍遠高於非本地生。

關於「香港博士研究生獎學金計劃」，教育局指出自計劃成立以來，由於本地生約有6%至9%的申請獲得獎學金，倍於非本地生3%至4%的成功申請率，所以本地生的權益並無受損。而「鑒於計劃的目的是吸引全球最佳學生在港修讀以研究為本的博士學位課程，從而提升香港院校整體的研究能力，並推動本港高等教育國際化」，因此教育局理認為該計劃「的資助對象與其目標吻合」。

黃碧雲認為教育局的答覆並未能令人滿意，並在2013年5月31日再致函立法會教育事務委員會，要求教育局再作解釋，特別是「當中內容並未清楚解答為何特區政府要全面資助外地生就讀本地受公帑資助的研究院研究式課程〔與及其〕學額不設上限，以確保本地教育資源用在培育本地研究人才身上」；亦「未有回應會否將本地生及外地生的資助形式與準則分拆，〔以〕保障本地學生的升學機會及享用本地教學資源」。另外，局方只以英美大學招收海外研究生數量作辯解，卻「沒有指出在英美等地的大學研究院招收外地學生的學費是否有別於當地學生的問題，也將公立和私立大學的數據混淆」。事實上，雖然有不少海外的公立大學招收大量的海外研究生，但往往會收取較本地生高出多的學費（一般是「成本價」以上，只有極少數量的優異生能獲取資助）；這才不會蠶食本地公民的權益。至於把本地學生的「成功入學率」或香港博士研究生獎學金計劃的「成功申請率」來與非本地生的作比較，更是一種概念上的移形換影。由於兩者的基數不同（更莫說兩者應有不同享用香港公共資源的權利），根本就不能如此比較。

對於黃碧雲的第二次質詢，教育局於2013年6月19日致函立法會教育事務委員會，再次強調：

> 本地院校按照擇優而取的原則，錄取優秀的研究人才修讀研究院研究課程，是國際學術界的普遍做法，有助提高本地研究水平，對香港高等教育發展以至整體科研發展均有裨益。為研究生來源地設限，會驅使部分高質素的研究人才和項目流失往其他地方，窒礙本地高等教育的學術

> 發展，……令公帑的運用難以發揮最大的效能。……現時本地學生入讀研究課程的機會其實遠比非本地生為高。此外，院校可超額取錄的研究院研究生數目，最多是該校核准研究生學額的 40%。多年來，院校一直靈活運用超額收生的彈性，……2012/13 學年，研究院研究課程學生的實際數目為 6773 人，比 2012/13 至 2014/15 學年的三年期內核准研究生人數指標（每年 5595 人）多 21%，亦即只佔 40% 超額收生上限約一半。如有傑出的本地學生申請入讀研究課程，教資會資助院校仍有大量空間……。[8] 可見本地學生無論在報讀研究生課程或享用教學資源，並沒有受到外地學生的影響。……國際頂尖大學研究院研究課程的非本地學生比例一般較高，……各地大學對資助非本地研究生的收費政策不同，但同樣以不同方式，例如獎學金、助理教席等，吸引人才。總括而言，我們強調推動香港高等教育研究工作的發展必須有長遠的目光和國際的視野。支持本地高等院校引進優秀的研究人材〔才〕和項目，將有助鞏固香港的科研實力，惠及整體的經濟發展。（教育局 2013）

由此可見，教育局的答辯只是一貫的老調重彈，像一部人肉錄音機一樣不斷地重複着同一個有關「香港高等教育國際化將會惠及整體經濟發展」的觀點。對於不想聽到的問題，便乾脆選擇性地不回答。例如英美等地的大學研究院，就算全部都不為非本地生人數或比例設限（這當然不是事實。前美國總統布殊便曾經為中國留學生設限），也總不會為所有非本地生豁免學費罷！就算全部豁免學費，也絕不會連生活費、參加學術會議費及「雜費」（associated money）等也一應提供。說得難聽一點，人家的才是能賺取外匯的真正「教育產業」或「教育樞紐」，港府官員卻只會口說「教育產業化」，實質不停把寶貴的公帑或稀有的公共資源給予非本地學生，及非本地辦學團體來港牟利，[9] 是徹頭徹尾為他人作嫁衣裳的「偽教育產業」。

政府花巨額公帑資助本地及非本地研究生，是否真的能夠「惠及整體的經濟發展」並不是一個容易解答的問題。一些國家（如星加坡）為了吸引人才，的確會對從事某些科研項目的優秀非本地研究生提供各類優惠；但當然不是所有被取錄的非本地研究生也獲得資助。再者，這些國家亦往往會要求獲獎者承諾在畢業後留在當地工作一段時期（有時並為他們安排合適工作）。從挽留人才角度看，若能令外地生留下服務，即使動用公帑資助他們也可算作合理投資。反觀香港並沒有這方面的安排。由於香港欠缺高科技產業，高學歷研究生的市場需求甚低，絕大部分的非本地研究生畢業後也沒有留港工作。根據《文匯報》2013 年 6 月 13 日的報導:「教資會近日公佈 2011/12 學年 8 大院校資助全日制畢業生就業數據，…… 數字顯示，截至去年底，總體失業率為 1.8%，研究院修課課程約為 1%，而修畢研究院研究課程者，失業率卻高達 3.9%。就業不足率方面，則以副學位的 5.8% 較高，但研究院研究課程亦達 4.2%，學士學位及研究院修課課程則分別為 3.8% 及 1.1%」。換言之，有超過 8% 的研究院研究課程畢業生屬失業或就業不足，間接證明這個「香港高等教育國際化將會惠及整體經濟發展」論述站不住腳。既然大部分非本地研究院研究課程畢業生，都不能夠或不願意留港工作，貢獻本港經濟發展固然無從說起。退一步說，即使香港真的需要這類人才，也可以直接透過輸入專才計劃而達到目的，[10] 而不需以公帑補貼大量非本地研究生。政府更可提供誘因，鼓勵企業直接培訓科研人才；說到底，只有企業本身才最了解自身對哪類人才的需要。

即使我們接受政府和教資會以「擇優而取」的原則錄取研究生，即以學業成績和研究能力為錄取標準，難道我們就可以置社會公義和公民權益於不顧？要兼顧「擇優而取」的原則和本港學生權益其實也不太難。若果政府認為為了增加本港的「國際化」和競爭力，花費巨額公帑資助非本地生來港就學和非本地辦學團體來港辦學是值得的話，那政府就不可能反對最少以同等待遇資助本地生出國留學或本地辦學團體進軍海外，因為他們更能增強本港的「國際化」和競爭力。況且政府在別的政策範疇，早已推出「錢跟病人（或服務使用者）走」的資助模式，那又有甚麼理由，不把這構思推廣至高等教育及研究院？政府欠市民的，就是一個解説：為甚麼不？[11]

這裏需要強調，這不涉及筆者個人是否贊同這樣做，而是若非如此，政府不能對現時的雙重標準自圓其説。就筆者個人意見而言，現時強制性及一刀切地給予所有研究生（包括本地和非本地研究生）生活津貼的做法本就不妥。強制性地給予所有研究生生活津貼，只會吸引一些並非鍾情於學術，而只因一時未能在職業市場上找到「理想」工作的人士而報讀。再者，部分研究生亦未必需要這份生活津貼；那又為甚麼不把資源用在真正有需要的人士身上呢？研究院研究課程的設計，傳統上是為學術界培育接班人。可是隨着各地大學大幅擴展研究生學額，已遠遠拋離高等教育新增職位的數量，研究生畢業後出路問題，便日益嚴重，也非香港獨有（The Economist 2010）。美國部分院校亦正進行研究院研究課程改革。簡單地説，筆者認為，若果社會堅持研究院研究課程的目的是為學術界培育接班人，那為了增加教授們的論文數目而過度收生便是不負責的行為。若果社會不再堅持為學術界培育接班人作為研究院研究課程的主要目的，那便應進行課程改革。當然，有人會認為院校應為業界培訓人才，助長經濟發展；但這不等於業界一定需要哲學碩士或博士的資歷。何況為工商業界培訓人才不應該是大學研究院的基本責任；況且前面已説過，為業界培訓人才的工作，最好還是交回業界（或與院校合作）處理。

「國際化」及大陸化對本土學術發展的影響

除了社會公平之外，全球化和國際化對本土學術發展的禍害，也不容忽視。當本地大學日益邁向「國際化」的時候，對大學教授有關研究和著述的要求便愈高，大學教授便愈希望能當指導研究生的導師，而這些研究生愈達「國際水平」，便愈能夠幫助大學教授研究並出版具「國際水平」的學術論文，對大學教授們的晉升幫助至巨。而內地生亦一般較本地生和國際生更加任勞任怨，亦較了解內地情況，方便教授們進行有關中國的學術研究。而「中國研究」在中國崛起的當今亦大有「市場價值」，即相對地容易於被國際學術期刊接納刊登。反觀以本土議題為重點的「香港研究」之「市場價值」相對較低，便在這趨勢下日漸被邊沿化。這種情況，甚至令不少本地學者轉向從事研究與中國相關的項目，令研究資源出現錯配。

可是，當院校愈來愈傾向以「國際」標準聘任教授級系職員的時候，當絕大部分研究生學額由非本地生取得的時候，便自然會嚴重影響本地學術的薪火相傳。這些「國際」聘任標準往往不利於剛肄業的本土學者，令他們無緣踏上八大的仕途。愈來愈多的本土學者已淪為高教界裏的「二等公民」，[12] 在八大裏肩負着繁重的行政和教學工作，但又晉升無望；又或只能在私立大學及其它社區院校任職 。這些工作環境，一般也不能提供一個有利他們發展研究工作的空間，讓他們盡展潛能。而非本地研究生和學者卻一般對與本地有關的研究課題興趣不大。長此以往，香港的大學只會成為建築於香港的大學（universities in Hong Kong），而不是屬於和關於香港的大學（universities of and for Hong Kong）。這對一些需要緊貼本地社會脈搏和掌握本地社會脈絡的學科尤其重要，因為只有當大學裏的教研人員能夠與業界及外圍社會建立關聯（包括情感上的關聯），才能產生真正的「知識轉移」（knowledge transfer） 和成就能與社會共舞的畢業生。目前已有不少學系充斥着不少著作等身的「國際級」學者教授，其中不少卻屬「只會說、不會做」的「離地」學者。可惜教資會和各院校高層，只懂把「知識轉移」這概念掛在口邊，實際上卻把香港的高等教育變成讓一羣「離地」學者聚居的地方，令大學成為名副其實的「象牙塔」。「國際化」的收生政策和教研環境絕不利於吸引本地年青人入行，長遠來説，本土學術人才將會買少見少，為日後香港本土學術人才凋零埋下地雷。

在一個較為正常的情況下，一個社會的學術發展在起步階段難免需要借助外援；但最重要的還是要發展本身的學術力量，包括建立具本土特色的知識系統，和培養對本地有歸屬感和承擔的學者。隨着自身的成熟和壯大，外邊的人自然會慕名而來，並成為真正具國際地位的學術重鎮。反觀香港高等教育的國際化只屬「全球主義思維霸權」下的產品。其「發展」過程是不斷自我矮化再揠苗助長，永遠只看見自己的短處卻又強迫自己參與由別人建立的遊戲規則。在這種畸形的大學國際化生態環境底下，香港高等教育只會被變得毫無特色，永遠浮游於國際知識系統的邊沿位置上。

結論

教資會所推行的本地高等教育國際化和產業化政策，本就是建基於一套大有問題的「全球主義」論述。在實行方面，所謂「教育產業化」實乃一種有名無實的「偽產業化」。至於本地大學研究院的「國際化」收生與資助政策，更是徹底的「大陸化」。如前所述，無論大學研究院的目的是想增加教授們的研究成果，或是提升本地學生的國際視野，也毋需要動用大量公帑，取錄並補貼大量非本地研究生而達到。若果教資會所做的一切只是浪費納税人的資源，那還不至有太壞的影響。可是，當政府和大學都一窩蜂地盲目奉行國際化 / 大陸化政策，而不加反省，便會引致其它問題；這主要體現於兩方面：一是對本土學術的扼殺；二是教資會漠視社會公平。本土學術發展的重要性在於能活化知識、活化社會、相輔相成、相得益彰。社會公平更是現代社會秩序的基石。當掌權者漠視社會秩序的基石時，只會導致禮壞樂崩、民怨日深；亦製造了機會讓民粹本土排外主義抬頭，加深中港矛盾。現今香港社會的矛盾已到臨界點邊沿，若有關當局繼續冥頑不靈，視一切善意建議為惡意批評，社會衝突隨時一觸即發，不可收拾。

* 本文由構思至完稿，均得黃碧雲博士給予寶貴建議，特此感謝。文內一切錯漏仍當由筆者負責。

1 D&G 事件發生於 2012 年 1 月初。事發原因是有途人在海港城 Dolce & Gabbana 門外的公眾行人路上為女伴拍照時，被數名海港城保安阻止及驅趕，質疑該店將公家地方當作「私家領土」，做法霸道。而 D&G 回應指，他們「善意地勸阻」市民拍照，是為了防止香港本地人拍下商品製假冒產品及防止其店舖櫥窗設計的版權被侵犯，然而 D&G 表示若是中國大陸旅客則可拍照。事件觸發大批網民激烈反應，認為 D&G 獨不許港人拍照的做法，是歧視港人，港人在自己居住的土地上，卻變成二等公民。另有法律界人士指出，在公眾地方拍攝，即使目標是私人地方也完全合法，毋須店舖授權，認為 D&G 的做法是強行扼殺市民的公共空間。有網民在面書發起「D&G 門口萬人影相活動」。到 1 月 7 日，高峰期有逾百人聚集。在事發之後，D&G 的面書專頁不斷被憤怒的網民洗版。不少網民紛紛留言批評，甚至用粗言惡罵，而 D&G 更一度刪除部分網民的留言。海港城隨後去函報章，就有關事件向受影響市民致歉，表示會加強前線人員培訓，避免類似事件再發生，又表示已提醒商場租戶，廣東道店舖門外的行人路屬公眾地方。此外，D&G 的保安公司亦開始就此事作出道歉，主動為該名阻擋記者拍攝的黑人保安「反應過度」而道歉。但店方 D&G 於 1 月 8 日晚上發表的聲明，雖指「絕對無意冒犯任何香港市民」，卻拒絕道歉。店方的堅持直到 1 月 18 日，終於在凌晨發表聲明，承認冒犯港人並表示深感歉意，向大眾衷心致歉。由於道歉來得大遲，市民普遍認為D&G的道歉聲明敷衍，沒有誠意。

2 雖然有不少論者認為並批評特區政府已逐漸放棄「積極不干預」的施政方針，而改為採取一個凡事介入干預的立場；甚至連歷任特首本身，亦拋出不同的施政口號——如「大市場、小政府」或「適度有為」等——以表示政府的魄力和承擔。筆者認為這些論點過於簡單地把回歸前、後的政府立場兩極化；更錯誤地把「積極不干預」（positive non-interventionism）理解為一種任由市場運作決定一切的放任政策（non-interventionism，或其更為準確的稱謂：laissez-faire policy）。若果如此當年的財政司夏鼎基（Haddon-Cave）便無須另作新詞，在「不干預」之前加上「積極」二字了。事實上「積極不干預」是一個字眼上自相矛盾的名詞，好讓政府在面對不同訴求時能彈性處理。這個詞面世之時，亦正是殖民地政府史無前例地大幅介入社會民生與及經濟事務的時候。港英政府一方面要大幅介入，但又要為這些動作說項，以釋商界疑慮，更要解釋拒絕其它訴求的原因，「積極不干預」一詞便應運而生。「積極不干預」與「不干預」之分別，正在政府可以據此而有所為，也可以有所不為。至於甚麼時候或甚麼事情需要有所為或有所不為，則盡在不言中。古往今來的所謂「不干預政策」，素來都只是施政者的一門語言偽術；而所謂自由市場的無形之手，亦不外是一具扯線木偶。羅金義和李劍明（2004）收錄了數篇有關此課題的重要文章，值得參考。

3 報告書雖然提出一些有關高等教育國際化的「溫馨提示」，如「認為大學的作用只限於直接促進香港經濟發展，是一個錯誤的看法。……純粹從實用角度衡量大學的工作和成果，是根本忽視了大學對推動社會發展的各種功能」（第1.10段）；但這只屬裝飾，不影響其主調。

4 據教資會提供的資料顯示，在2012/13年度「學士文科畢業生平均起薪點為一萬三千元，比九七年下跌約半成；理科畢業生的平均起薪點在十五年來亦無增長，維持一萬三千五百元；去年商科畢業生平均起薪點則較九七年升逾一成，至一萬四千多元。但以八大院校全日制學士畢業生的平均起薪點計算，雖然去年比一一年上升百分之二點七，惟仍然低於同期通脹率百分之四點一；而去年全日制學士畢業生的失業率和就業不足率，亦比前年平均上升約百分之一」（《太陽報》，2013年11月22日）。

5 何偉倫（2013）最近提出設立一個「常態性留學貸款方案」，幫助年輕人留學，以解決本地學生升學機會問題。但政府貸款給本地學生出國留學仍然沒有針對為何特區政府可以公帑補貼非本地學生來港升學，卻不資助本地學生留港或出國升學這不公平現象。從加强本地生國際視野出發，由政府資助每名大學生往海外進修，較用公帑招生非本地生，或貸款予本地生出國留學，均更為可取。

6 這個兩成非本地生的限額只針對政府資助的課程。現時在八大資助院校裏的絕大部分研究院修課課程均屬自資課程，不受此限。

7 現時教資會並沒有規定，受資助研究生「協助教學工作」的工作時間，令院校間常有差異。香港理工大學所訂的上限時間為每週六小時，但學系之間的差異也可以很大。根據理工大學的指引，這些「協助教學工作」不應被視為「受薪工作」(否則便要繳交薪俸稅)，也必須與該研究生的研究訓練相關，意即若委派研究生「擔任導修課導師及評卷員」，他們必須具備相關知識及技能。另外，這些「工作」也不應該對研究生的研究進度有任何負面影響。基此之故，在安排「工作」上會有一定困難，故不用擔任任何「協助教學工作」的研究生，大有人在。再者，由於內地生英語能力問題，文史哲和社會科學系較難分派「工作」給他們(這些學系亦往往沒有實驗室或類似場所安置他們)。但由於內地生服從性較強，也有一些教授或學系視他們為廉價勞工。至於具備相關知識及技能就是否等如能夠勝任教學工作，也是一個見仁見智的問題。筆者便曾聽聞不少同工及本科學生對這類「老師」的教學表現作出負面評語。所以，研究生的「協助教學工作」是否真的可以「作為本科生與教學人員之間的橋樑」，筆者就沒有教育局那麼肯定。

8 院校沒有盡用這「超額收生的彈性」原因簡單，這些「超額生」是沒有任何來自教資會(或院校)直接資助的。個別學系只能用非教資會常規撥款的收入或個別教授已取得的研究款項作此用途。

9 繼2009年初政府把歷史建築物北九龍裁判院的使用權批給美國薩凡納藝術設計大學後，政府在2013年中亦以象徵式價批出地予芝加哥大學布思商學院發展自資高等院校。

10 目前本港現有的吸納人才計劃包括「一般就業政策」、「輸入內地人才計劃」和「優秀人才入境計劃」等。詳見人口政策督導委員會(2013)。

11 如前所述，同樣的邏輯，也適用於學士課程學生。

12 現今由教資會資助的八所院校，為回應教資會的國際化策略，十多年前已陸續把教職人員分為兩大類：第一類為舊有的「教授制員工」

（professorial track staff），這類教職人員一般分為「助理教授」（Assistant Professor）、「副教授」（Associate Professor）、「教授」（Professor）、和「講座教授」（Chair Professor）數級，現今多以「教授」統稱。另一類是新增的「教學制員工」（teaching track staff），在不同院校有不同的職稱，一般薪酬及晉升機會以至地位較前者低，教學量較重，但不用面對研究及出版壓力。

參考文獻

1. 人口政策督導委員會：〈集思港益：人口政策公眾參與活動〉。2013 年 10 月 24 日。
2. 大學教育資助委員會報告：《展望香港高等教育體系》。香港：大學教育資助委員會，2010 年 12 月。
3. 《太陽報》，2013 年 11 月 22 日。http://the-sun.on.cc/cnt/news/20131122/00410_097.html
4. 《文匯報》，2013 年 6 月 13 日。http://paper.wenweipo.com/2013/06/13ED130613002.htm
5. 丘亦生：〈點解咁多大學生揸的士？〉，《主場新聞》，2013 年 6 月 27 日。http://thehousenews.com/finance/%E9%BB%9E%E8%A7%A3%E5%92%81%E5%A4%9A%E5%A4%A7%E5%AD%B8%E7%94%9F%E6%8F%B8%E7%9A%84%E5%A3%AB/
6. 佘雲楚：〈香港研究院研究課程為誰而設？〉香港電台節目「香港家書」，2013 年 2 月 16 日。http://programme.rthk.hk/channel/radio/programme.php?name=radio1/hkletter&d=2013-02-16&p=1085&e=207878&m=episode
7. 《明報》，2013 年 8 月 10 日。
8. 《明報》，2013 年 10 月 25 日。
9. 《星島日報》，2013 年 1 月 7 日。
10. 容萬城：《香港高等教育：政策與理念》。香港：三聯書店，2002。
11. 梁啟智：〈 從研究院學額 論中港矛盾與簡單之惡〉。《明報》，2013 年 6 月 29 日。
12. 教育局：〈立法會教育事務委員會 — 大學教育資助委員會資助研究院研究課程〉。立法會 CB(4)648/12-13(02) 號文件，2013 年 5 月 10 日。
13. 教育局：〈立法會教育事務委員會 — 大學教育資助委員會資助研究院研究課程〉。立法會 CB(4)814/12-13(01) 號文件，2013 年 6 月 19 日。
14. 黃碧雲立法會議員辦事處：〈本港大學研究院研究課程資助事宜〉。立法會 CB(4)648/12-13(01) 號文件，2013 年 4 月 18 日。
15. 黃碧雲立法會議員辦事處：〈就大學教育資助委員會資助研究院研究課程發出的函件〉。立法會 CB(4)755/12-13(01) 號文件，2013 年 5 月 31 日。
16. 簡明宇：〈香港的高等教育，為誰而設？〉。《信報》，2011 年 11 月 23 日。

17. 鄧皓文：〈從數據看經濟轉型：香港需要更多大學生？〉。《信報》，2013 年 7 月 13 日。
18. 劉笑敢：〈教資會，你憑甚麼？（評教資會之一）〉，香港專上學生聯會（學聯）臉書，2013 年 5 月 28 日。https://www.facebook.com/hkfs1958
19. 劉笑敢：〈哲人從未遇過的辯題：研究經費可反映學術水平？（評教資會之二）〉，香港專上學生聯會（學聯）臉書，2013 年 5 月 28 日。https://www.facebook.com/hkfs1958
20. 羅金義、李劍明篇：《香港經濟：非經濟學讀本》，香港：牛津大學出版社，2004。
21. 《蘋果日報》，2013 年 10 月 12 日。
22. Collins, Randall. 'College is a scam: You have nothing to lose but student debt', *Salon*, 24 Nov., 2013. http://readersupportednews.org/opinion2/299-190/20599-college-is-a-scam-you-have-nothing-to-lose-but-student-debt
23. Ho, Lok Sang, Paul Morris, and Yue-ping Chung (eds.). *Education Reform and the Quest for Excellence: The Hong Kong Story*. Hong Kong: Hong Kong University Press, 2005.
24. Mok, Joshua K.H., and David K.K. Chan. *Globalization and Education: the Quest for Quality Education in Hong Kong*. Hong Kong: Hong Kong University Press, 2002.
25. Scott, Alan (ed.). *The Limits of Globalization*. London: Routledge, 1997.
The Economist. 'Doctoral degrees: The disposable academic', *The Economist*, 16th December 2010.

日暮征帆：最後一代本土學者？

朱耀偉

香港大學現代語言學院香港研究課程

「最後一代」

「最後一代」是近年香港社會的熱門議題，從「最後一代香港文化人」到「最後一代香港人」，這邊廂香港文化人逼不得已要出走，那邊廂政客高呼不甘做最後一代香港人的要站起來，葉葉知秋。[1]

前任特首曾蔭權在其《2007-08 年度施政報告》提出「新香港人」的說法，警醒香港人應去除小島心態，要用整個國家的視野去看香港：「香港必將繼續為國家作出自己獨特的貢獻，也將為保持香港自身的長期繁榮穩定和發展，打下更為堅實的基礎。」[2] 過去數年間的社會分化與內地和香港的矛盾，已經證明空洞的「新香港人」不能蒙混過關。其實香港人多年來皆被引導相信一種補償邏輯：人們沒有政治權力，唯有以經濟成就作補償。[3] 另一方面，香港人身份認同從來不是由上而下形成的，反而是日常生活的點點滴滴累積而成，當中香港文化一直起着關鍵作用。[4]

回歸不過十數載，香港經濟不得不依賴內地，以往香港人引以為傲的香港流行文化亦已江河日下。有人會說香港電影早變成中國電影，粵語流行曲亦已「那邊見」了。2012 年初，電視劇《天與地》一句「這個城市正在死亡」激出千重浪，濺起了本土意識的浪花，到 2012 年底更有流行樂壇頒獎禮以「土炮起來」為主題，可惜榮獲生力軍女歌手金獎的竟是台灣歌手陳芳語，聞者無不嘩然。難道本土流行文化也已到最後一代？同樣叫人憂心的是，學界情況沒有兩樣，近年本土年輕學者愈覺遠景難現，有心進研究院者亦感前無去路，空有〈孟浩然送杜十四之江南〉「日暮征帆何處泊？天涯一望斷人腸」之歎。面對「最後一代」的問題，叫我想起齊澤克（Slavoj Žižek）的《活在終結時代》（*Living in the End Times*）。齊澤克對我來說一向太過艱深，但《活》書對「最後一代」倒有啟示作用。書中引述十九世紀英國作家柴斯特頓（G. K. Chesterton）的「逆向思考」（thinking backwards），引領我們回到過去，在決定性一刻改變如今的「常態」，再作「正確選擇」。[5] 以下且嘗試「逆向思考」香港本土研究的問題。

國際 / 族化的新衣

第五屆全球策略領導人高峰會 2011 年在香港大學舉行，香港大學副校長譚廣亨會後表示，香港研究生教育的其中一個問題，是研究生與本科生比例不對稱。[6] 研究生數目本來已經不多，近年不知是否為了表示香港是重視研究的國際都會，大學更要配合推動向博士生傾斜的政策，研究院的博士與碩士收生人數大概要是八二之比，令本地學生畢業後要升讀哲學碩士課程的機會大減。翻查數據，便可見本土學生在穿上國際 / 族化的新衣的大學制度中不斷被邊緣化，據報從 2000-01 年度港生和非本地生的「七三之比」，十年間已急速逆轉成「三七之比」。[7] 按 2010-11 年度財政預算案教育開支預算，「非本地研究生佔整體學生人數比例持續上升，按出生地區劃分，教資會資助研究院研究課程（碩士及博士）的非本地學生總人數由 08/09 學年的 3,539 人增至 09/10 預算的 4,083 人，當中非本地博士生的人數由 2,674 人增至 3,148 人，佔總學生人數比例由 69% 增至 72.8%」。[8] 令問題更趨嚴重的是政府根本缺乏培養研究生的長遠策略。據香港理工大學副校長衛炳江的分析，薪酬趨勢反映研究生的收入和政府投資不成正比，而聘請研究生的機構和職位沒有相應增加，引致供求失衡，大部分本地研究生的出路是到大專院校擔任導師或講師，以及在大學擔任研究助理。[9]

在國際化的旗幟下，研究院重點轉向海外和內地學生，本已偏低的研究生學額更是買少見少，難免令有意從事學術研究的本地學生眼前無路想回頭。再者，因為政府沒有培養研究生的長遠策略，研究生數量近年雖然不斷上升，但聘請他們的職位卻並沒相應增加，難怪報讀研究課程的本地學生人數會逐年下跌。非本地生據説是大學國際化的重要指標，教育局亦表示「院校錄取符合要求的非本地學生修讀研究院研究課程，不單使學生組合更多元化，也有助提高本地研究課程的水平，從而更有效地運用公帑。」[10] 可是，眾所周知，香港的「非本地生」大部分是內地生（按教資會 2011/12 年度的「原居地劃分的非本地學生人數」，10,770 人中有 8,936 乃來自內地）。[11] 為推動大學研究國際化，研資局於 2009 年設立香港博士研究生獎學金計劃，希望吸引來自世界各地的高質研究生，結果 2010/11 年度有 61.7%，2011/12 及 2012/13 年度亦分別有 65.6% 及 55.8% 來自內地。此外，各大院校的自資研究院課程發展蓬勃，但生源亦主要來自內地，[12] 據報更有自資碩士課程的學生全數來地內地，如何「國際」怎樣「多元」實在有目共睹。在全球與中國之間，香港高等教育彷徨失措，虛假國際化當然並非良策，過度內地化亦會影響學術及文化多元性。

上引一系列數據難免會令人疑問：香港高等教育為誰而設？大學領導層不是沒有察覺問題，如香港科技大學副校長黃玉山便指出雖然大學國際化十分重要，但長遠而言，香港仍需要一批熟知本地中學制度、社會環境的學者，本地研究生的人數和比例應達一定水平。[13] 教協會長馮偉華指出，香港研究院課程變相「補貼」海外學生讀書，所言甚是。[14] 當然，有人會説海外學生質素的確較高，但若本地學生沒機會升讀碩士課程，要轉到自負盈虧的修課式碩士課程繼續進修，又怎可能期望他們和名牌大學碩士畢業生競爭？人人皆懂的道理，政府高層就是視如不見，大概是因為大學在他們眼中不外是一盤生意。誠如德里克（Arif Dirlik）〈跨國化與大學：全球現代性的視點〉（“Transnationalization and the University: The Perspective of Global Modernity”）所言，「跨國化」根本地改變了大學提供與公民身份息息相關的課程的本土責任，亦令課程向能夠吸引非本地學生，有市場價值的學科傾斜，大學教育的運作與跨國企業並無兩樣。[15] 有大學研究助理批評政府向非本地生傾斜的資助政策，指出真正鼓吹創意的國家地區，發展高等教育最重視的是培育本地學生的社會責任，一語道破了問題的癥結所在。[16] 據香港專業及資深行政人員協會「困境與機遇：『第四代香港人』社會流動性研究計劃」的結論，促進「第四代香港人」向上流動的最重要因素在於教育，而「第四代」受訪者亦比「其他世代」更肯定教育對社會流動的作用，也更願意進修以獲取更高學歷。[17] 諷刺的是學院提供向上流動的機會愈來愈少，而對「日暮征帆何處泊」的困境，特區政府衮衮諸公卻根本無心關注。

本土研究 @ 終結時代

本土學生苦無向上流動的機會，而已經身在學院者亦感前路難行。近年不少年輕學者被迫主力授課，根本沒時間做研究寫論文，難以轉到可以教研並重的職位。較幸運者亦要面對出版的壓力，而出版又必然要國際化才獲認可。較早前告別人間滋味的著名作家兼學者也斯，多年來在學院內外大力推動香港文學及文化，而他生前任教的嶺南大學人文學科研究中心撰文悼念，透露其遺願是一直被邊緣化的香港文學可以得到平反。本土文學及文化在學院一直被邊緣化，九十年代得力於也斯及其他學者，在學院才稍受重視。香港常被批評為沒有文化的經濟城市，也斯以其創作及研究拆解這個借亞巴斯（Ackbar Abbas）的話來說是「逆向幻覺」的迷思，[18] 讓我們看到一直存在但被人視而不見的本土文化。

可惜，在國際化旗幟下，國族化的陰影中，香港本土研究續陷困境。多年來說到香港，都要先提出也斯的著名問題：「香港的故事，為甚麼這麼難說？」[19] 若把問題放在今日香港學院，其中一個原因應是本土研究的雙重邊緣化：「國際」期刊與「中國」議題。

國際化是大趨勢，但國際化到底是或不是甚麼的問題卻弔詭的不能深究。城市的國際化是夷平舊區興建商場然後傾銷高價商品；文藝的國際化是以文化區大型場館招攬國際名牌，本土樂團留在工廠大廈甚至天橋底；學術研究的國際化關心的只是論文的語言及出版地而不是水平，學院的國際化則被簡化為教員和學生的種族和國籍，並非更重要的學術訓練和視野。國際化幾乎等於英文化，研究成果要在英文學術期刊發表才夠國際方算學術，早已是公開的秘密。「國際化」多年來不斷困擾非西方學者，問題當然並不限於香港，且在此借鑑台灣本土學者的例子：「中文期刊就不可能為 SSCI（Social Sciences Citation Index）所接納，中文論文更不可能刊登在任何 SSCI 所屬期刊之上，當然不符合西方社會需求的台灣本土研究議題，也必然較困難通過 SSCI 期刊的審查，因此以 SSCI 期刊論文刊登數量來評量本土研究的價值，是不客觀也不合理的……」[20] 香港的本土學者則有此問：「最好的出口、次貨留港。香港的學者，要生存，就要把論文做到具有國際水平和出口國際，放棄在本土出版的機會　為甚麼香港的學者，要生存就要放棄自己生活的本土？」[21] 其實近年內地大學也紛紛高喊「國際化」的口號，難怪連著名北大學者陳平原也歎道：「大學的一大特點，在於需要『接地氣』，無法像工廠那樣，引進整套設備；即便順利引進，組裝起來後，也很容易隔三差五出毛病。有感於此，對眼下鋪天蓋地、不容置疑的『國際化』論述，我頗為擔憂。」[22] 眾所周知，香港學術研究資源已經非常短缺，既然要把有限資源投放在國際化論述，本土議題自然無人關注，誠如上引台灣學者所說，「以西方社會主流議題從事研究，並以英文撰寫研究成果，刊登在台灣沒幾人會看的西方期刊上」，情況實在令人氣餒。

以英文寫香港本土文化已經隔了一重，另一大問題是近年中國崛起，國際期刊紛紛把焦點放在中國，研究題目亦因此不免內地化。要在英文國際期刊佔一席位，談中國自然比論香港容易得多，本土香港學者為了要有可以出口國際的研究成果，結果不但國際學界視線轉移到中國，本土香港學者也難免要北望神州。沒有新一代本土學者承傳，現有研究又被迫轉向，本土研究的情況又叫我想起《活在終結時代》。全球資本主義是書中所說的末日「四騎士」之一，學院身陷其中，無法不被拖進泥淖，無論我們怎樣不情願，也一定要一起泥漿摔角。齊澤克認為全球資本主義本身已邁向「啟示式的零點」（apocalyptic zero-point），餘年已是「無可逆轉」，就像癌細胞已經擴散的病人，眼前無路卻不能想回頭，如何面對餘下日子變成重點所在。書中引用庫伯勒 - 羅斯（Elisabeth Kubler-Ross）所說，絕症患者面對死亡時的心態：從否定（denial）、憤怒（anger）、討價還價（bargaining）、抑鬱（depression）到接受（acceptance）。據其說法，我們可以做的是尋找基進的另類選擇。活在終結時代，不再否定，無須憤怒，接受了後再尋找其他可能性才是正道。

學院的紅色墨水

在單一的國際化論述強勢主導下，強調本土便很容易會被定義為本位主義（parochialism），換句話說就是目光短淺，思想狹隘。試看如題為〈香港怎麼了 —— 論香港的本土中心主義〉之類的文章便大力批評香港本位主義：「香港人未來面臨的真正挑戰，也是最後的機會，不是一味地強調自己的中心地位，而是如何能夠保持在中國崛起道路上的迅跑，保持和中國大陸的緊密融合和互動……如何在中國成為世界中心的版圖上，為自己留有一席之地，讓自己站到巨人的肩膀上。」[23] 如此說法，從曾蔭權的「新香港人」論述開始，俯拾皆是。其實重視本土研究跟本土中心主義完全是兩碼子事，正如《南方都市報》〈把香港作為方法〉便強調香港特色的重要性：「香港＝購物天堂——香港被這樣一個可怕的等式與大眾標籤在重複書寫着，近年來，正在喪失它獨特的人文屬性。香港需要一場喚醒，一場來自年輕羣體的自我拯救。」[24] 在國際／族化地雙重論述之間，香港獨特的人文屬性漸漸喪失，喚醒和自我拯救又弔詭地被圈定為本位主義。再者，正如墨美姬（Meaghan Morris）〈本位主義的未來〉（"On the Future of Parochialism"）在分析屯門及《古惑仔》電影時所提出，一個可以提升學生的社會動力的課程，不一定要學生和教師放棄本位主義來換取「國際外表」。她進一步提出「世界－本位」（cosmo-parochial）的說法，簡單而言即是要既有國際視野，又認同自己生活的本土，而首要任務更應該是深入認識後者。[25] 墨美姬的說法正好揭櫫香港學院研究的迷思：世界與本位其實不是非此即彼的對立。

這又叫我想起齊澤克愛用的老笑話：「一個東德人在西伯利亞找到工作，他知道所有郵件都要經審查，於是便告訴他的朋友：『我們來訂個暗號，如果收到的信是用藍色墨水寫的，那信的內容就是真的；如果是用紅色墨水寫的，那便是假的』。一個月後，他的朋友收到他第一封來信，用的是藍色墨水：『這裏的一切都美妙極了……但唯一可惜的是，這裏找不到紅色墨水』。」[26] 若把墨水的故事套用到學院，就是我們以為有學術自由，可以自由選擇研究題目，能夠決定怎樣發表成果，卻漸漸在寫論文時發現沒有了紅色墨水。這則出現在《歡迎光臨真實的荒漠》（*Welcome to the Desert of the Real*）導論，有關消失的墨水的故事，在齊澤克 2011 年「佔領華爾街」的著名演說再被引用，所要強調的是我們之所以感到自由，只因我們沒有表達「非自由」的語言。（"We feel free because we lack the very language to articulate our unfreedom."）更大的問題是「自由」掩飾並支持了那更深層的「非自由」。齊澤克在其「佔領華爾街」演說重申：「我們擁有一切想要的自由，但卻缺少了紅墨水：能夠清楚表達我們『非自由』的語言」，而參與佔領的人正在給大家送上紅墨水。學院研究的紅色墨水，靠的就是本土學者自己了。

據三好將夫（Masao Miyoshi）的說法，因為全球資本主義水銀瀉地的入滲，一向被視為抗爭據點的大學「已被跨國企業納入其中，其獨特任務亦已被重新定義。」[27] 上文不厭其煩再引「消失的墨水」的故事，目的是說明學院本來應是生產紅色墨水的地方，但隨着高等教育「企業化」，學術研究「國際化」，墨水早已漸漸變藍（原因據說是沒有人要買紅色墨水，因此被市場淘汰了，信不信由你）。我不知是否還應該慶幸，就算沒有紅色墨水，「非自由」的信息還可以有效傳達。曾深受後殖民論述影響的我，依然謹記施碧娃（Gayatri Spivak）的教訓：作品說不出來的變得更重要。[28] 也許我們看學院研究的時候，也要以此為鑒。雖說如此，若長此下去，在不管青紅皂白，只問回報多寡的新自由主義主導下，難保學院會變得紅藍不分，人們亦會忘記世上曾有紅色墨水，不再知道到底它有何用。本土學者 / 研究被邊緣化的問題已達臨界點，傳承面對嚴重威脅。《一代宗師》王家衛說「武學千年，勝負都是過眼雲煙。我們在意的不是一招一式，而是整個武林」，[29] 所指的就是傳承。「念念不忘，必有迴響，有一口氣，點一盞燈。」武林如此，文林又何嘗不然？事到如今，且讓我再借齊澤克的話作結：「今時今日，我們不知道要做甚麼，但我們現在就要行動，因為沒有行動的後果會是災難性的。」[30]

1 可參梁文道：〈最後一代香港文化人〉（《明報》，2008 年 3 月 6 日）及毛孟靜：〈不甘做最後一代香港人的站起來〉（《蘋果日報》，2012 年 9

月28日）。

2 曾蔭權：《2007-08年度施政報告：香港新方向》（香港：香港特區政府，2007），頁36。

3 Rey Chow, *Ethics after Idealism: Theory-Culture-Ethnicity–Reading* (Indianapolis and Bloomington: Indiana University Press, 1998), p.171.

4 吳俊雄、馬傑偉：〈普及文化與身份建構〉，廖迪生等編：《香港歷史、文化與社會：教與學篇》（香港：香港科技大學華南研究中心，2001），頁177-193。

5 Slavoj Žižek, *Living in the End Times* (London & New York: Verso, 2011), pp.87-88.

6 〈港研究生與本科生比例偏低〉，《星島日報》，2011年9月29日。

7 〈「本地薑」10年減25% 港科研臨「斷纜」〉，《文匯報》，2011年6月30日；同時可參〈商管類港研究生跌7成重災〉（《文匯報》，2011年6月30日）：「縱觀過往多年教資會數字，部分學科的香港研究生人數及比例較為平穩，亦有部分學科港生已減少至趨向『絕種』邊緣。以醫科、牙科和護理類為例，在00/01年至10/11年度的10年間，本地研究生比例雖由近7成減至約4成，但因人數大增，實質港生其實亦增加140多名；不過工程科技、商科管理範疇，港生比率除已跌至只得或少於20%，以人數計更大減5至7成，『本地薑』買少見少，情況叫人慘不忍睹。」

8 香港專業教育人員協會：〈財政預算案（專上教育）開支簡訊〉，2010年4月12日：http://www.hkptu.org/education/?p=1795；最後瀏覽日期：2013年1月31日。

9 〈研究生出路窄 增薪遠遜本科生〉，《明報》，2011年4月26日。

10 〈立法會十八題：教資會資助院校非本地學生〉，《香港政府新聞公報》，2012年12月5日：http://www.info.gov.hk/gia/general/201212/05/P201212050300.htm；最後瀏覽日期：2013年1月31日。

11 〈教資會資助院校主要統計數字〉，大學教育資助委員會：http://www.ugc.edu.hk/eng/ugc/publication/report/figure2011/pdf/table00.pdf；最後瀏覽日期：2013年1月31日。

12 據四所院校提供的資料顯示，2012年就讀「自資碩士」課程內地生逾

3,600 人，較上學年大增 27%；佔整體學生比例，亦由約兩成提高至近兩成半，增幅驚人。該類學生在香港教育學院達 52%，嶺南大學更有碩士課 100% 為內地生。

13 〈內地生比例激增 自資碩士課難多元〉，《文匯報》，2012 年 6 月 4 日。

14 〈教育界批評大學未限制研究院非本地生比例〉，亞洲電視《今日新聞》，2012 年 12 月 25 日：http://www.hkatvnews.com/v5/news.php?id=166521&d=2012-12-25；最後瀏覽日期：2013 年 1 月 31 日。

15 Arif Dirlik, "Transnationalization and the University: The Perspective of Global Modernity," *boundary 2* 39:3（Fall 2012）: pp.47-73.

16 奕曦：〈給本地研究生一條公平的起跑線〉，《教協報》第 564 期，2009 年 10 月 12 日：http://www.hkptu.org/ptunews/564/t01b.htm；最後瀏覽日期：2013 年 1 月 31 日。

17 《困境與機遇：「第四代香港人」社會流動性研究計劃總結及建議》（香港：香港專業及資深行政人員協會，2010）：http://www.hkpasea.org/ClientFolder/HKPASEA/Library/Tree/_PDF/HKPASEA__4_Gen_Social_Mobility_Research_Summary_Suggestions.pdf；最後瀏覽日期：2013 年 1 月 31 日。

18 Ackbar Abbas, *Hong Kong: Culture and the Politics of Disappearance*（Hong Kong: University of Hong Kong Press, 1997）, p.6.

19 也斯：《香港文化》（香港：藝術中心，1995），頁 4。

20 劉常勇：〈如何評量管理學術本土化研究？〉：http://cm.nsysu.edu.tw/~cyliu/paper/paper2.html；最後瀏覽日期：2013 年 1 月 31 日。

21 顏明仁：〈學者為生存 被迫棄本土研究？〉，《經濟日報》，2011 年 1 月 24 日。

22 陳平原：〈高校嚴重受制金錢權力——獨立性倒退〉，《中國青年報》，2012 年 6 月 6 日。

23 〈香港怎麼了——論香港的本土中心主義〉，人民網，2011 年 8 月 11 日：http://bbs1.people.com.cn/postDetail.do?id=111483702&boardId=11；最後瀏覽日期：2013 年 1 月 31 日。

24 〈把香港作為方法，從媒體角度構建香港學〉，《南方都市報》，2012 年 4 月 9 日。

25 Meaghan Morris, "On the Future of Parochialism: Globalization, *Young and Dangerous IV*, and Cinema Studies in Tuen Mun," John Hill and Kevin Rockett eds., *Film History and National Cinema*（Dublin: Four Courts Press, 2005）, pp. 17 -36.

26 Slavoj Žižek, *Welcome to the Desert of the Real*（London & New York: Verso, 2002）, p.1.

27 Masao Miyoshi,"Sites of Resistance in the Global Economy," *boundary 2* 22:1（Spring 1995）: 61–84.

28 Gayatri Spivak, "Can the Subaltern Speak?" Cary Nelson & Lawrence Grossberg eds., *Marxism and the Interpretation of Culture*（Urbana & Chicago University of Illinois Press, 1988）, p.287. 原文是："When we come to the concomitant question of the consciousness of the subaltern, the notion of what the work cannot say becomes important."

29 王家衛、澤東電影公司：《一代宗師（王家衛功夫美學限量珍藏版）》（台北：新經典文化，2013）。

30 Žižek, *Living in the End Times*, p.480.